高等职业院校精品教材系列

印制电路板设计与应用项目化教程

主　编　黄　果　韩宝如
副主编　雷亚莉　曾维鹏

电子工业出版社
Publishing House of Electronics Industry
北京·BEIJING

内容简介

本书结合大量的具体实例，详细阐述了电子电路设计中原理图和 PCB 设计两大核心内容。书中内容分为 4 个教学模块：PCB 设计软件的认知、电路原理图设计、原理图库文件的设计和 PCB 设计。根据不同的教学模块，本书采用 10 个教学项目，对电子电路设计进行介绍，项目难度由浅入深、循序渐进。项目设计包括项目描述、学习目标、项目实施、项目小结、思考与练习这些环节。本书基本涵盖了 PCB 设计常用的知识和设计方法。

本书可作为高等职业院校电子类、电气类、通信类、机电类等相关专业的教材，也可作为成人教育、自学考试、中等职业教育、技术培训以及从事电子产品设计与开发的工程技术人员的参考书。

本书配有免费的微课视频、电子教学课件等配套教学资源，获取方式详见前言。

未经许可，不得以任何方式复制或抄袭本书之部分或全部内容。
版权所有，侵权必究。

图书在版编目（CIP）数据

印制电路板设计与应用项目化教程 / 黄果，韩宝如主编. —北京：电子工业出版社，2023.7
高等职业院校精品教材系列
ISBN 978-7-121-45891-0

Ⅰ. ①印⋯ Ⅱ. ①黄⋯ ②韩⋯ Ⅲ. ①印刷电路板（材料）—电路设计—高等职业教育—教材 Ⅳ. ①TM215

中国国家版本馆 CIP 数据核字（2023）第 119111 号

责任编辑：陈健德（E-mail:chenjd@phei.com.cn）
印　　刷：三河市君旺印务有限公司
装　　订：三河市君旺印务有限公司
出版发行：电子工业出版社
　　　　　北京市海淀区万寿路 173 信箱　邮编　100036
开　　本：787×1 092　1/16　印张：13.75　字数：352 千字
版　　次：2023 年 7 月第 1 版
印　　次：2023 年 7 月第 1 次印刷
定　　价：52.00 元

凡所购买电子工业出版社图书有缺损问题，请向购买书店调换。若书店售缺，请与本社发行部联系，联系及邮购电话：（010）88254888，88258888。

质量投诉请发邮件至 zlts@phei.com.cn，盗版侵权举报请发邮件至 dbqq@phei.com.cn。
本书咨询联系方式：chenjd@phei.com.cn。

前言

随着电子技术的飞速发展，电子电路变得越来越复杂。手工绘制电子电路已经完全不能满足实际需求，这时电子电路设计自动化就变得越来越重要了。其中，Protel DXP 2004 是目前比较经典的电子电路计算机辅助设计软件，在电子、电工、自动控制等领域得到了广泛的应用，且其强大的设计能力和系统结构深受广大电子设计工作者的喜爱。本书以 Protel DXP 2004 SP2 为基础进行介绍。版本升级后的 Altium Designer 系列软件的基础设计知识和方法与该软件基本一致。

本书基于 Protel DXP 2004 SP2 结合大量的具体实例，选用 10 个项目，详细阐述原理图和印制电路板（Printed-Circuit Board，PCB）设计的基本方法和技巧。各项目以实例为中心展开叙述，结合编者在实际设计中积累的大量实践经验，总结了诸多实际应用中的设计技巧。

本书采用"任务驱动、教学做一体的项目化"教学模式，体现高等职业院校教学中理论"必需、够用"的原则，突出"知识"为完成"任务"服务，围绕"任务"所用。全书以培养和提高学生的知识迁移能力、工程实践能力、创新设计能力为目标，提高学生的感性认识和学习兴趣，提高课堂教学质量和教学效果，突出"易教易学"的学习过程。

本书的编写具有以下特点。

(1) 以项目实施为主体，用工作任务来引领理论。

(2) 以应用实例和实际操作为导向，将知识点贯穿于项目中，做到易教易学。

(3) 以典型应用案例为主线，注重学生工程实践能力的培养，以软件的功能为副线，注重学生软件重要功能使用能力的培养，让学生具备举一反三的能力。

(4) 案例的选取充分考虑高职学生的知识架构，既注重软件的使用、强化软件的工具性，又强调工程应用的实践性，符合行业规范，注重学生实际能力的培养，充分体现"能力为本、项目导向"的教学理念。

(5) 本书突出项目过程，步骤详尽，图表丰富，适合"教学做一体的项目化"教学模式，适合在"以学生做为主，教师教为辅"的教学过程中使用。接受能力强的学生完全可以自学本书并完成整个项目任务。

本书由海南软件职业技术学院黄果老师和重庆医科大学韩宝如老师担任主编，海南软件职业技术学院雷亚莉、曾维鹏老师担任副主编，海南软件职业技术学院吴恒玉教授担任主审。本书具体编写分工：韩宝如编写项目 1，雷亚莉编写项目 2 和项目 3，曾维鹏编写项目 4，林尔敏编写项目 7，何建方编写项目 8，黄果编写项目 5、项目 6、项目 9 和项目 10。本书由黄果负责统稿，何建方负责项目选择与设计工作。

在本书的编写过程中，电子工业出版社和海南软件职业技术学院的领导给予了极大的支持和帮助，在此向他们深表感谢。

由于编者水平有限，书中难免有错误和不足之处，恳请专家和读者批评指正！

为了方便教师教学，本书还配有免费的微课视频、电子教学课件、专业理论试题库、实践考核试题库，请有此需要的教师登录华信教育资源网（http://www.hxedu.com.cn）免费注册后再进行下载，在有问题时请在网站留言板留言或与电子工业出版社联系（E-mail:hxedu@phei.com.cn）。

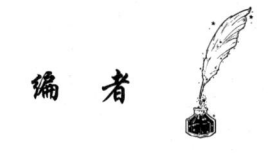

编 者

目 录

项目1 PCB 设计软件的认知 ………… 1
项目描述 ………… 1
学习目标 ………… 1
项目实施 ………… 2
任务 1.1 PCB 的认知 ………… 2
　1.1.1 PCB 的功能 ………… 2
　1.1.2 PCB 的组成 ………… 3
　1.1.3 PCB 的种类 ………… 4
任务 1.2 Protel 简介 ………… 6
　1.2.1 Protel 的发展历史 ………… 6
　1.2.2 Protel DXP 2004 SP2 的特点 ………… 6
任务 1.3 Protel DXP 2004 SP2 的安装与卸载 ………… 7
　1.3.1 Protel DXP 2004 SP2 的安装 ………… 7
　1.3.2 Protel DXP 2004 SP2 的卸载 ………… 10
任务 1.4 Protel DXP 2004 SP2 的启动与设置 ………… 10
　1.4.1 启动 Protel DXP 2004 SP2 ………… 10
　1.4.2 Protel DXP 2004 SP2 中、英文界面切换 ………… 11
　1.4.3 Protel DXP 2004 SP2 的工作环境 ………… 12
　1.4.4 Protel DXP 2004 SP2 系统自动备份设置 ………… 13
任务 1.5 PCB 工程项目文件操作 ………… 14
　1.5.1 新建 PCB 项目 ………… 14
　1.5.2 保存项目 ………… 15
　1.5.3 新建原理图文件 ………… 15
　1.5.4 追加已有的文件到项目文件中 ………… 16
　1.5.5 将项目中的文件移除 ………… 16
　1.5.6 打开项目文件 ………… 16
　1.5.7 关闭项目 ………… 16
　1.5.8 项目文件与独立文件 ………… 16
项目小结 ………… 17
思考与练习 ………… 17

项目2 三极管放大电路原理图设计 ……… 18
项目描述 ………… 18
学习目标 ………… 19
项目实施 ………… 19
任务 2.1 新建原理图文件与环境设置 ………… 19
　2.1.1 新建 PCB 项目文件 ………… 19
　2.1.2 新建原理图文件 ………… 20
　2.1.3 原理图编辑器 ………… 20
　2.1.4 原理图标准工具栏 ………… 20
　2.1.5 图纸浏览器 ………… 21
　2.1.6 图纸设置 ………… 21
　2.1.7 设置网格尺寸 ………… 22
　2.1.8 单位制的切换 ………… 22
任务 2.2 三极管放大电路原理图的绘制 ………… 22
　2.2.1 元器件库的加载 ………… 22
　2.2.2 删除已经加载的元器件库 ………… 24
　2.2.3 原理图配线工具 ………… 24
　2.2.4 放置元器件 ………… 24
　2.2.5 元器件的布局调整 ………… 26
　2.2.6 全局查看全部对象 ………… 28
　2.2.7 放置电源和接地符号 ………… 28
　2.2.8 放置电路 I/O 端口 ………… 29
　2.2.9 电气连接 ………… 30
　2.2.10 元器件属性的调整 ………… 31
　2.2.11 添加元器件的封装 ………… 37
任务 2.3 电路波形与文字说明的添加 ………… 40
　2.3.1 打开描画工具 ………… 40
　2.3.2 绘制波形坐标轴 ………… 41
　2.3.3 绘制电路波形 ………… 41
　2.3.4 放置文字说明 ………… 42
　2.3.5 文件的保存与退出 ………… 43
任务 2.4 电气检查与生成网络表 ………… 43
　2.4.1 设置检查规则 ………… 44
　2.4.2 通过原理图编译进行电气规则检查 ………… 45
　2.4.3 生成网络表 ………… 45

任务 2.5 原理图与元器件清单输出 …… 47	思考与练习 …… 69
2.5.1 生成元器件清单 …… 47	**项目 4 单片机应用电路原理图设计** …… 71
2.5.2 原理图打印输出 …… 47	项目描述 …… 71
项目小结 …… 49	学习目标 …… 72
思考与练习 …… 49	项目实施 …… 72
项目 3 原理图库文件的设计 …… 51	任务 4.1 母图设计 …… 72
项目描述 …… 51	4.1.1 电路图纸符号设计 …… 72
学习目标 …… 52	4.1.2 放置图纸入口 …… 73
项目实施 …… 52	4.1.3 连接子图符号 …… 74
任务 3.1 原理图库编辑器 …… 52	4.1.4 由子图符号生成子图文件 …… 75
3.1.1 启动原理图库编辑器 …… 52	4.1.5 电路原理图层次的生成 …… 75
3.1.2 原理图库编辑器的管理 …… 52	任务 4.2 扩展存储器子图设计 …… 75
3.1.3 绘图工具栏 …… 53	4.2.1 放置总线与总线入口 …… 76
3.1.4 "工具"菜单 …… 54	4.2.2 放置网络标签 …… 76
任务 3.2 集成电路 STC89C52RC 的设计 …… 55	4.2.3 阵列式粘贴 …… 78
3.2.1 准备工作 …… 55	任务 4.3 其他子图设计 …… 79
3.2.2 新建原理库并保存 …… 55	任务 4.4 层次电路网络表的生成 …… 81
3.2.3 关闭自动滚屏 …… 55	项目小结 …… 81
3.2.4 元器件重命名 …… 56	思考与练习 …… 81
3.2.5 设置网格尺寸 …… 56	**项目 5 三极管放大电路 PCB 设计** …… 84
3.2.6 将光标定位到坐标原点 …… 56	项目描述 …… 84
3.2.7 绘制元器件符号 …… 56	学习目标 …… 84
3.2.8 放置引脚 …… 56	项目实施 …… 85
3.2.9 设置引脚属性 …… 57	任务 5.1 PCB 设计的基本概念 …… 85
3.2.10 设置元器件属性 …… 58	5.1.1 PCB 的种类 …… 85
3.2.11 设置元器件封装 …… 59	5.1.2 铜膜导线 …… 86
任务 3.3 可变电容器的设计 …… 60	5.1.3 过孔 …… 86
3.3.1 绘制元器件符号 …… 60	5.1.4 焊盘 …… 86
3.3.2 修改元器件属性 …… 61	5.1.5 飞线 …… 86
任务 3.4 变压器的设计 …… 62	5.1.6 元器件封装 …… 86
3.4.1 绘制元器件符号 …… 63	5.1.7 网格 …… 86
3.4.2 修改元器件属性 …… 64	5.1.8 安全间距 …… 87
任务 3.5 含有子元器件的多功能元器件 DM74LS00N 的设计 …… 65	任务 5.2 元器件封装 …… 87
3.5.1 绘制元器件符号 …… 65	5.2.1 元器件封装的分类 …… 87
3.5.2 绘制子元器件 …… 66	5.2.2 常用元器件封装 …… 87
3.5.3 修改元器件属性 …… 67	任务 5.3 PCB 编辑器 …… 93
任务 3.6 电位器的设计 …… 67	5.3.1 启动 PCB 编辑器 …… 93
3.6.1 打开系统文件 …… 68	5.3.2 PCB 的工作层 …… 94
3.6.2 绘制元器件符号 …… 68	5.3.3 PCB 设计的相关设置 …… 95
项目小结 …… 69	任务 5.4 三极管放大电路 PCB 设计 …… 98
	5.4.1 PCB 尺寸规划 …… 98
	5.4.2 放置螺钉孔等定位孔 …… 100

5.4.3　放置元器件封装⋯⋯⋯⋯ 101
　　5.4.4　修改元器件封装属性⋯⋯ 102
　　5.4.5　元器件封装手工布局⋯⋯ 104
　　5.4.6　PCB 手工布线⋯⋯⋯⋯ 105
　　5.4.7　添加信号和电源端口⋯⋯ 107
　项目小结⋯⋯⋯⋯⋯⋯⋯⋯⋯⋯⋯ 108
　思考与练习⋯⋯⋯⋯⋯⋯⋯⋯⋯⋯ 108

项目 6　元器件封装制作⋯⋯⋯⋯⋯ 109
　项目描述⋯⋯⋯⋯⋯⋯⋯⋯⋯⋯⋯ 109
　学习目标⋯⋯⋯⋯⋯⋯⋯⋯⋯⋯⋯ 109
　项目实施⋯⋯⋯⋯⋯⋯⋯⋯⋯⋯⋯ 110
　任务 6.1　PCB 元器件库的创建与设置⋯ 110
　　6.1.1　PCB 元器件库的创建⋯⋯ 110
　　6.1.2　PCB 元器件库的设置⋯⋯ 111
　任务 6.2　SO16 封装设计⋯⋯⋯⋯ 111
　　6.2.1　查找 74HC595 的封装信息⋯ 111
　　6.2.2　使用设计向导绘制 SO16
　　　　　封装⋯⋯⋯⋯⋯⋯⋯⋯ 112
　任务 6.3　DIP16 封装设计⋯⋯⋯⋯ 114
　任务 6.4　AXIAL-0.5 封装设计⋯⋯ 116
　任务 6.5　CAN-8 封装设计⋯⋯⋯ 118
　项目小结⋯⋯⋯⋯⋯⋯⋯⋯⋯⋯⋯ 122
　思考与练习⋯⋯⋯⋯⋯⋯⋯⋯⋯⋯ 122

项目 7　红外感应开关电路仿制⋯⋯ 123
　项目描述⋯⋯⋯⋯⋯⋯⋯⋯⋯⋯⋯ 123
　学习目标⋯⋯⋯⋯⋯⋯⋯⋯⋯⋯⋯ 124
　项目实施⋯⋯⋯⋯⋯⋯⋯⋯⋯⋯⋯ 124
　任务 7.1　准备工作⋯⋯⋯⋯⋯⋯⋯ 124
　　7.1.1　元器件的制作⋯⋯⋯⋯⋯ 124
　　7.1.2　元器件封装设计⋯⋯⋯⋯ 125
　任务 7.2　红外感应开关电路原理图
　　　　　设计⋯⋯⋯⋯⋯⋯⋯⋯ 127
　　7.2.1　绘制红外感应开关电路原
　　　　　理图⋯⋯⋯⋯⋯⋯⋯⋯ 127
　　7.2.2　原理图文件错误检查⋯⋯ 128
　任务 7.3　PCB 文件的创建与封装导入⋯ 129
　　7.3.1　PCB 文件的创建⋯⋯⋯⋯ 129
　　7.3.2　绘制 PCB 电气边框⋯⋯⋯ 129
　　7.3.3　导入元器件封装⋯⋯⋯⋯ 130
　任务 7.4　PCB 手工布局及修改焊盘
　　　　　属性⋯⋯⋯⋯⋯⋯⋯⋯ 131
　　7.4.1　PCB 手工布局⋯⋯⋯⋯⋯ 131

　　7.4.2　修改焊盘属性⋯⋯⋯⋯⋯ 132
　任务 7.5　PCB 手工布线⋯⋯⋯⋯⋯ 134
　　7.5.1　线宽规则和最小间隙规则
　　　　　设置⋯⋯⋯⋯⋯⋯⋯⋯ 134
　　7.5.2　布线⋯⋯⋯⋯⋯⋯⋯⋯⋯ 135
　任务 7.6　PCB 覆铜设计⋯⋯⋯⋯⋯ 136
　　7.6.1　设置覆铜连接方式⋯⋯⋯ 136
　　7.6.2　放置覆铜⋯⋯⋯⋯⋯⋯⋯ 136
　项目小结⋯⋯⋯⋯⋯⋯⋯⋯⋯⋯⋯ 138
　思考与练习⋯⋯⋯⋯⋯⋯⋯⋯⋯⋯ 138

项目 8　LED 节能灯驱动电路仿制⋯ 140
　项目描述⋯⋯⋯⋯⋯⋯⋯⋯⋯⋯⋯ 140
　学习目标⋯⋯⋯⋯⋯⋯⋯⋯⋯⋯⋯ 141
　项目实施⋯⋯⋯⋯⋯⋯⋯⋯⋯⋯⋯ 141
　任务 8.1　准备工作⋯⋯⋯⋯⋯⋯⋯ 141
　　8.1.1　绘制元器件符号⋯⋯⋯⋯ 141
　　8.1.2　设计元器件封装⋯⋯⋯⋯ 141
　任务 8.2　LED 节能灯驱动电路原理图设计
　　　　　和文件检查⋯⋯⋯⋯⋯⋯ 142
　　8.2.1　LED 节能灯驱动电路原理图
　　　　　设计⋯⋯⋯⋯⋯⋯⋯⋯ 142
　　8.2.2　LED 节能灯驱动电路原理图文件
　　　　　的检查⋯⋯⋯⋯⋯⋯⋯ 143
　任务 8.3　PCB 文件的创建与元器件封装
　　　　　的导入⋯⋯⋯⋯⋯⋯⋯⋯ 143
　　8.3.1　PCB 文件的创建⋯⋯⋯⋯ 143
　　8.3.2　导入元器件封装⋯⋯⋯⋯ 144
　任务 8.4　PCB 手工布局⋯⋯⋯⋯⋯ 145
　任务 8.5　PCB 手工布线⋯⋯⋯⋯⋯ 149
　任务 8.6　PCB 覆铜设计⋯⋯⋯⋯⋯ 151
　任务 8.7　PCB 元器件报表的生成⋯⋯ 152
　项目小结⋯⋯⋯⋯⋯⋯⋯⋯⋯⋯⋯ 153
　思考与练习⋯⋯⋯⋯⋯⋯⋯⋯⋯⋯ 153

项目 9　充电宝移动电源电路仿制⋯ 154
　项目描述⋯⋯⋯⋯⋯⋯⋯⋯⋯⋯⋯ 154
　学习目标⋯⋯⋯⋯⋯⋯⋯⋯⋯⋯⋯ 156
　项目实施⋯⋯⋯⋯⋯⋯⋯⋯⋯⋯⋯ 156
　任务 9.1　准备工作⋯⋯⋯⋯⋯⋯⋯ 156
　　9.1.1　绘制元器件符号⋯⋯⋯⋯ 156
　　9.1.2　元器件封装设计⋯⋯⋯⋯ 158
　任务 9.2　充电宝移动电源电路原理图
　　　　　设计⋯⋯⋯⋯⋯⋯⋯⋯ 160

任务 9.3　PCB 文件的创建与封装导入 ⋯⋯ 161
　　任务 9.4　PCB 手工布局 ⋯⋯⋯⋯⋯⋯⋯ 162
　　任务 9.5　PCB 布线规则设置 ⋯⋯⋯⋯⋯ 166
　　　9.5.1　Electrical（电气）规则 ⋯⋯⋯ 166
　　　9.5.2　Routing（布线设计）规则 ⋯⋯ 169
　　　9.5.3　SMT（表面贴片焊盘）规则 ⋯⋯ 174
　　　9.5.4　Mask（阻焊层）规则 ⋯⋯⋯⋯ 175
　　　9.5.5　Plane（电源层）规则 ⋯⋯⋯⋯ 175
　　　9.5.6　Testpoint（测试点）规则 ⋯⋯ 176
　　　9.5.7　Manufacturing（电路板制作）
　　　　　　规则 ⋯⋯⋯⋯⋯⋯⋯⋯⋯⋯⋯ 177
　　　9.5.8　High Speed（高频电路）
　　　　　　规则 ⋯⋯⋯⋯⋯⋯⋯⋯⋯⋯⋯ 178
　　　9.5.9　Placement（元器件布局）
　　　　　　规则 ⋯⋯⋯⋯⋯⋯⋯⋯⋯⋯⋯ 179
　　　9.5.10　Signal Integrity（信号完整性）
　　　　　　　规则 ⋯⋯⋯⋯⋯⋯⋯⋯⋯⋯ 180
　　任务 9.6　元器件预布线 ⋯⋯⋯⋯⋯⋯⋯ 181
　　　9.6.1　独立焊盘的网络设置 ⋯⋯⋯⋯ 181
　　　9.6.2　PCB 预布线 ⋯⋯⋯⋯⋯⋯⋯⋯ 182
　　　9.6.3　预布线锁定 ⋯⋯⋯⋯⋯⋯⋯⋯ 182
　　任务 9.7　PCB 自动布线与手工调整 ⋯⋯ 182
　　　9.7.1　PCB 自动布线 ⋯⋯⋯⋯⋯⋯⋯ 182
　　　9.7.2　PCB 手工调整 ⋯⋯⋯⋯⋯⋯⋯ 185
　　任务 9.8　PCB 添加泪滴 ⋯⋯⋯⋯⋯⋯⋯ 186
　　项目小结 ⋯⋯⋯⋯⋯⋯⋯⋯⋯⋯⋯⋯⋯ 187
　　思考与练习 ⋯⋯⋯⋯⋯⋯⋯⋯⋯⋯⋯⋯ 187

项目 10　功率放大器电路仿制 ⋯⋯⋯⋯ 189
　　项目描述 ⋯⋯⋯⋯⋯⋯⋯⋯⋯⋯⋯⋯⋯ 189
　　学习目标 ⋯⋯⋯⋯⋯⋯⋯⋯⋯⋯⋯⋯⋯ 189
　　项目实施 ⋯⋯⋯⋯⋯⋯⋯⋯⋯⋯⋯⋯⋯ 191
　　任务 10.1　准备工作 ⋯⋯⋯⋯⋯⋯⋯⋯ 191
　　　10.1.1　绘制元器件符号 ⋯⋯⋯⋯⋯ 191
　　　10.1.2　元器件封装设计 ⋯⋯⋯⋯⋯ 192
　　任务 10.2　功率放大器电路原理图设计 ⋯⋯ 193
　　任务 10.3　PCB 文件的创建与封装
　　　　　　　导入 ⋯⋯⋯⋯⋯⋯⋯⋯⋯⋯ 194
　　任务 10.4　PCB 自动布局与手工调整 ⋯⋯ 195
　　　10.4.1　PCB 自动布局 ⋯⋯⋯⋯⋯⋯ 195
　　　10.4.2　PCB 手工调整 ⋯⋯⋯⋯⋯⋯ 196
　　任务 10.5　PCB 的手工布线与 3D 显示 ⋯ 198
　　　10.5.1　PCB 的手工布线 ⋯⋯⋯⋯⋯ 198
　　　10.5.2　PCB 的 3D 显示 ⋯⋯⋯⋯⋯⋯ 200
　　任务 10.6　设计规则检查 ⋯⋯⋯⋯⋯⋯ 201
　　　10.6.1　在线自动检查 ⋯⋯⋯⋯⋯⋯ 201
　　　10.6.2　手工检查 ⋯⋯⋯⋯⋯⋯⋯⋯ 201
　　任务 10.7　各种报表的生成 ⋯⋯⋯⋯⋯ 203
　　　10.7.1　生成 PCB 信息报表 ⋯⋯⋯⋯ 203
　　　10.7.2　生成元器件报表 ⋯⋯⋯⋯⋯ 204
　　　10.7.3　生成网络表状态报表 ⋯⋯⋯ 204
　　　10.7.4　生成 NC 钻孔报表 ⋯⋯⋯⋯ 206
　　项目小结 ⋯⋯⋯⋯⋯⋯⋯⋯⋯⋯⋯⋯⋯ 207
　　思考与练习 ⋯⋯⋯⋯⋯⋯⋯⋯⋯⋯⋯⋯ 207

参考文献 ⋯⋯⋯⋯⋯⋯⋯⋯⋯⋯⋯⋯⋯⋯ 209

项目 1

PCB 设计软件的认知

项目描述

随着科学技术和电子工业的飞速发展，高性能、高速度、大容量、小体积和微功耗的集成电路设计对电子设计自动化技术提出了新的要求。EDA（Electronic Design Automation）软件已经成为广大用户进行电子电路设计不可或缺的工具。在计算机辅助电路设计中，各种辅助软件的应用起到了极其重要的作用。它们的应用极大地提高了电子电路的设计效率和设计质量，有效地减轻了设计人员的劳动强度和工作的复杂度，为电子工程师提供了便捷的工具。

如今，许多软件公司开发了大量的 EDA 软件，Protel 即其中之一。随着计算机技术的不断进步，为适应时代的发展，Altium 公司也推出了不同版本的 Protel，Protel DXP 2004 SP2 就是该公司推出的典型的 EDA 前端设计辅助工具之一。

与早期的版本 Protel 99 SE 相比，Protel DXP 2004 SP2 具有丰富的电子电路设计功能和人性化设计环节，将项目管理方式、原理图和 PCB 的双向同步、自动布线及电路仿真等技术完美结合在一起，能够帮助电子工程师方便、轻松地完成电子电路的设计工作。

通过本项目的学习，可以了解电子产品 PCB 的基本常识，学会 Protel DXP 2004 SP2 的安装方法和工程文件操作方法等知识。

学习目标

● 了解 Protel 的发展历史和 Protel DXP 2004 SP2 的特点。

- 掌握 Protel DXP 2004 SP2 中英文界面的切换方法。
- 了解 Protel DXP 2004 SP2 的系统主界面。
- 掌握 Protel DXP 2004 SP2 的工程项目文件操作方法。

项目实施

任务 1.1　PCB 的认知

1.1.1　PCB 的功能

通常把在绝缘基材上，按预定设计制成印制线路、印制元器件或两者组合而成的导电图形称为印制电路；而在绝缘基材上提供元器件之间电气连接的导电图形称为印制线路。这样就把印制电路或印制线路的成品板称为印制电路板（PCB），又称印制板或印刷电路板。PCB 实物如图 1.1 所示。

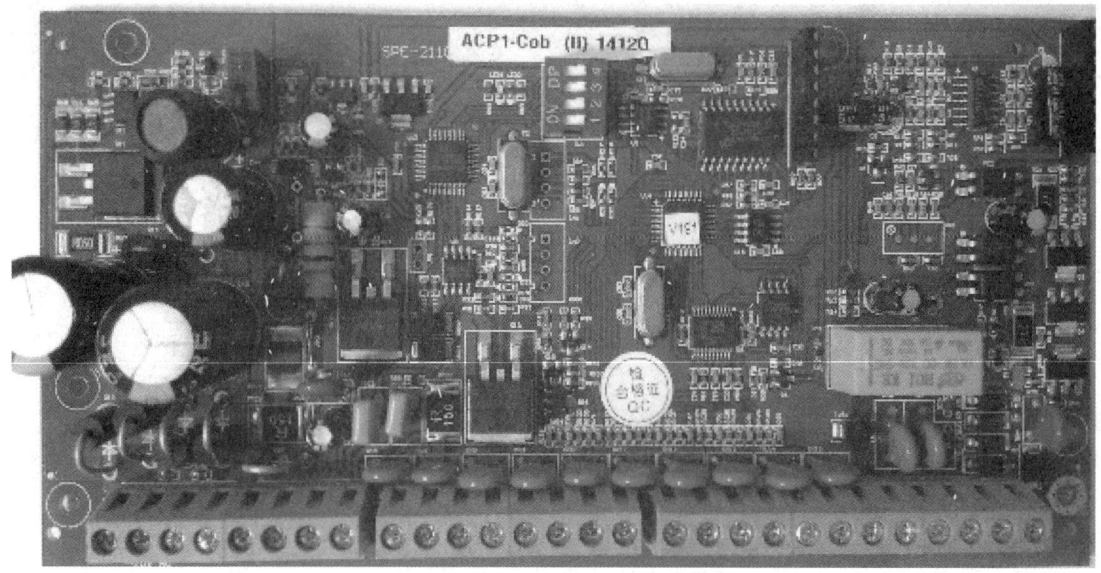

图 1.1　PCB 实物

PCB 在电子设备中有如下功能。

（1）提供各种电子元器件（如集成电路、电阻、电容等）固定、装配的机械支持。

（2）实现各种电子元器件之间的布线和电气连接或电绝缘；提供所要求的电气特性，如特性阻抗、高频微波的信号传输等。

（3）为自动焊锡提供焊接图形，为元器件插装、检查、维修提供识别字符和图形。

电子设备采用 PCB 后，由于同类印制电路板的一致性，避免了人工接线的差错，并可实现电子元器件自动插装或贴装、自动检测，保证了电子产品的质量，提高了劳动生产率，降低了成本，且便于维修。

1.1.2 PCB 的组成

PCB 几乎会出现在每一种电子设备当中,在其上安装有各种元器件,通过印制导线、焊盘及过孔等进行电路连接,为了便于识读,电路板上还印制丝网图对元器件进行标识和说明,方便元器件装配与维修。

PCB 主要由基板和金属膜构成,基板由绝缘隔热的材质制作而成,材料多种多样,可以根据需要进行选择。常用基板有玻璃纤维材料环氧布板,还可以用纸板、聚四氟乙烯、陶瓷、高分子聚合物等材料,金属膜一般用铜制作。如果是高频板,最好用成本较高的覆铜箔聚四氟乙烯玻璃布层压板。从印刷电路板设计的角度来看,PCB 包含板层、PCB 元器件、焊盘、过孔和印制导线等重要部分。

依据电路元器件的实际封装外形与尺寸,用规定好的元器件符号和属性加以表达,这就是电路元器件封装形式,也就是所谓的 PCB 元器件。在 PCB 上用来焊接电路元器件的焊接点称为焊盘。在 PCB 表面可以看到的细小电路材料本来是覆盖在整个板子上的铜箔,在制造过程中部分被蚀刻处理掉,剩下的部分用于连接各个焊盘,这些电路材料就是印制导线。通过表面涂有导电层的孔洞,可以将不同层次的印制导线连接起来,这就是过孔。PCB 上的绿色是阻焊层的颜色,有的也采用红色、黄色、黑色、蓝色等,所以在 PCB 行业中常把涂在阻焊层上的油称为绿油,其作用是防止波峰焊时产生桥接现象,提高焊接质量和节约焊料等。它也是 PCB 的永久性保护层,能起到防潮、防腐蚀、防霉和防机械擦伤等作用。在阻焊层上有元器件符号轮廓或字符等标识信息,这在 Protel DXP 2004 SP2 的 PCB 编辑器中称为丝印层,就是在阻焊层上印制一层丝网印刷面来标识每个电子元器件在 PCB 上的位置,它虽不具有导电特性,但便于元器件插装、检查、维修。PCB 的各部分如图 1.2 所示。

在 PCB 上焊接好元器件,组装上外壳,就产生了一个电子产品实物。对于简单的电路设计,可以采用单面板结构,即只有一面有铜膜,因而也只能在铜膜面上制作导电图形,主要包括固定、连接元器件引脚的焊盘和实现元器件引脚连接的印制导线,称为"焊锡面",在 Protel DXP 2004 SP2 的 PCB 编辑器中称为"底层"(Bottom Layer)。而另一面上没有铜膜,可用来安装电路元器件,该面即"元件面",在 Protel DXP 2004 SP2 的 PCB 编辑器中称为"顶层"(Top Layer)。单面板结构简单,没有过

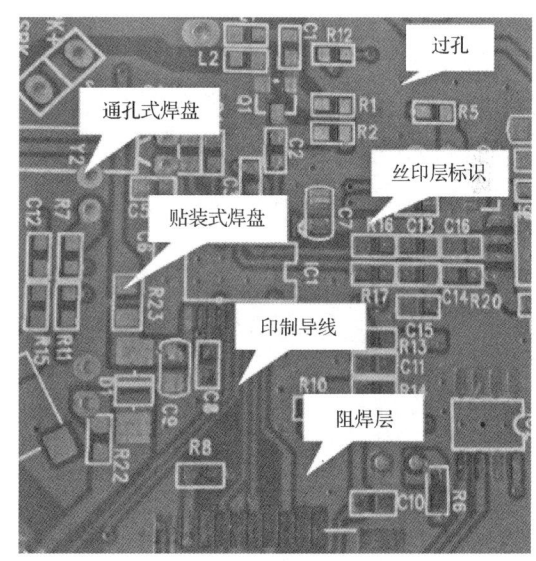

图 1.2 PCB 的各部分

孔,生产成本低,但布线设计难度最大,布通率较低,可利用的电磁屏蔽手段也有限,电磁兼容性指标不易达到要求。对于非平面网孔电路,当在单面板上无法通过印制导线连接个别导电图形时,可以用跳线连接,但跳线数量必须严格控制在一定的范围内,否则电路

性能指标会下降。

稍复杂些的 PCB 可采用双面板，即两个板面都为铜膜面。复杂的 PCB 设计则采用多层板。多层板是指 PCB 中除了可安装元器件的顶层或底层，板内还含有多个用来敷设铜膜的夹层。如图 1.3 所示为 4 层 PCB 剖面图，其中画出了 PCB 的各个组成部分及其相互关系。

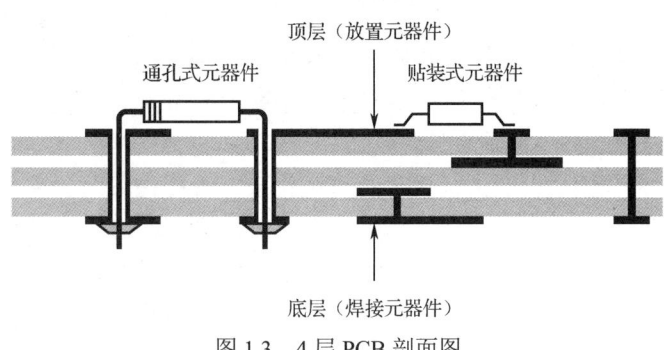

图 1.3　4 层 PCB 剖面图

1.1.3　PCB 的种类

1）根据 PCB 导电层数划分

根据 PCB 导电层数划分，PCB 可以分为单面板、双面板和多层板。常见的多层板一般为 4 层板或 6 层板，复杂的多层板可达几十层。

（1）单面板（Single-Sided Boards）：在 PCB 上，零件集中在其中一面，导线则集中在另一面（贴片元器件和导线在同一面，插件元器件在另一面）。因为导线只出现在其中一面，所以这种 PCB 称为单面板。因为单面板在设计上有许多严格的限制（因为只有一面，布线不能交叉而必须有独自的路径），所以这类 PCB 主要应用于电路比较简单的情况。

（2）双面板（Double-Sided Boards）：这种 PCB 的两面都有布线，要用上两面的导线，必须在两面间有适当的电路连接才行。这种电路间的"桥梁"称为过孔（Via）或导孔。过孔是在 PCB 上充满或涂上金属的小洞，它可以与两面的导线相连接。因为双面板的可布线面积比单面板大了一倍，双面板解决了单面板中布线交错的难点（可以通过过孔导通到另一面），它更适合用在比单面板更复杂的电路上。

（3）多层板（Multi-Layer Boards）：为了增加可以布线的面积，多层板用了更多的布线板。用一块双面板作为内层、两块单面板作为外层或两块双面板作为内层、两块单面板作为外层的 PCB，通过定位系统及绝缘黏结材料交替在一起且导电图形按设计要求进行连接的 PCB 就成为 4 层、6 层 PCB 了，也称多层 PCB。PCB 的层数并不代表有几个独立的布线层，在特殊情况下会加入空层来控制板厚，通常层数都是偶数，并且包含最外侧的两层。大部分主机板都采用 4 到 8 层的结构，理论上可以做到近 100 层的 PCB。大型的超级计算机大多使用多层主机板，因为这类计算机已经可以用许多普通计算机的集群代替，所以超多层板已经渐渐不被使用了。PCB 中的各层都紧密结合，不仔细观察是不容易看出实际层数的。

2）根据基板材质划分

目前使用比较多的基板材质如下。

（1）酚醛树脂纸质层压板。经过酚醛树脂浸渍的纸板根据厚度要求叠层压制而成。机械电气性能不是很好，成本较低，通常只做成单面板，大量应用于普通民用电子设备，如收音机、电视机、显示器、音响等。

（2）环氧树脂复合基材。性能好于纸基板，在民用电子设备中也有较多应用。

（3）环氧浸渍玻璃布板。这是金属化孔多层 PCB 最常采用的基板，尺寸稳定性好，金属化孔产生裂纹的概率较小，适合高密度布线的 PCB 使用。它的缺点是难以冲制。它的所有孔都是钻出来的，采用铣床控制其外形尺寸。

（4）聚四氟乙烯基板。这是一种高性能的基板，机械、电气性能极好，但成本高。

（5）铝基板。铝基板是一种新型材质的基板。它具有良好的导热性、电气绝缘性能和机械加工性能。与传统的基板相比，采用相同的厚度、相同的线宽时，铝基板能够承载更大的电流，它的耐压可达 4 500 V，导热系数大于 2.0，目前常用于 LED 照明电路。

（6）陶瓷基板。它用于对电气性能有特殊要求的场合，特别是对耐高温特性要求严格的场合。通用设计较少使用，它较多用于厚膜电路模块内的基板，其设计和制造工艺均不同于普通 PCB。

3）根据 PCB 所用基板的物理特性划分

根据 PCB 所用基板的物理特性划分，PCB 可以分为刚性 PCB、挠性 PCB 和刚-挠性 PCB。

（1）刚性 PCB。刚性 PCB 是以刚性基材制成的 PCB，常见的 PCB 一般都是刚性 PCB，如计算机中的主板、家用电器中的 PCB 等。图 1.1 所示的 PCB 就是刚性 PCB。

（2）挠性 PCB。挠性 PCB 也称柔性 PCB、软 PCB，是以聚四氟乙烯、聚酯等软性绝缘材料为基材的 PCB。其产品体积小、质量轻，大大缩小了装置的体积，适合电子产品向高密度、小型化、轻量化、薄型化、高可靠性发展的需要。它具有高度挠曲性，可自由弯曲、卷绕、扭转、折叠，可立体配线，依照空间布局要求任意安排，改变形状，并在三维空间内任意移动和伸缩，从而达到组件装配和导线连接一体化。它在笔记本电脑、手机、打印机、自动化仪表及通信设备中得到了广泛应用。挠性 PCB 如图 1.4 所示。

（3）刚-挠性 PCB。刚-挠性 PCB 是指利用柔性基材，并在不同区域与刚性基材结合制成的 PCB，如图 1.5 所示。它主要应用于 PCB 的接口部分。

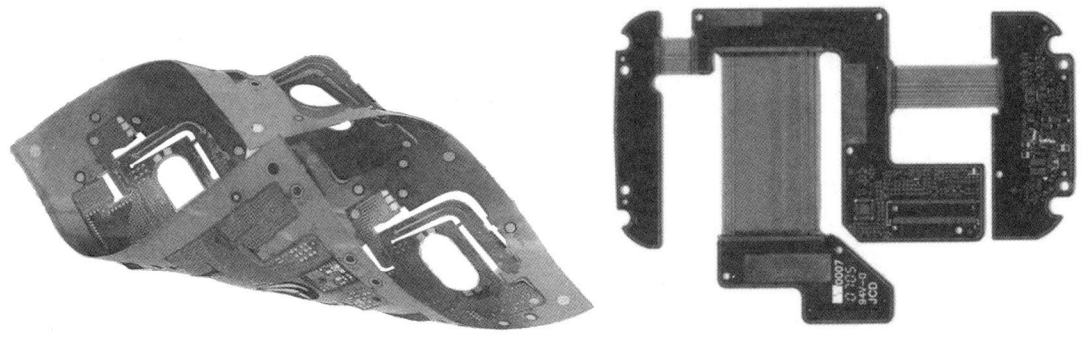

图 1.4　挠性 PCB　　　　　　　　　图 1.5　刚-挠性 PCB

任务 1.2　Protel 简介

1.2.1　Protel 的发展历史

Protel 是 Protel Technology 公司推出的 EDA 软件，其主要功能是绘制电路原理图和 PCB，其最早的版本是 1985 年面世的 TANGO，这个软件包开创了电子设计自动化（EDA）的先河。虽然该软件包看起来比较简陋，但在当时给电路设计带来了设计方法和方式的革命，人们纷纷开始使用计算机来设计电子电路。

随着电子工业的飞速发展，TANGO 日益显示出其不适应时代发展需要的弱点。为了适应科学技术的发展，Protel Technology 公司以其强大的研发能力推出了 Protel For Dos 作为 TANGO 的升级版本，从此 Protel 这个名字在业内日益响亮。

1998 年，Protel Technology 公司推出了给人全新感受的 Protel 98。Protel 98 以其出众的自动布线能力获得了业内人士的一致好评。

1999 年，该公司推出的 Protel 99 以及后来的 Protel 99 SE 版本让 Protel 用户耳目一新。目前，该版本软件在我国还有众多用户。Protel Technology 公司于 2002 年更名为 Altium 公司，之后于 2004 年推出了 Protel DXP 2004 SP2。

Protel DXP 2004 SP2 将电子电路设计的众多工具集成在单个应用软件中，使得电子设计更趋于简便。它通过原理图设计、VHDL 设计、电路仿真和 PCB 设计等，为设计者提供了全方位的设计工具，能够进行各种复杂的电路设计。

本书主要从 PCB 的角度，讲述 Protel DXP 2004 SP2 原理图和 PCB 的设计部分。

1.2.2　Protel DXP 2004 SP2 的特点

Protel DXP 2004 SP2 的特点如下。

（1）Protel DXP 2004 SP2 中各种设计工具的集成更加紧密，大大提高了同步化程度。

（2）Protel DXP 2004 SP2 与 Windows XP、Windows 7、Windows 10 等系统兼容，使界面更加协调、友好。

（3）Protel DXP 2004 SP2 增强了电路原理图与 PCB 之间的双向同步设计功能。

（4）Protel DXP 2004 SP2 支持 VHDL 设计和混合设计模式。

（5）Protel DXP 2004 SP2 除了设计电路原理图，还能够输出 PCB 设计需要的网络表文件，支持层次模块化的电路设计。

（6）Protel DXP 2004 SP2 的 PCB 设计提供了元器件的自动布局，使得设计更为快捷。

（7）Protel DXP 2004 SP2 提供了丰富的元器件库，提供元器件查询功能，支持低版本的元器件库调用。

（8）采用集成式元器件与元器件库。

（9）可接收用户自定义的元器件与参数。

（10）强化了设计检验。

（11）采用强大的尺寸线工具。

（12）可以直接在 PCB 内进行信号分析。

任务 1.3　Protel DXP 2004 SP2 的安装与卸载

Protel DXP 2004 SP2 是一套基于 Windows 2000/XP 环境的桌面 EDA 软件。现阶段的软硬件配置基本上都能满足 Protel DXP 2004 SP2 软件安装的环境要求。

1.3.1　Protel DXP 2004 SP2 的安装

Protel DXP 2004 SP2 的安装包括 Protel DXP 2004 的安装、Protel DXP 2004 SP2 补丁程序的安装、Protel DXP 2004 SP2 元器件库的安装和软件激活 4 个步骤。这 4 个步骤必须按照相应的顺序进行，否则使用时将出现错误。

1）Protel DXP 2004 的安装

步骤 1▶将 Protel DXP 2004 安装光盘放入光驱，系统自动弹出安装向导初始界面，如图 1.6 所示。若光驱没有自动执行，可以打开 Protel DXP 2004 安装程序的文件夹，双击运行"Setup"目录下的"Setup.exe"进行安装。

步骤 2▶单击"Next"按钮，弹出使用授权对话框，如图 1.7 所示。选中"I accept the license agreement"单选按钮后，单击"Next"按钮进入下一步。

图 1.6　安装向导初始界面

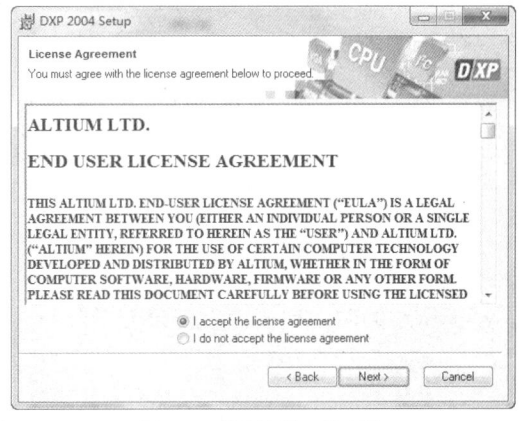
图 1.7　使用授权对话框

步骤 3▶单击"Next"按钮后，弹出如图 1.8 所示的用户信息对话框，在"Full Name"和"Organization"文本框中可以分别输入用户名和公司名称，本例中采用默认名称即可。

步骤 4▶单击"Next"按钮，弹出如图 1.9 所示的对话框，提示用户选择 Protel DXP 2004 的安装路径，单击"Browse"按钮可以设置软件安装路径，一般情况下选择默认安装路径。

步骤 5▶路径设置完毕后，单击"Next"按钮，弹出准备安装提示对话框，如图 1.10 所示。

步骤 6▶单击"Next"按钮，系统开始安装软件，如图 1.11 所示，安装过程需要等待几分钟。

印制电路板设计与应用项目化教程

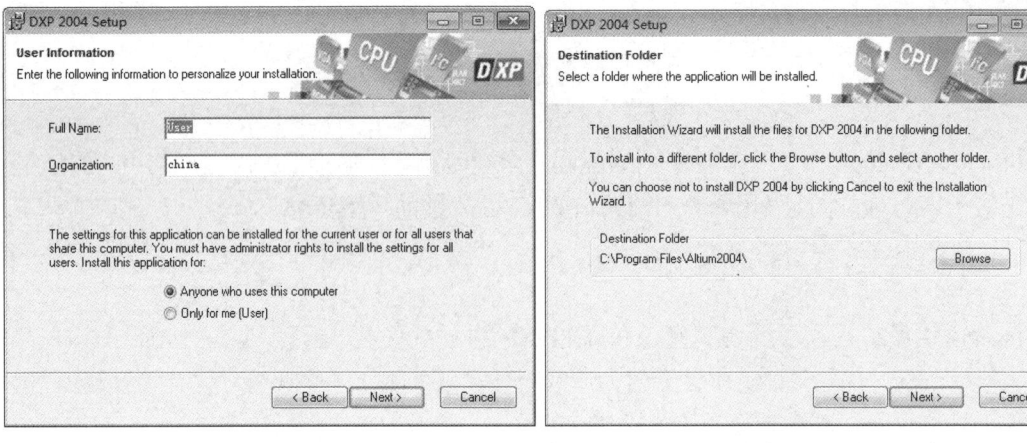

图 1.8　用户信息对话框　　　　　　　图 1.9　安装路径选择对话框

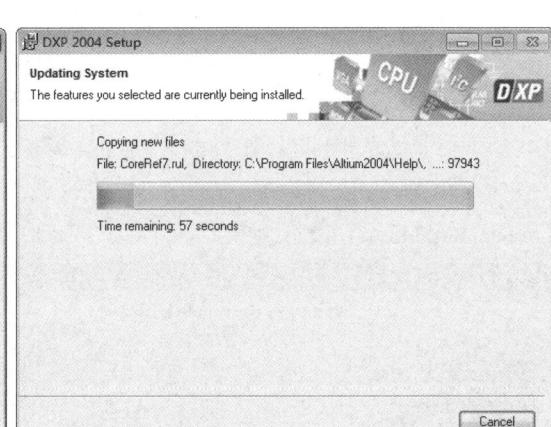

图 1.10　准备安装提示对话框　　　　　图 1.11　安装过程对话框

步骤 7▶软件安装完毕后，弹出如图 1.12 所示的对话框，提示安装完毕，单击"Finish"按钮结束安装。

2）Protel DXP 2004 SP2 补丁程序的安装

Protel DXP 2004 安装结束后，还需要安装 Protel DXP 2004 SP2 补丁程序和 Protel DXP 2004 SP2 元器件库。用户可以从 Altium 公司的网站下载该补丁程序和元器件库进行安装。

步骤 8▶双击补丁程序"DXP2004 SP2 补丁.exe"，弹出如图 1.13 所示的软件授权对话框。单击"I accept the

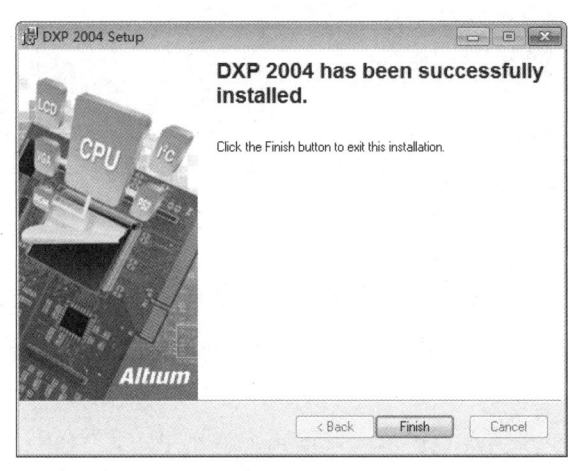

图 1.12　安装结束提示对话框

terms of the End-User License agreement and wish to CONTINUE"进行下一步安装。

步骤 9▶对软件进行授权后，屏幕弹出安装路径选择对话框，如图 1.14 所示。这里的

8

项目 1　PCB 设计软件的认知

安装路径选择与 Protel DXP 2004 的安装路径相同。本例中采用默认路径。

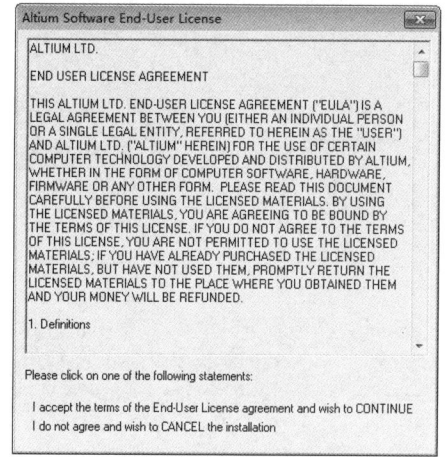

图 1.13　软件授权对话框

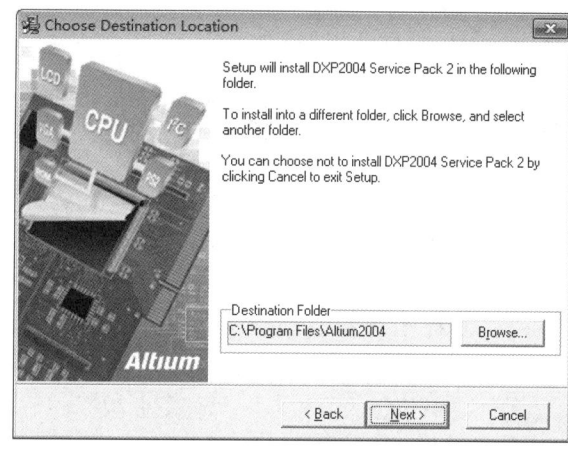

图 1.14　安装路径选择对话框

步骤 10▶ 单击"Next"按钮继续进行安装。按照系统提示进行操作，直至完成补丁程序的安装。

3）Protel DXP 2004 SP2 元器件库的安装

步骤 11▶ 运行"DXP2004SP2_IntegratedLibraries.exe"安装程序，安装过程与补丁程序安装过程一致，这里就不再赘述。

4）软件激活

补丁程序和元器件库安装结束后，启动软件，如图 1.15 所示。由于 Protel DXP 2004 SP2 还没有激活，图中红色字体提示软件没有注册，不能正常使用。

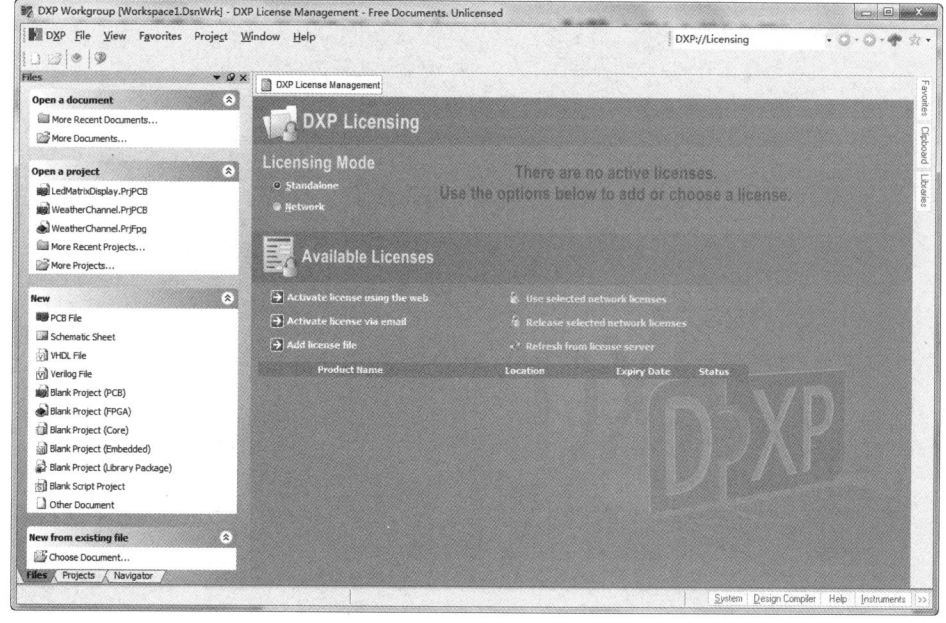

图 1.15　未激活的软件主界面

9

步骤 12▶单击主界面中的"Add license file"按钮,弹出图 1.16 所示的选择授权协议文件对话框,选择公司提供的用户使用授权协议文件,单击"打开"按钮,完成激活。

至此,Protel DXP 2004 SP2 已经激活,可以正常使用。

1.3.2 Protel DXP 2004 SP2 的卸载

Protel DXP 2004 SP2 的卸载与其他 Windows 程序的卸载方法相同。打开控制面板即可卸载 Protel DXP 2004 SP2。

步骤 13▶执行"开始"→"控制面板"→"添加/删除程序"命令,在弹出的对话框中选择相应的程序进行操作,直至软件卸载完成。

图 1.16　选择授权协议文件对话框

卸载完成后,还需要继续卸载补丁程序和元器件库。

任务 1.4　Protel DXP 2004 SP2 的启动与设置

1.4.1 启动 Protel DXP 2004 SP2

步骤 14▶执行"开始"→"所有程序"→"Altium"→"DXP 2004 SP2"命令,或者单击快捷方式图标　　　　　　,启动 Protel DXP 2004 SP2,启动界面如图 1.17 所示。

图 1.17　启动界面

项目 1　PCB 设计软件的认知

软件启动后，系统自动加载完编辑器、编译器、元器件库等模块后进入软件的英文主界面，如图 1.18 所示。

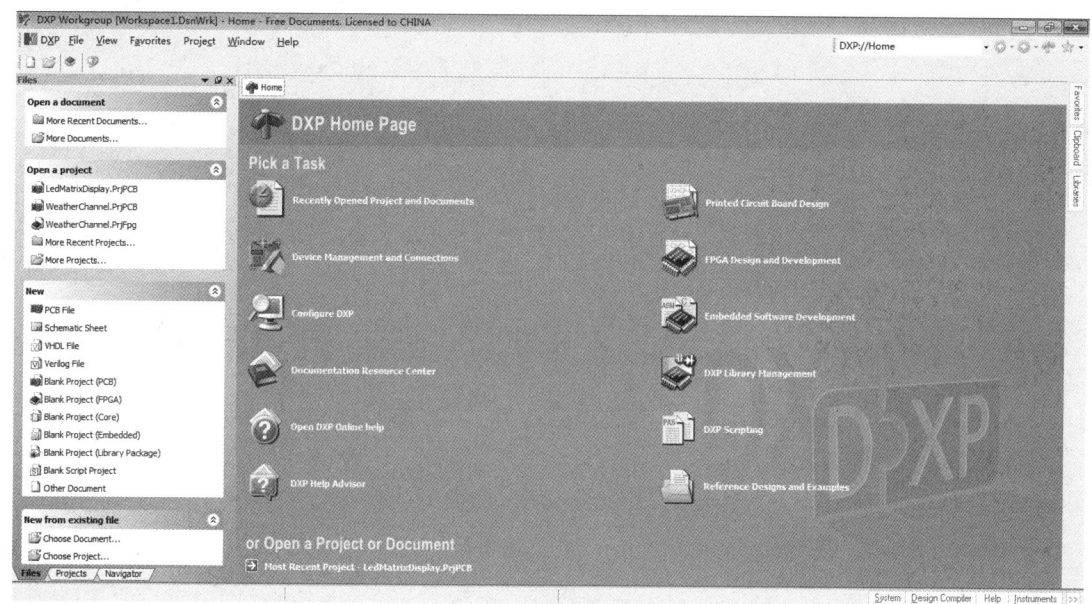

图 1.18　英文主界面

1.4.2　Protel DXP 2004 SP2 中、英文界面切换

Protel DXP 2004 SP2 默认的是英文界面，但它也支持中文界面，可以在"Preferences"（优先设定）中进行中、英文界面切换。

步骤 15▶ 在图 1.18 所示的主界面中，单击左上角的"DXP"菜单，弹出一个下拉菜单，如图 1.19 所示。选择"Preferences"命令，弹出"Preferences"对话框，如图 1.20 所示。

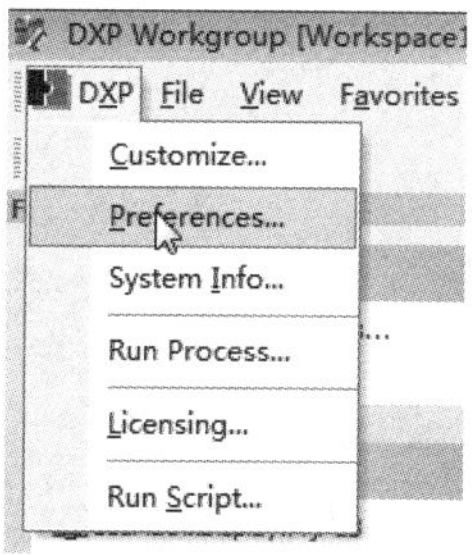

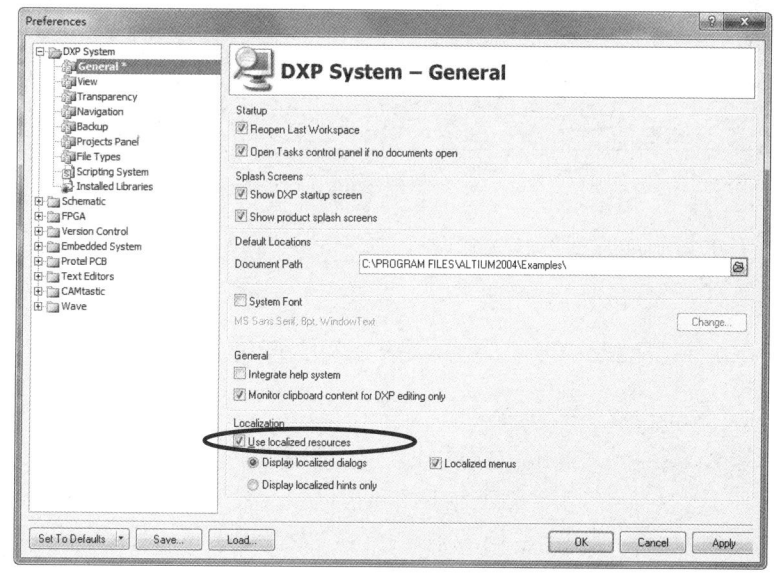

图 1.19　"DXP"下拉菜单　　　　　　　　图 1.20　"Preferences"对话框

11

步骤 16▶在"Preferences"对话框左侧"DXP System"中选择"General"选项，在对话框右侧下方"Localization"选项区中选中"Use localized resources"复选框，弹出警告提示对话框，如图1.21所示。

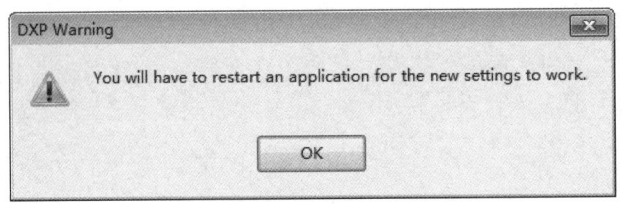

图1.21　警告提示对话框

步骤 17▶单击"OK"按钮，回到"Preferences"对话框。单击"OK"按钮完成设置并退出对话框。

步骤 18▶关闭 Protel DXP 2004 SP2 并重新启动该软件后，软件界面就切换为中文界面了，如图1.22所示。

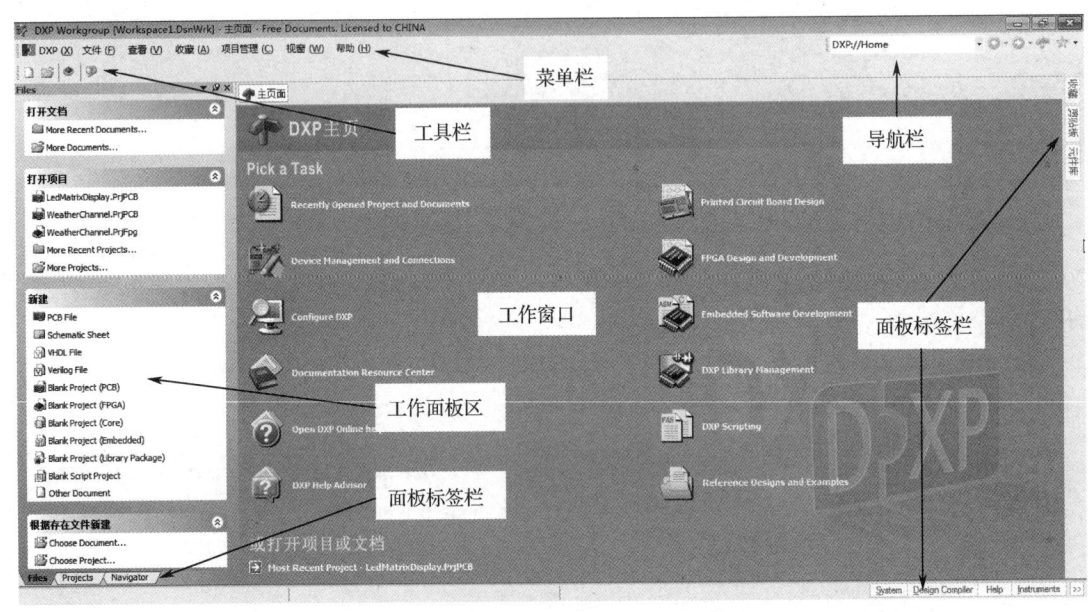

图1.22　中文主界面

采用相同的方法，也可以将中文界面切换为英文界面。本书中的所有操作均在中文界面下进行。

1.4.3　Protel DXP 2004 SP2 的工作环境

1）Protel DXP 2004 SP2 的主界面

步骤 19▶启动 Protel DXP 2004 SP2 后出现图1.22所示的主界面，主界面的上方为菜单栏、工具栏和导航栏；左侧为工作面板区，包含"Files""Projects""Navigator"面板；中间为工作窗口，列出了常用的工作任务；右侧和右下方也有面板标签栏，包括"收藏""剪贴板""元件库"等标签。

2）工作面板的操作

工作面板默认位于主界面的左边，可以显示或隐藏，也可以移动到主界面的其他位置。

（1）移动工作面板。

步骤 20▶在工作面板状态栏上，按下鼠标左键，拖动光标在主界面中移动，可以将工作面板移动到所需的位置。

（2）工作面板的切换。

步骤 21▶常用的工作面板有"Files""Projects""Navigator"等，可以通过工作面板区下方的面板标签栏进行选择和切换，如图 1.22 所示，选中的是"Files"工作面板。

（3）工作面板的显示与隐藏。

步骤 22▶单击图 1.22 所示的工作面板右上角的 按钮，则按钮变为 ，此时如果把光标移出工作面板，则工作面板将自动隐藏在主界面的左边，并在主界面左侧显示工作面板区。

若单击工作面板标签，则对应的工作面板将自动打开。如果不想隐藏工作面板，则在工作面板显示时，单击右上角的 按钮，则工作面板将不再自动隐藏，此时按钮恢复为 。

（4）工作面板的关闭与打开。

步骤 23▶用户在某些操作中，有时会将工作面板关闭，此时只需要单击工作面板右上角的 按钮即可。此时，所有的工作面板都会被关闭。

步骤 24▶若要打开被关闭的工作面板，可单击屏幕右下角的"System"或"Design Compiler"面板标签，再选择打开面板标签栏中的"Files"、"Projects"或"Navigator"选项，打开对应的工作面板。

需要注意的是，此方法只能一次打开一个工作面板，不能同时打开多个工作面板。若要打开多个工作面板，则需要重复此步骤。

（5）恢复系统默认的初始界面。

步骤 25▶用户在使用过程中进行页面改动后可能无法返回初始工作界面，可以执行菜单"查看"→"桌面布局"→"Default"命令来恢复系统默认的初始工作界面。

1.4.4　Protel DXP 2004 SP2 系统自动备份设置

在项目设计过程中，有时可能会出现停电、死机等意外情况。为了防止出现意外情况造成的设计内容丢失，可以对 Protel DXP 2004 SP2 软件进行系统自动备份设置，以减小意外情况带来的损失。

步骤 26▶执行菜单"DXP"→"优先设定"命令，弹出"优先设定"对话框，在对话框左侧列表中选择"Backup"选项，如图 1.23 所示。在对话框中可以对备份间隔时间、保持的版本数和保存路径进行设置。

印制电路板设计与应用项目化教程

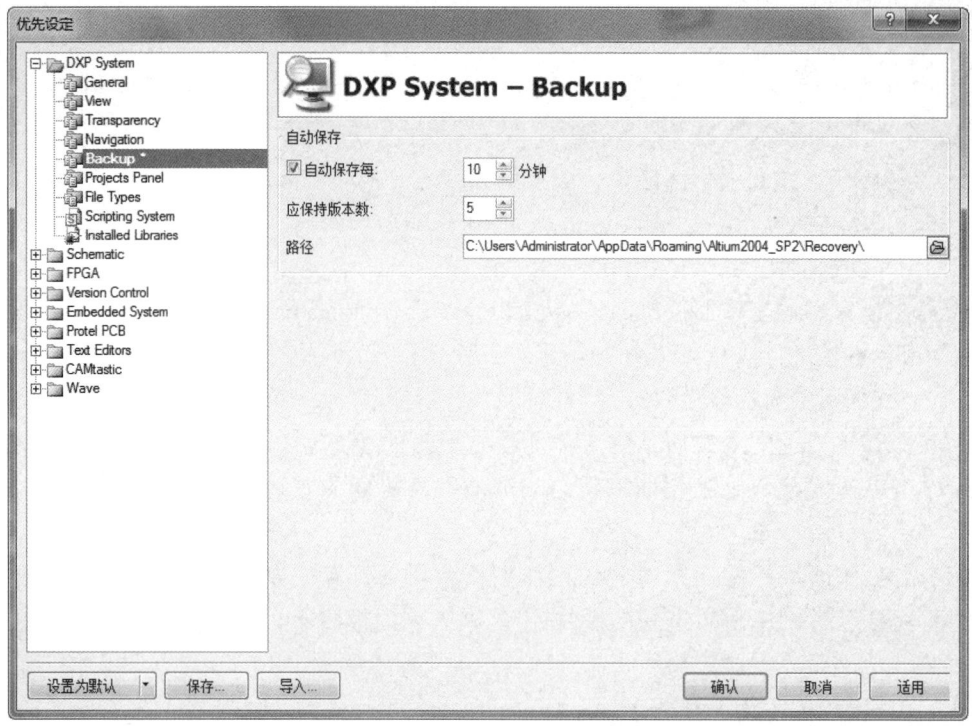

图 1.23　系统自动备份设置

任务 1.5　PCB 工程项目文件操作

Protel DXP 2004 SP2 引入了工程项目的概念，其中包含一系列的单个文件，项目文件的作用是建立单个文件之间的链接关系，方便用户组织和管理。

Protel DXP 2004 SP2 具有很多不同的功能，每个功能都由很多文件构成，本书只介绍 PCB 设计过程中常用的项目和文件。

在 Protel DXP 2004 SP2 的 PCB 项目设计过程中，常用的项目为 PCB 项目，常用的文件有 5 种，分别是原理图文件、PCB 文件、库文件、封装库文件和集成元件库文件，其扩展名和图标见表 1.1。

Protel DXP 2004 SP2 项目和文件的操作主要包括项目和文件的创建、打开、保存和关闭。本任务将结合"Projects"工作面板介绍项目和文件的操作。

表 1.1　常用项目和文件的扩展名和图标

项目和文件	扩展名	图标
PCB 项目	.PrjPCB	
原理图文件	.SchDoc	
PCB 文件	.PcbDoc	
库文件	.SchLib	
封装库文件	.PcbLib	
集成元件库文件	.IntLib	

1.5.1　新建 PCB 项目

步骤 27▶启动 Protel DXP 2004 SP2，执行菜单"文件"→"创建"→"项目"→"PCB 项目"命令，系统将在"Projects"工作面板中自动创建一个名为"PCB_Project1.

项目 1　PCB 设计软件的认知

PrjPCB"的空白项目文件,如图 1.24 所示,该项目文件显示没有文件的空文件"No Documents Added"。

1.5.2　保存项目

对于新建立的 PCB 项目,通常需要将项目文件重命名,并将其保存到指定的文件夹中。

步骤 28▶执行菜单"文件"→"保存项目"命令,弹出相应的对话框,如图 1.25 所示,选择合适的路径,修改合适的文件名后,单击"保存"按钮,完成项目保存。

图 1.24　新建 PCB 项目

图 1.25　重命名项目文件并保存

保存后的项目文件将显示在工作面板中,图 1.26 所示为保存后的项目文件。

1.5.3　新建原理图文件

创建一个项目后,需要为该项目添加相应的文件,可以添加的文件类型有原理图文件、PCB 文件和库文件等。本例中,以添加原理图文件为例进行介绍。

步骤 29▶执行菜单"文件"→"创建"→"原理图"命令,或右击项目文件名,在弹出的菜单中选择"追加新文件到项目中"→"Schematic"命令。新建的原理图文件的默认名称为"Sheet1.SchDoc",如图 1.27 所示。

图 1.26　保存后的项目文件

图 1.27　新建的原理图文件

15

印制电路板设计与应用项目化教程

步骤 30▶执行菜单"文件"→"保存"命令，在弹出的对话框中输入原理图文件名后，选择与 PCB 项目文件相同的路径进行保存。保存原理图文件后的工作面板如图 1.28 所示。

1.5.4 追加已有的文件到项目文件中

在设计电路时有的文件并未放置在项目文件中，此时需要将其添加到项目文件中。

步骤 31▶在工作面板区，用鼠标将文件拖至项目文件中，或右击项目文件名，在弹出的菜单中选择"追加已有文件到项目中"命令，将弹出一个对话框，选择要追加的文件后，单击"打开"按钮实现文件追加。

图 1.28　保存原理图文件后的工作面板

1.5.5 将项目中的文件移除

在设计过程中，有时文件保存错误，或者项目中不再需要此文件，需要将项目中已有的文件从项目中移除。

步骤 32▶在工作面板区中右击需要移除的文件，在弹出的快捷菜单中选择"从项目中删除"命令，此时弹出提示对话框询问是否移除文件，单击"Yes"按钮即可将该文件从项目中移除。

需要注意的是，该操作只是将文件从项目中移除，成为自由文件，该文件并未从硬盘中删除。

1.5.6 打开项目文件

步骤 33▶在电路设计中，有时需要打开已有的某个文件，可以执行菜单"文件"→"打开"命令，弹出"打开文件"对话框，选择需要打开的文件后，单击"打开"按钮即可。

步骤 34▶若只打开项目文件，可以执行菜单"文件"→"打开项目"命令，弹出的对话框中只显示已有的项目。

1.5.7 关闭项目

步骤 35▶右击项目文件名，在弹出的菜单中选择"Close Project"命令，关闭项目，若工作窗口中的文件未保存过，将弹出对话框提示是否保存文件。若选择"关闭项目中的文件"命令，则将该项目中的子文件关闭，而项目文件被保留。

1.5.8 项目文件与独立文件

在图 1.29 所示的工作面板中，"功率放大器电路.PrjPCB"是一个项目文件，该项目包含 1 个原理图

图 1.29　项目文件与独立文件

16

项目1 PCB 设计软件的认知

文件"功率放大器电路.SchDoc",它是在新建项目文件之后新建的原理图文件。"Free Documents"为独立文件,其下的文件为"单片机应用电路.SchDoc",它不属于任何项目,它是在未建立项目文件的情况下新建的原理图文件。

Protel DXP 2004 SP2 的一些设计有时必须在项目下才能进行,如果是独立文件,有些操作将无法执行,为解决该问题,需要新建一个项目文件并保存,再将独立文件追加至该项目中。

项目小结

本项目介绍了 PCB 的组成、功能、种类和 Protel DXP 2004 SP2 的特点,使读者对 Protel DXP 2004 SP2 有了一个大概的认识。同时,本项目还详细介绍了 Protel DXP 2004 SP2 的安装、中、英文界面切换,主界面和文件操作,为进一步使用 Protel DXP 2004 SP2 奠定了基础。

思考与练习

1. PCB 在电子产品中有何作用?
2. 根据导线层数划分,PCB 分为哪几类?
3. Protel DXP 2004 SP2 有何特点?
4. 安装 Protel DXP 2004 SP2。
5. 在 Protel DXP 2004 SP2 中,如何将英文菜单切换成中文菜单?
6. Protel DXP 2004 SP2 中常用的文件有哪几类?
7. 使用菜单命令新建一个 PCB 项目,并将新建的 PCB 项目文件命名为"MyProject_1.PrjPCB",然后将该项目保存在"D:\Chapter1\MyProject"中。
8. 在习题 7 的基础上,新建一个名为"MySheet_1A.SchDoc"的原理图文件,并将该原理图文件保存到"D:\Chapter1\MyProject"中。

项目 2

三极管放大电路原理图设计

项目描述

本项目通过对图 2.1 所示的三极管放大电路原理图进行设计,介绍原理图设计的基本方法和技巧。从图 2.1 中可以看出,本项目原理图主要由元器件、电路导线、电源和接地符号、端口、电路波形和电路说明等部分组成。

电路原理图设计基本按照以下步骤进行。

(1) 新建项目文件和原理图文件并保存。
(2) 设置图纸尺寸和工作环境。
(3) 设置元器件库。
(4) 放置所需元器件、电源和接地符号、接插件、端口、网络标签等。
(5) 对元器件进行布局和连线。
(6) 设置元器件的封装。
(7) 放置说明文字、波形等。
(8) 进行电气规则检测、线路和标识的调整与修改。
(9) 保存文件。
(10) 输出报表。

当然,在一些复杂的电路原理图设计中,也可以在放置元器件的同时进行布局和连线,最后进行调整。

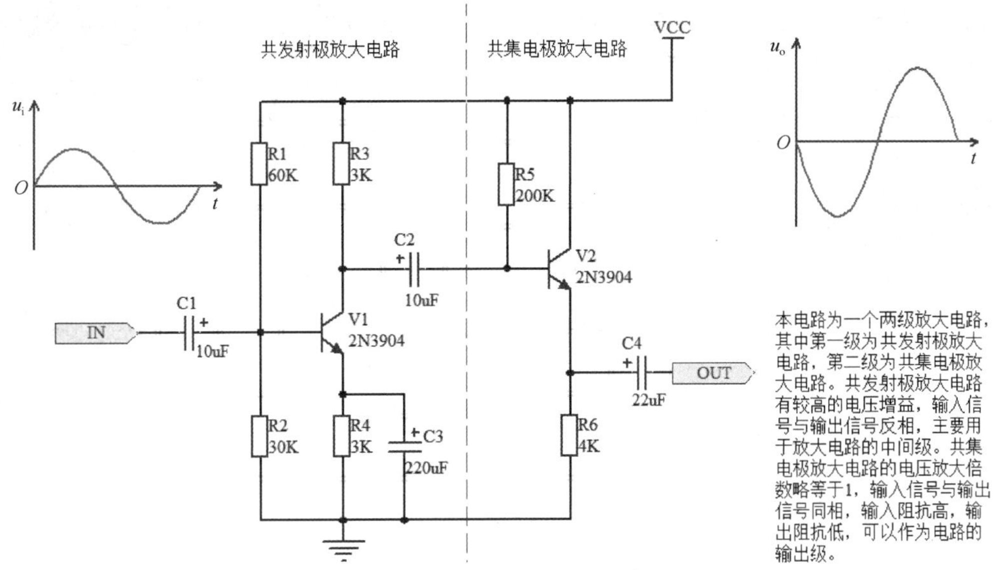

项目 2　三极管放大电路原理图设计

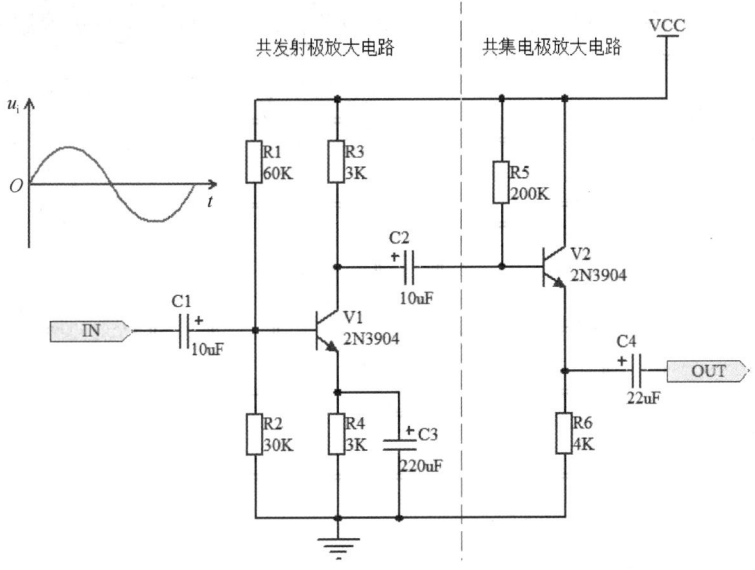

图 2.1　三极管放大电路原理图[①]

学习目标

- 了解电路原理图设计的一般步骤。
- 掌握原理图标准化设计的基本方法。
- 熟悉 Protel DXP 2004 SP2 原理图编辑环境。
- 熟悉 Protel DXP 2004 SP2 常用工作面板。
- 掌握元器件库设置及元器件查找方法。
- 了解原理图设计工具的使用方法。
- 掌握原理图输出方法。
- 掌握原理图电气检查与网络表生成方法。

项目实施

任务 2.1　新建原理图文件与环境设置

2.1.1　新建 PCB 项目文件

步骤 1 ▶ 启动 Protel DXP 2004 SP2，执行菜单"文件"→"创建"→"项目"→"PCB 项目"命令，系统自动创建一个名为"PCB_Project1.PrjPCB"的空白项目文件。

---

① 图 2.1 为软件生成的图，未做标准化处理，其中，"K"代表"kΩ"，"uF"代表"μF"。本书凡软件生成的图均未做标准化处理。

印制电路板设计与应用项目化教程

步骤 2▶执行菜单"文件"→"另存项目为"命令，将项目名称修改为"三极管放大电路.PrjPCB"，然后选择合适的路径保存。

2.1.2 新建原理图文件

步骤 3▶执行菜单"文件"→"创建"→"原理图"命令，系统将自动在当前项目文件下新建一个名为"Sheet1.SchDoc"的原理图文件。

步骤 4▶右击原理图文件"Sheet1.SchDoc"，在弹出的菜单中选择"另存为"命令，将原理图文件名修改为"三极管放大电路.SchDoc"，选择与项目文件相同的路径后保存。新建原理图文件如图 2.2 所示。

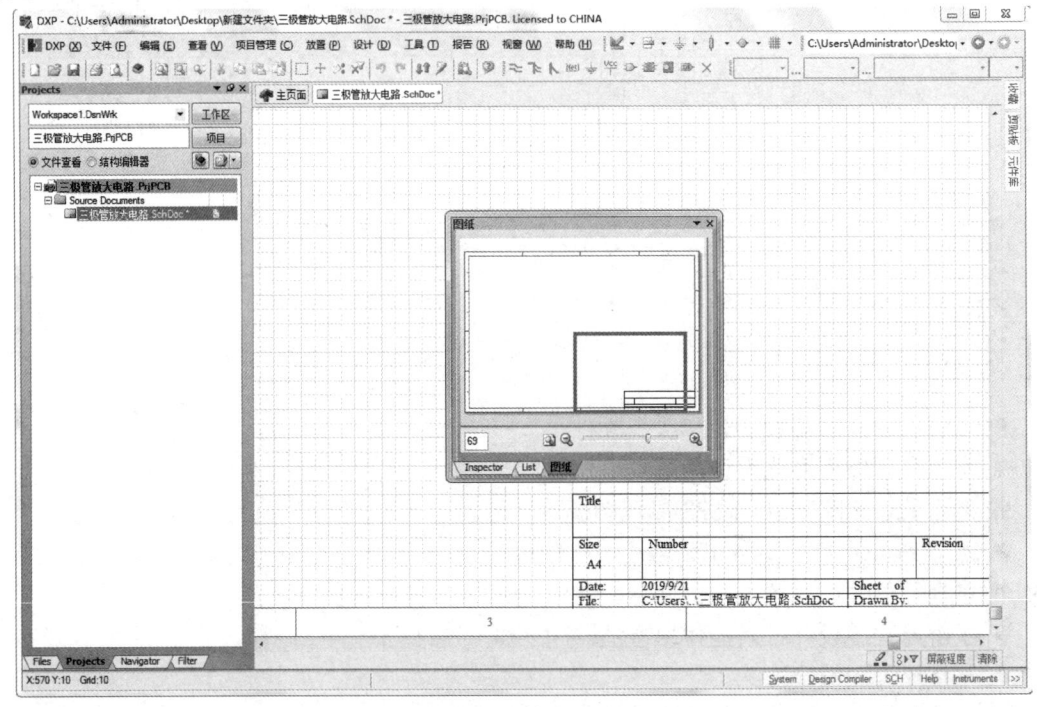

图 2.2　新建原理图文件

在图 2.2 所示的原理图编辑器中，工作面板中已经建立了项目文件"三极管放大电路.PrjPCB"和原理图文件"三极管放大电路.SchDoc"。

2.1.3 原理图编辑器

原理图编辑器主要由菜单栏、原理图标准工具栏、配线工具栏、实用工具栏（包含绘图工具、电源工具、常用元器件工具等）、工作区、工作面板、图纸浏览器、元器件库选项卡、坐标显示区等组成。

2.1.4 原理图标准工具栏

Protel DXP 2004 SP2 提供直观的工具栏，用户可以单击工具栏上的按钮来执行常用的命令。原理图标准工具栏的按钮功能见表 2.1。

项目 2　三极管放大电路原理图设计

表 2.1　原理图标准工具栏的按钮功能

按　钮	功　能	按　钮	功　能
	创建任意文件		橡皮图章
	打开已存在的文件		在区域内选定对象
	保存当前文件		移动选定的对象
	直接打印当前文件		取消选择全部当前文档
	生成当前文件的打印预览		清除当前过滤器
	打开元器件视图页面		取消
	显示全部对象		重做
	缩放整个区域		改变设计层次
	缩放选定对象		交叉探测打开的文档
	裁剪		浏览元器件库
	复制		帮助
	粘贴		

步骤 5▶ 执行菜单"查看"→"工具栏"→"原理图标准"命令可以打开或关闭原理图标准工具栏。

2.1.5　图纸浏览器

在图 2.2 中，左侧的工作面板显示的是当前的项目文件，工作区中有一个图纸浏览器，该窗口用于浏览当前工作区中的内容，单击窗口中的 🔍 按钮和 🔍 按钮可以放大和缩小工作区的电路图，拖动红色的边框可以对电路进行局部浏览。

步骤 6▶ 执行菜单"查看"→"工作区面板"→"SCH"→"图纸"命令可以打开或关闭图纸浏览器。一般设计时将此窗口关闭。

2.1.6　图纸设置

进入原理图编辑后，通常要先设置图纸参数。图纸参数设置一般包括图纸格式设置、网格设置和单位设置等。

步骤 7▶ 双击图纸边框或执行菜单"设计"→"文档选项"命令，弹出图 2.3 所示的"文档选项"对话框，选中"图纸选项"选项卡进行图纸设置。

图纸尺寸是根据原理图的规模和复杂程度确定的，图纸尺寸设置方法如下。

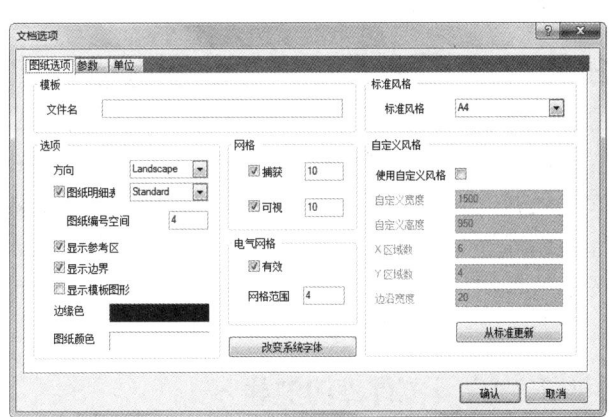

图 2.3　"文档选项"对话框

图 2.3 中右上方"标准风格"选项区是用来设置标准图纸尺寸的，可在其下拉列表框中选择具体尺寸；"自定义风格"选项区用于自定义图纸尺寸，必须选中"使用自定义风格"

复选框，系统默认最小单位为 10 mil（1 英寸=1 000 mil）。"方向"下拉列表框用于设置图纸方向，有 Landscape（横向）和 Portrait（纵向）两种选择，系统默认为 Landscape，一般不修改。

2.1.7 设置网格尺寸

Protel DXP 2004 SP2 的网格类型主要有 3 种，即捕获网格、可视网格和电气网格。捕获网格是指光标移动一次的步长，可视网格指的是图纸上实际显示的网格之间的距离，电气网格指的是自动寻找电气节点的半径范围。

图 2.3 中的"网格"选项区用于设置图纸的网格，其中"捕获"用于捕获网格的设定，图中设定为 10，即光标移动一次的距离为 10；"可视"用于可视网格的设定，即图纸上网格间距，该设置只影响视觉效果，不影响光标的位移量。例如"可视"设定为 10，"捕获"设定为 5，则光标移动两次最小移动距离可走完一个可视网格。

需要注意的是，原理图设计中默认网格基数为 10 mil，若网格尺寸设置为 10，实际上为 100 mil。

图 2.3 中，"电气网格"选项区用于电气网格的设定，选中"有效"复选框，在绘制导线时，系统会以"网格范围"中设置的值为半径，以光标所在点为中心，向四周搜索电气节点。如果在搜索半径内有电气节点，则系统将光标自动移到该节点上。

2.1.8 单位制的切换

Protel DXP 2004 SP2 的原理图设计提供了英制（mil）和公制（mm）两种单位制，有两种方法进行单位制的切换。

方法一：在图 2.3 中选中"单位"选项卡进行设置，一般默认使用英制单位系统，单位是 mil。

方法二：执行菜单"查看"→"切换单位"命令，即可完成单位制的切换。

在原理图设计中，一般情况下不对单位制进行修改，采用默认的英制单位即可。

任务 2.2 三极管放大电路原理图的绘制

电路原理图是由各种元器件通过电气连接构成的。绘制原理图之前，必须了解元器件库的设置。只有知道绘图所需的元器件在哪个元器件库中，并将该元器件所在的元器件库加载到内存中，才能放置所需的元器件。但是如果一次加载的元器件库过多，将占用过多的系统资源，程序运行效率将会降低。所以最合理的办法就是只加载必需的元器件库，其他元器件库在需要的时候再加载进来。

2.2.1 元器件库的加载

步骤 8▶单击图 2.2 所示窗口右侧的"元件库"选项卡，或者单击原理图编辑器右下方的面板标签"System"，将弹出菜单，单击"元件库"命令，即可弹出如图 2.4 所示的"元件库"面板。

项目2 三极管放大电路原理图设计

步骤 9▶ 单击图 2.4 中左上角的"元件库"按钮，弹出"可用元件库"对话框，如图 2.5 所示。单击图 2.5 中的"安装"选项卡，将显示当前已经加载的元器件库。

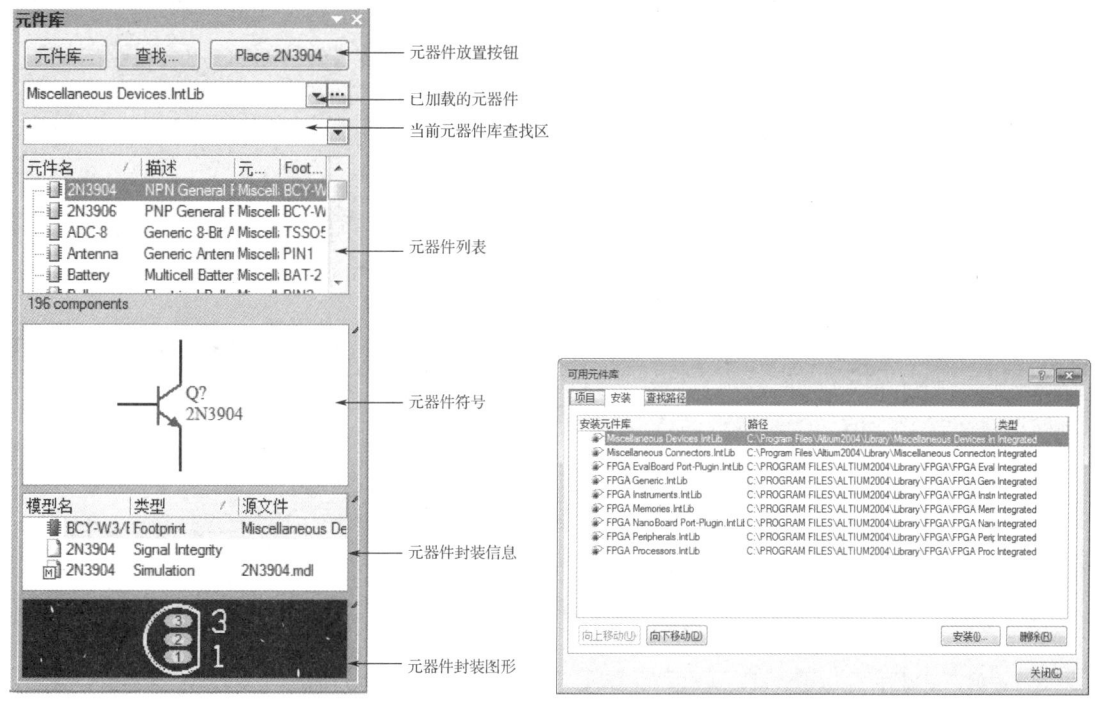

图 2.4 "元件库"面板[①]　　　　　　　图 2.5 "可用元件库"对话框

步骤 10▶ 在图 2.5 的左上角选中"安装"选项卡后，再单击右下方的"安装"按钮，将弹出"打开"对话框，如图 2.6 所示。然后根据绘图的需要，选择对应的元器件库文件，单击"打开"按钮，此时"打开"对话框消失，回到"可用元件库"对话框，然后单击"关闭"按钮，完成元器件库的加载。

在 Protel DXP 2004 SP2 中，元器件库文件默认保存在 C:\Program Files\ Altium2004\Library 中。Library 目录中的元器件库是按厂商进行分类的，选择元器件库需要找到对应厂商的目录。

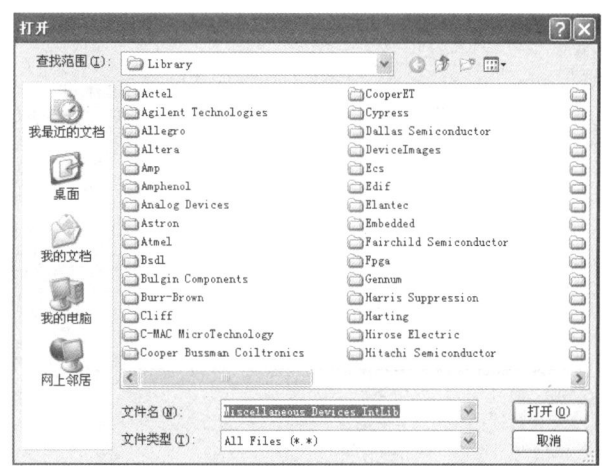

图 2.6 "打开"对话框

Library 目录中有两个常用的元器件库，在原理图设计中经常用到。其中，Miscellaneous Devices.IntLib 元器件库包含了常用的电阻、电容、电感、变压器、二极管、三极管、开关

---

① 图 2.4 为软件生成的图，其中"元件"代表"元器件"，全书下同。

23

按键等常用元器件，Miscellaneous Connectors.IntLib 元器件库包含了常用的接插件。

2.2.2 删除已经加载的元器件库

在图 2.5 中选中要删除的元器件库，单击"删除"按钮，即可删除已经加载的元器件库。

2.2.3 原理图配线工具

Protel DXP 2004 SP2 提供了用于原理图绘制的"配线"工具栏，如图 2.7 所示。

有时"配线"工具栏被关闭了，可以通过以下方式打开。执行菜单"查看"→"工具栏"→"配线"命令，即可打开"配线"工具栏。

"配线"工具栏中按钮的功能见表 2.2。

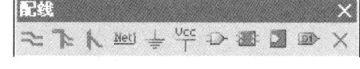

图 2.7 "配线"工具栏

表 2.2 "配线"工具栏中按钮的功能

按 钮	功 能	快 捷 键
	放置导线	P+W
	放置总线	P+B
	放置总线入口	P+U
Net1	放置网络标签	P+N
	GND 端口	P+O
VCC	VCC 电源端口	—
	放置元器件	P+P
	放置图纸符号	P+S
	放置图纸入口	P+A
	放置端口	P+R
×	放置忽略 ERC 检查指示符	P+I+N

2.2.4 放置元器件

元器件的放置有 3 种方法，每种方法都有各自的特点。

1）通过"元件库"面板放置元器件

首先保证需要用到的元器件库已经加载。本例中使用的元器件有电阻 Res2、电解电容 Cap Pol2 和三极管 2N3904 等，它们都在元器件库 Miscellaneous Devices.IntLib 中，系统默认加载该元器件库。

步骤 11▶选择正确的元器件库，在元器件列表中找到需要的元器件，比如找到并选中电阻 Res2，面板中将出现该元器件符号和默认封装信息等，如图 2.8 所示。

步骤 12▶单击右上角的"Place Res2"按钮，此时会出现一个随光标移动的电阻元器件符号，将元器件放到合适的位置后单击，元器件放置成功。此时系统仍处于元器件放置状

态，单击可以继续放置相同的元器件，右击可退出元器件放置状态。

步骤 13▶ 放置其他元器件。本例中，需要放置两个三极管 2N3904、6 个电阻 Res2 和 4 个电解电容 Cap Pol2，放置完成的元器件如图 2.9 所示。

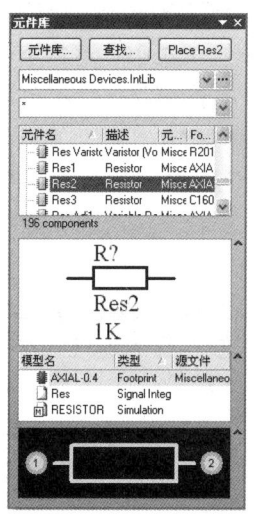 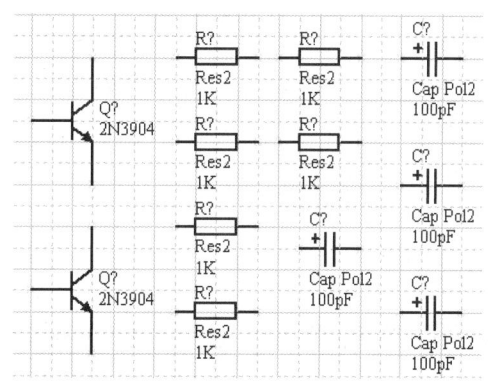

图 2.8 元器件库中的 Res2　　　　　　图 2.9 放置完成的元器件

2）通过菜单放置元器件

步骤 14▶ 执行菜单"放置"→"元件"命令或单击"配线"工具栏的 按钮，弹出"放置元件"对话框，如图 2.10 所示。在"放置元件"对话框中，在"库参考"下拉列表框中选择需要放置的元器件名称，如电解电容名称为 Cap Pol2；在"标识符"文本框中输入元器件标识符，如 C?；在"注释"文本框中输入元器件的名称，如 Cap Pol2；在"封装"下拉列表框中选择元器件的 PCB 封装，一般采用默认封装，如电解电容 Cap Pol2 的默认封装为 POLAR0.8。

设置完成后，单击"确认"按钮，光标处出现一个随光标移动的元器件符号，在合适位置单击来放置元器件。再次单击可以继续放置相同的元器件，而且标识符标号自动加 1。

该方法需要记住所需元器件的名称。如果不了解元器件名称，可以单击"…"按钮进行元器件浏览，从中可以查看并选择所需的元器件。

值得注意的是，需要放置的元器件所在的库必须已经加载，否则放置完元器件后右击，将弹出如图 2.11 所示的"DXP Error"对话框，提示所放置的元器件所在的库没有加载。

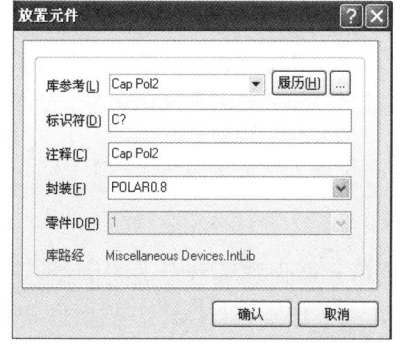 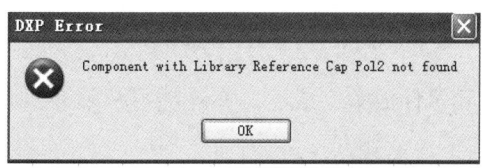

图 2.10 "放置元件"对话框　　　　　　图 2.11 "DXP Error"对话框

3）通过查找功能放置元器件

在设计原理图时，有时不知道元器件所在的元器件库，无法放置元器件。可以通过查找功能来放置元器件。下面就以与非门芯片 SN74LS00N 为例，用查找功能来放置元器件。

步骤 15▶ 单击图 2.8 中的"查找"按钮，弹出"元件库查找"对话框，如图 2.12 所示。输入要查找的元器件名称"SN74LS00N"，在"范围"选项区中选中"路径中的库"单选按钮，保持系统默认路径，然后单击"查找"按钮，系统自动查询。查找结束后，将显示查找到的元器件信息，如图 2.13 所示。单击"Place SN74LS00N"按钮后，弹出如图 2.14 所示的对话框。该对话框提示放置的元器件所在的元器件库没有被加载，如果需要加载该元器件库，单击"是"按钮，加载该元器件库，并放置元器件；若单击"否"按钮，则不加载该元器件库，但是可以继续放置元器件。

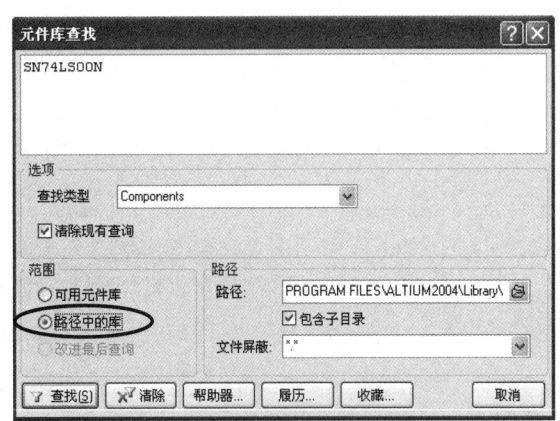

图 2.12 "元件库查找"对话框

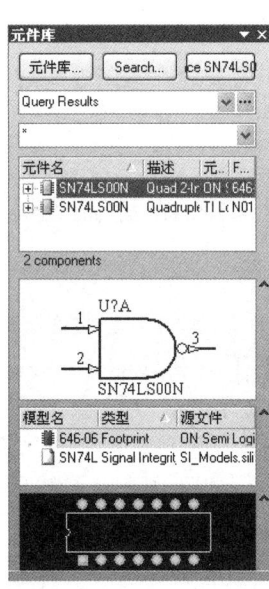

图 2.13 元器件查找结果

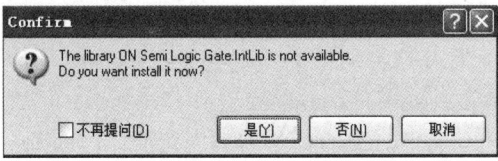

图 2.14 元器件库加载提示对话框

在"元件库查找"对话框的文本框中输入要查找的元器件名称时，有些字符不能用于查找，如"."，此时可以采用模糊查找方式，"*"代表任意字符，如查找 SN74LS00N 可以输入"*74LS00"。

2.2.5 元器件的布局调整

元器件放置完成后，在连接导线前要进行布局调整，将元器件移动到合适的位置。

1）元器件的选取

对元器件进行布局操作时，首先要选取元器件，选取的方法有以下几种。

(1) 直接利用鼠标选取。

步骤 16▶ 如果要选取单个元器件，可以单击该对象，被选取的元器件周围出现绿色的虚线框，如图 2.15 所示，此时元器件即被选取。这种方法只能一次选取一个对象，如果要选取多个对象，可以在按住 Shift 键的同时，单击选取多个对象。

(2) 利用工具栏按钮选取。

步骤 17▶ 单击工具栏上的 ▢ 按钮，用鼠标框选多个元器件，如图 2.16 所示。

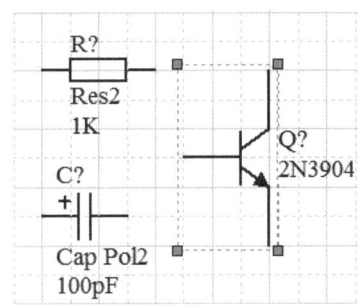

图 2.15 单击选取一个元器件

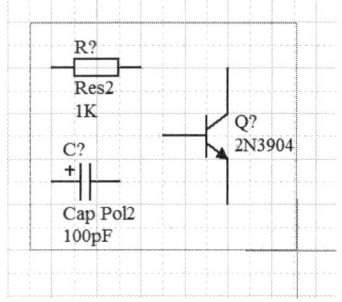

图 2.16 用鼠标选框多个元器件

(3) 用菜单命令选取。

步骤 18▶ 执行菜单"编辑"→"选择"命令，选择"区域内对象"或"区域外对象"命令，然后框选需要的元器件。如果选择的是"区域内对象"，则框内所有元器件都被选中；如果选择的是"区域外对象"，则选中的是框外的所有元器件。

2）解除元器件选中状态

元器件被选中后，如果需要解除选中状态，单击没有元器件的空白区域即可。

3）移动元器件

移动元器件之前，先选中需要被移动的元器件。然后用鼠标将元器件拖动到所需的位置，松开鼠标即可实现元器件的移动操作。在移动元器件的过程中，也可以用鼠标框选一组元器件，然后拖动这组元器件，实现一组元器件的移动。

4）元器件的旋转

元器件放置好之后，有时需要对元器件的方向进行调整。在调整元器件方向前，需要确保当前输入法的状态为英文输入状态；否则，在中文输入状态下操作无效。

步骤 19▶ 选中元器件并按住鼠标左键，然后按空格键，每按一次空格键，元器件逆时针旋转 90°；按 X 键，元器件进行水平翻转，按 Y 键，元器件进行垂直翻转，效果如图 2.17 所示。

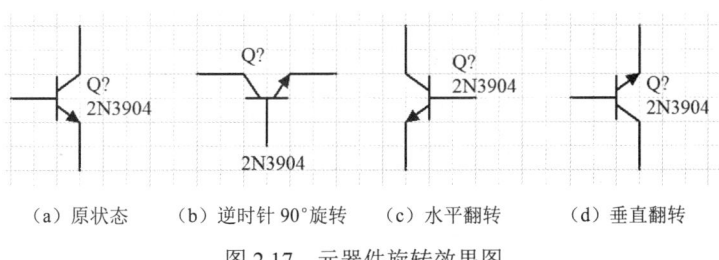

(a) 原状态　　(b) 逆时针 90°旋转　　(c) 水平翻转　　(d) 垂直翻转

图 2.17 元器件旋转效果图

5）删除对象

步骤 20▶ 要删除某个元器件时，先选中需要删除的元器件，然后按 Delete 键进行删除。

2.2.6 全局查看全部对象

步骤 21▶ 元器件放置并调整完成后，执行菜单"查看"→"显示全部对象"命令，屏幕显示全局所有对象。通过全局查看功能，可以观察布局是否合理。完成元器件布局后的三极管放大电路原理图如图 2.18 所示。

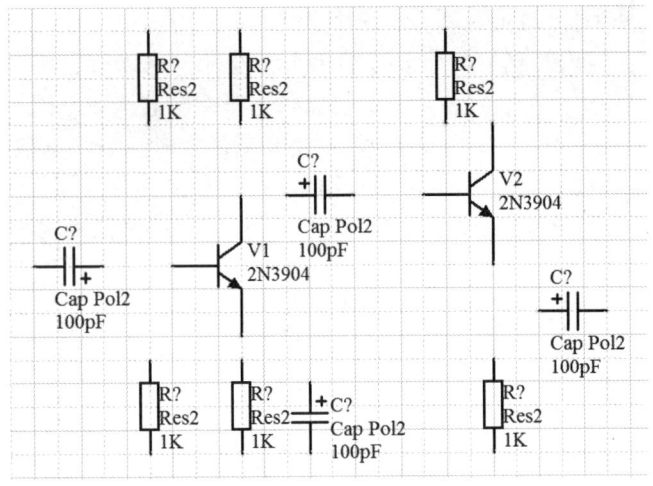

图 2.18　完成元器件布局后的三极管放大电路原理图

2.2.7 放置电源和接地符号

放置电源和接地符号有以下三种方法。

1）通过菜单放置

步骤 22▶ 执行菜单"放置"→"电源端口"命令，进入放置电源和接地符号的状态，此时出现一个随光标移动的电源符号，按 Tab 键，弹出"电源端口"对话框，如图 2.19 所示。可在"网络"文本框中设置电源端口的网络名，通常接地符号设置为"GND"，电源符号设置为"VCC"，当然，不同的电源可以有不同的网络名，如"VCC""VDD""VCC3.3V"等。"风格"下拉列表框可以用来设置电源和接地符号的风格。电源与接地符号类型见表 2.3。

表 2.3　电源与接地符号类型

符号图形	符号名称	符号类型
VCC	Circle	电源
VCC	Arrow	电源
VCC	Bar	电源
VCC	Wave	电源
	Power Ground	接地
	Signal Ground	接地
	Earth	接地

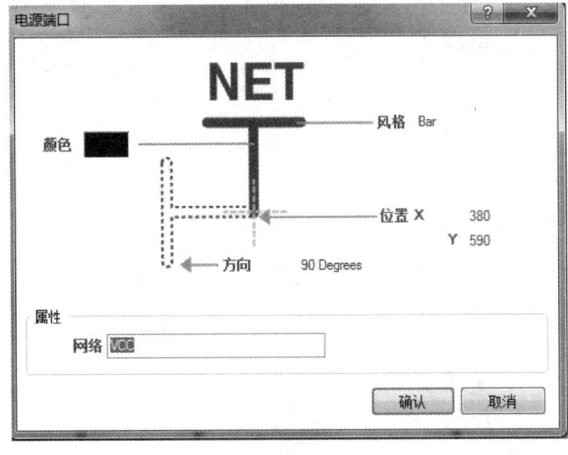

图 2.19　"电源端口"对话框

需要注意的是，由于在放置电源端口时，系统默认初始放置的是电源符号。电源和接地符号在切换风格时，除了要修改符号图形，还要将网络名修改为 GND，否则 PCB 布线时

会出错。

2）通过"配线"工具栏放置

步骤 23▶ 在实际的原理图设计中，通常直接单击"配线"工具栏中的 vcc 按钮来放置电源符号，单击"配线"工具栏中的 ⏚ 按钮来放置接地符号。

3）通过实用工具栏放置

步骤 24▶ 执行菜单"查看"→"工具栏"→"实用工具栏"命令，打开实用工具栏，单击实用工具栏中的 ⏚▾ 按钮，弹出如图 2.20 所示的下拉菜单，选择下拉菜单中对应的电源或接地符号即可。

2.2.8 放置电路 I/O 端口

I/O 端口一般用来表示电路的输入或输出端口，通过导线与元器件相连，具有相同名称的 I/O 端口在电气上是相连的。

步骤 25▶ 执行菜单"放置"→"端口"命令或者单击"配线"工具栏中的 ▣ 按钮，进入放置 I/O 端口状态，光标上出现一个随光标移动的 I/O 端口，将光标移动到合适的位置，单击，确定 I/O 端口的起点，然后拖动光标来改变端口的长度，调整到合适的长度后再次单击，即完成一个 I/O 端口的放置，如图 2.21 所示，右击可退出放置状态。

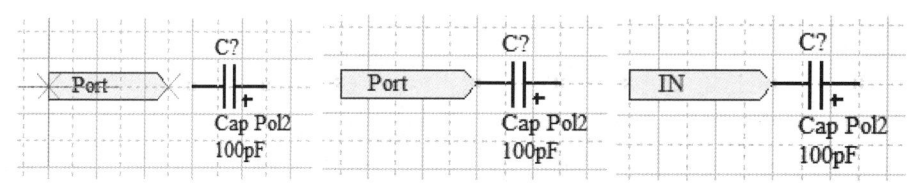

（a）悬浮状态的 I/O 端口　（b）放置并连线的 I/O 端口　（c）修改属性后的 I/O 端口

图 2.21　放置 I/O 端口

步骤 26▶ 双击 I/O 端口，弹出"端口属性"对话框，如图 2.22 所示。主要设置的是该对话框中的"图形"选项卡，说明如下。

"排列"：单击其后的下拉菜单，可以调整 I/O 端口名称的显示位置，Center 表示居中，Left 表示左边，Right 表示右边。

"名称"：设置 I/O 端口的名称，若要放置低电平有效的端口，如"$\overline{CR}$"，输入"C\R\"即可。

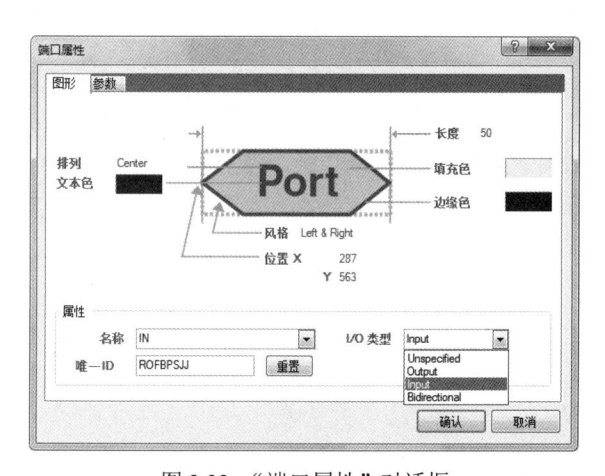

图 2.22　"端口属性"对话框

"I/O 类型"：可以选择 I/O 端口的电气特性，其中 Unspecified 表示未指明，Output 表示输出端口，Input 表示输入端口，

Bidirectional 表示双向型端口。

本例中在电路的输入端和输出端各放置一个 I/O 端口，输入端名称设置为"IN"，I/O 类型为"Input"；输出端名称设置为"OUT"，I/O 类型为"Output"。

2.2.9 电气连接

1）放置导线

步骤 27▶执行菜单"放置"→"导线"命令或者单击"配线"工具栏中的 ≈ 按钮，光标变为"×"形状后进入放置导线状态，按 Tab 健，弹出如图 2.23 所示的"导线"对话框，可以按照绘图要求修改导线的颜色和宽度。导线属性修改完成后，单击"确认"按钮即可。一般情况下不建议修改此属性。

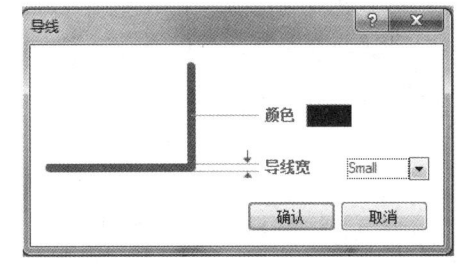

图 2.23 "导线"对话框

步骤 28▶将带"×"的光标移动到合适的位置单击，确定导线的起点，移动光标至下一位置，再次单击，完成两点间的导线连接。用相同的方法可以绘制出其他导线，若要退出导线放置状态，右击即可。

在放置导线的过程中，当光标接近元器件引脚或者另一段导线时，光标上的"×"由原来的灰色变成红色，说明放置的导线与该元器件或导线具有电气连接意义，放置导线后就建立了电气连接，如图 2.24 所示。

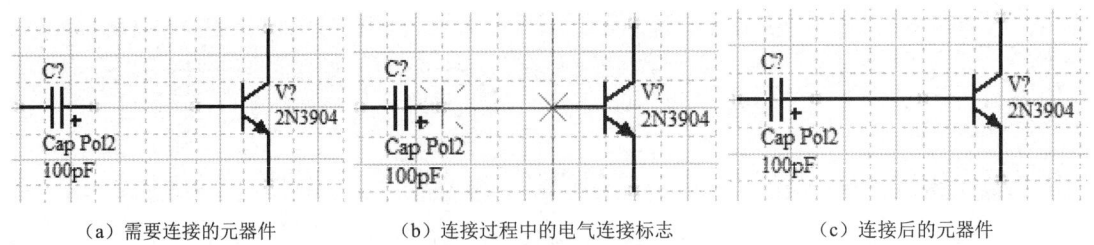

（a）需要连接的元器件　　（b）连接过程中的电气连接标志　　（c）连接后的元器件

图 2.24 放置导线示意图

2）导线的方向设置

步骤 29▶放置导线时，系统默认导线转弯角度为 90°。若要改变转弯角度，可以在放置导线时，按住 Shift 键，然后按一次空格键，转弯角度由 90°切换成 45°，再按一次空格键后转弯角度切换成任意角度，如图 2.25 所示。

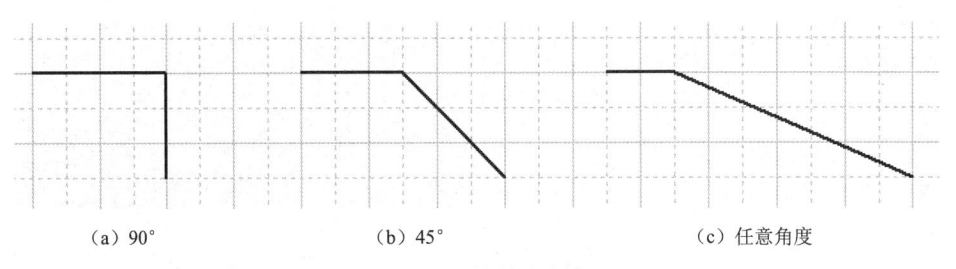

（a）90°　　（b）45°　　（c）任意角度

图 2.25 导线转弯角度

需要注意的是，切换成任意角度后，由于捕获网格默认设置为 10，导线每次移动最小单位为 10，导线转弯角度的改变并非真正意义上的任意角度。如果将捕获网格设置为 1，才是真正的任意角度的转弯。在切换转弯角度时，当前输入法必须在英文状态下。

3）放置节点

节点用来表示两条相交导线的电气连接。没有节点就表示相交的导线在电气上没有连接。

步骤 30▶ 当两条导线呈"T"字形相交时，系统将自动生成节点，但是导线呈十字形交叉时，一般情况下需要手工放置节点。如果放置呈十字形交叉的导线时需要系统自动生成节点，可以先放置"┐"形状导线，再放置"└"形状导线，然后移动"└"形状导线使两条导线相交，此时系统将自动生成节点，如图 2.26 所示。

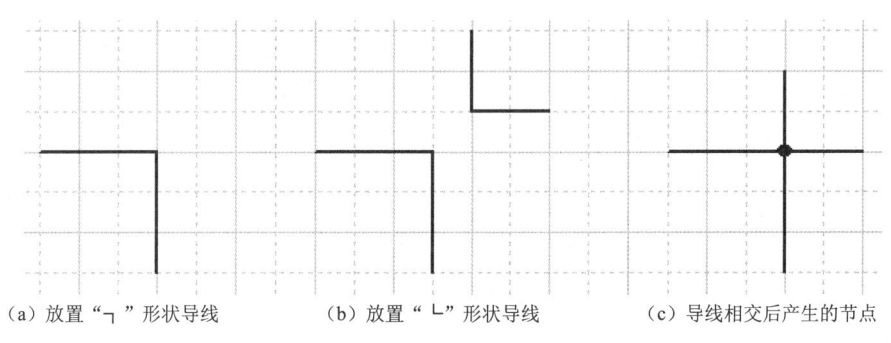

（a）放置"┐"形状导线　　（b）放置"└"形状导线　　（c）导线相交后产生的节点

图 2.26　自动生成节点示意图

普通十字形交叉放置导线，系统不会自动生成节点，需要手工放置节点。

步骤 31▶ 执行菜单"放置"→"手工放置节点"命令，进入放置节点的状态，光标上出现一个随光标移动的小圆点，将光标移动到导线的交叉处，单击即可放置一个节点，如图 2.27 所示，右击可退出节点放置状态。

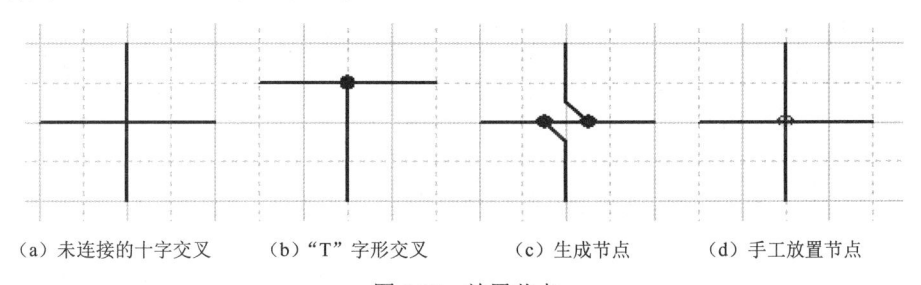

（a）未连接的十字交叉　（b）"T"字形交叉　（c）生成节点　（d）手工放置节点

图 2.27　放置节点

双击手工放置的节点，可以修改节点的大小、颜色等属性，但通常不做修改。完成连线的三极管放大电路原理图如图 2.28 所示。

2.2.10　元器件属性的调整

原理图中放置的元器件系统默认都是未定义元器件标识符的，标称值都固定为同一个值，因此需要对每一个元器件的参数进行修改。

1）元器件标识符自动标注

在图 2.28 中，所有的元器件都没有修改标识符，元器件的标识符可以逐个手动修改，

也可以自动标注。元器件标识符自动标注有以下两种方法。

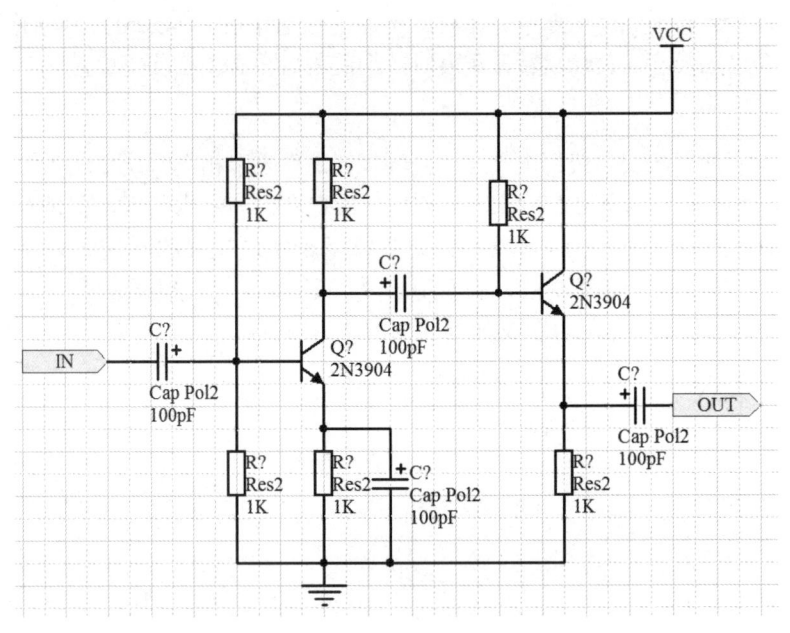

图 2.28 完成连线的三极管放大电路原理图

（1）利用自动注释功能自动标注。

步骤 32▶执行菜单"工具"→"注释"命令，弹出如图 2.29 的"注释"对话框，在对话框中的"处理顺序"选项区的下拉列表框中有 4 种自动注释的处理顺序供选择，如图 2.30 所示。

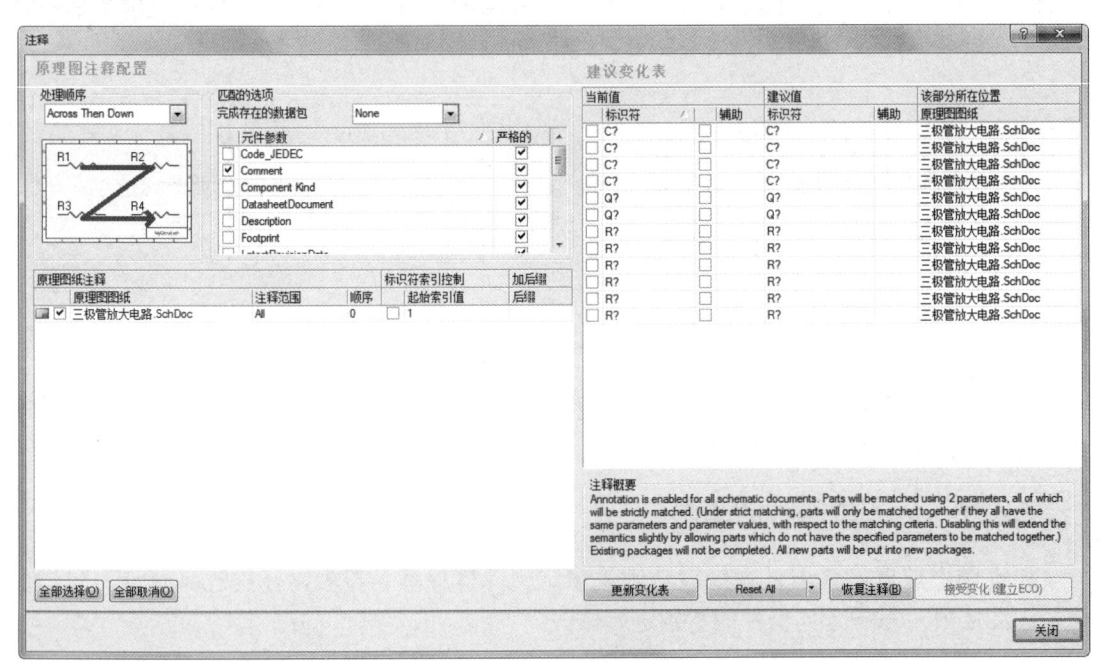

图 2.29 "注释"对话框

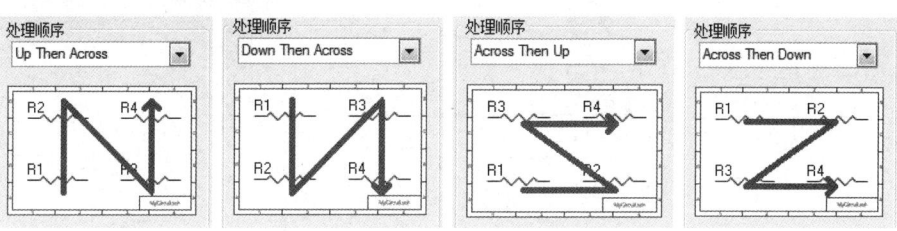

图 2.30　4 种自动注释的处理顺序

本例中，选择"Down Then Across"。选择处理顺序后，在"注释"对话框左下方"原理图纸注释"选项区中选择需要自动注释的原理图，如果当前项目中只有一个原理图，则系统默认选定。

步骤 33▶ 在"建议变化表"选项区中显示所有需要标注的带问号的元器件标识符，单击"更新变化表"按钮，系统弹出对话框提示更新的数量，如图 2.31 所示。单击"OK"按钮，系统自动进行标注，并将结果显示在"建议值"的"标识符"栏中。然后单击"接受变化（建立 ECO）"按钮进行确认，系统弹出"工程变化订单（ECO）"对话框，如图 2.32 所示，图中显示注释修改后的情况。

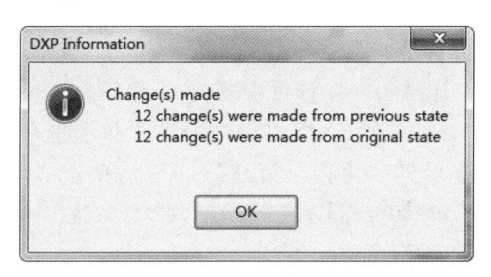

图 2.31　自动注释更新数量提示对话框

图 2.32　"工程变化订单（ECO）"对话框

步骤 34▶ 单击"使变化生效"按钮，再单击"执行变化"按钮，系统自动对注释状态进行检查，检查完成后，单击"关闭"按钮，返回"注释"对话框，单击"关闭"按钮完成标识符自动标注。自动注释后的三极管放大电路原理图如图 2.33 所示。

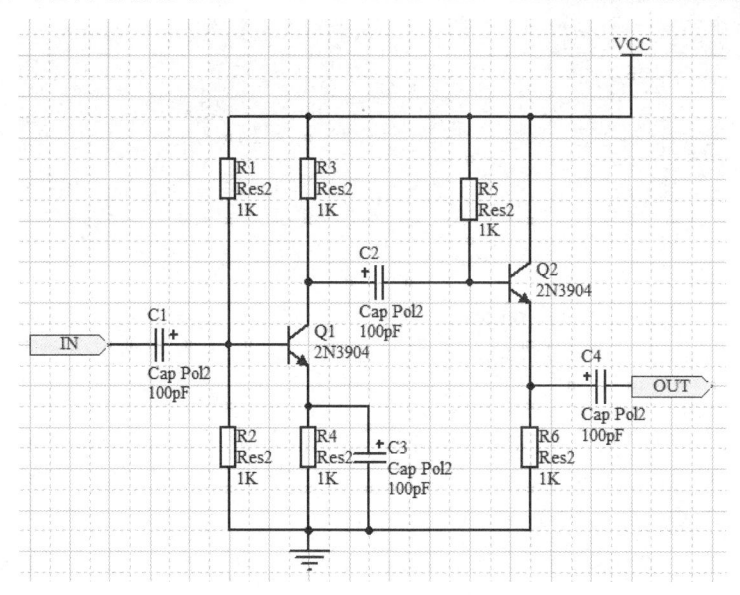

图 2.33　自动注释后的三极管放大电路原理图

（2）修改属性后自动标注。

步骤 35▶ 以放置 6 个电容为例。在元器件库中选择元器件时，按 Tab 键，此时弹出"元件属性"对话框，如图 2.34 所示。将"元件属性"对话框左上角的标识符"C?"修改为"C1"，清除注释"Cap"后的"可视"复选框，然后单击"确认"按钮，此时在合适的位置依次放置 6 个电容，电容的标识符自动标注为"C1"至"C6"，同时电阻的注释"Cap"将不再显示，如图 2.35 所示。

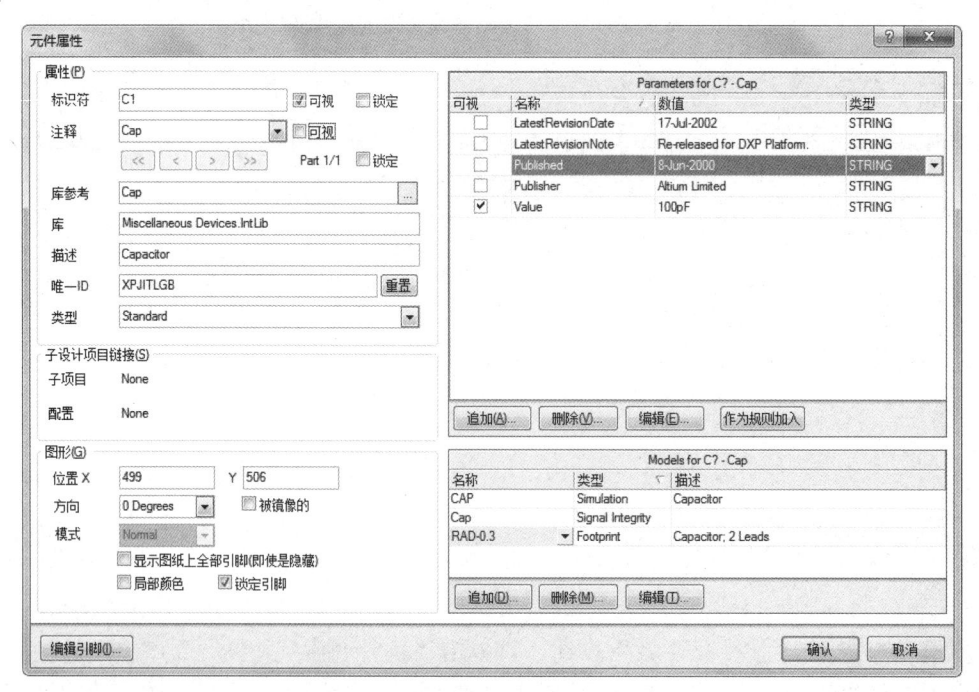

图 2.34　C1 的"元件属性"对话框

项目 2 三极管放大电路原理图设计

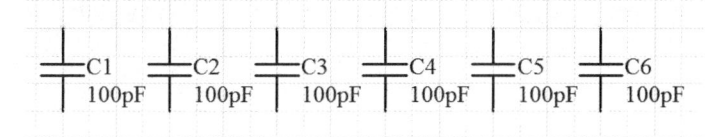

```
─┤├─C1    ─┤├─C2    ─┤├─C3    ─┤├─C4    ─┤├─C5    ─┤├─C6
  100pF     100pF     100pF     100pF     100pF     100pF
```

图 2.35 修改属性后放置的电容

2）元器件属性设置

步骤 36▶ 在图 2.33 中，除了元器件的标识符已经设置，其他参数还未进行设置。以电阻参数设置为例，双击需要设置参数的元器件 R1，弹出如图 2.36 所示的"元件属性"对话框。元器件属性的主要设置如下。

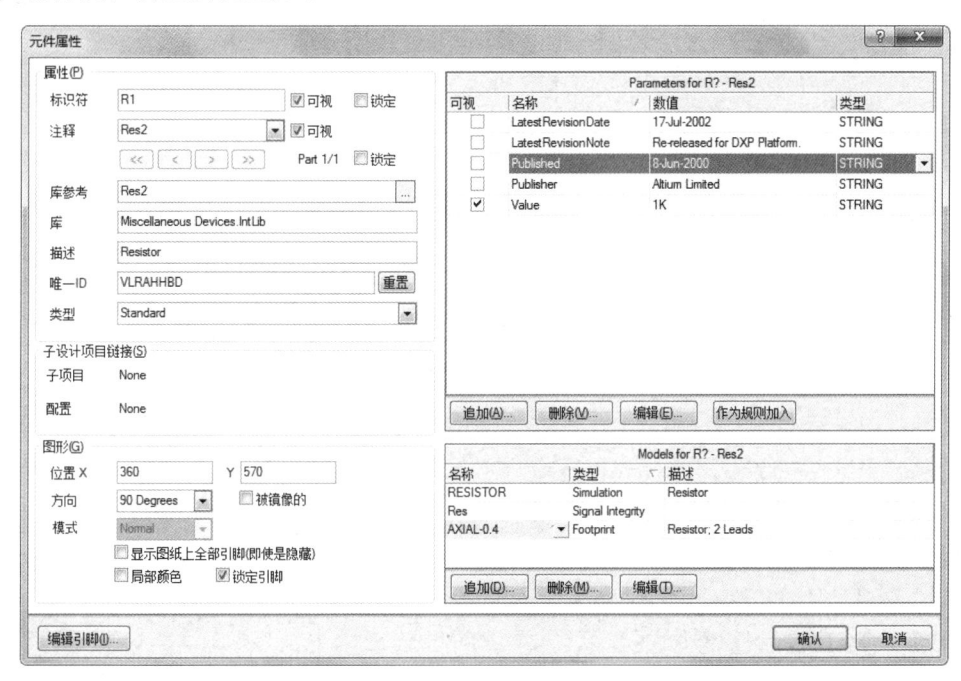

图 2.36 R1 的"元件属性"对话框

"标识符"文本框用于设置元器件的标识符，同一个电路中的元器件标识符不能重复，如果出现标识符相同的元器件，则系统自动为这些元器件标记红色波浪线进行提示，效果如图 2.37 所示。

"注释"组合框主要用来标注元器件的类型或型号，也可以用来设置元器件的标称值参数等。如果要在原理图中显示注释信息，可选中其后的"可视"复选框。

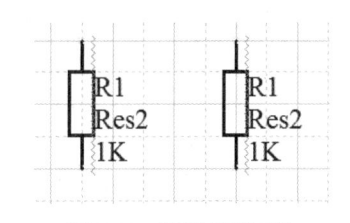

图 2.37 标识符相同的元器件的提示

"Parameters"选项区中的"Value"项用于设置元器件的标称值，在其后的"数值"栏输入标称值即可，如果需要显示标称值，则选中该项前面的"可视"复选框。

"Models"选项区中的"Footprint"项用于设置元器件封装。如果一个元器件加载了多个封装，可以在下拉列表框中选择合适的封装。

35

在原理图中间隔一定时间两次单击元器件的标识符、标称值、注释等信息，可以直接修改。双击元器件的标识符或标称值，弹出相应的属性对话框，也可以修改对应的属性。

本例中所有元器件的标识符、标称值和注释等信息按图 2.38 进行设置，封装采用默认封装。三极管的标识符系统默认为 Q?，自动修改标识符后为 Q1 和 Q2，为了与国标保持一致，将其改为 V1 和 V2。

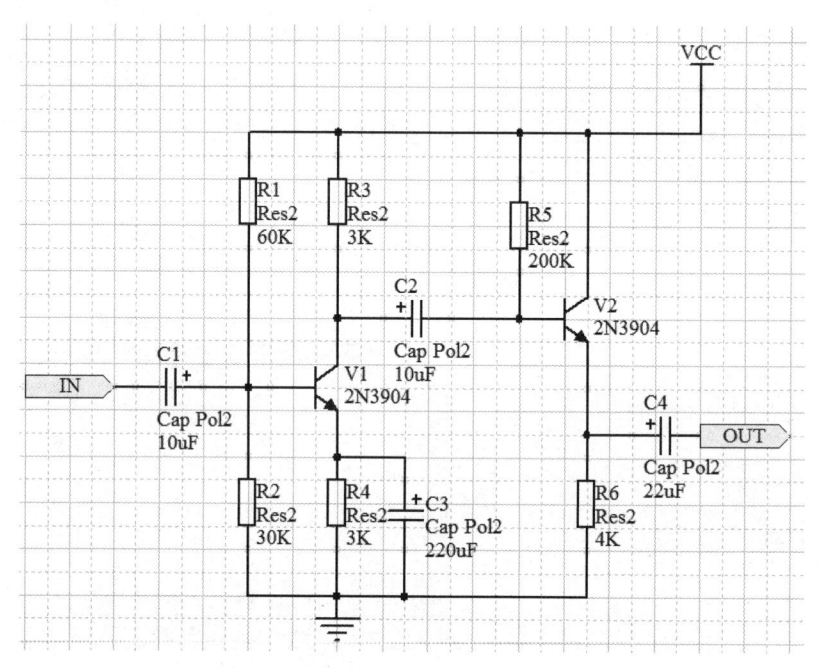

图 2.38　标称值属性设置完成后的三极管放大电路原理图

3）利用全局修改功能设置元器件属性

在图 2.38 中，电阻上的"Res2"和电容上的"Cap Pol2"等注释信息可以不显示，需要将其隐藏。如果某个原理图中的元器件太多，那么逐个进行修改将耗费大量的时间。Protel DXP 2004 SP2 提供了全局修改功能，下面就以隐藏图 2.38 中的注释"Res2"为例，讲述全局修改功能。

步骤 37▶右击注释"Res2"，弹出快捷菜单，如图 2.39 所示，选择"查找相似对象"命令，弹出"查找相似对象"对话框，如图 2.40 所示。"Object Specific"中的"Value"显示为"Res2"，单击与其对应的"Any"后面的 ▼ 按钮，选择"Same"，然后选中对话框左下方的"选择匹配"复选框。设置完成后，单击"确认"按钮，弹出"Inspector"对话框，如图 2.41 所示。此时，可以看到原理图中的所有电阻的注释"Res2"都被选中，并高亮显示。

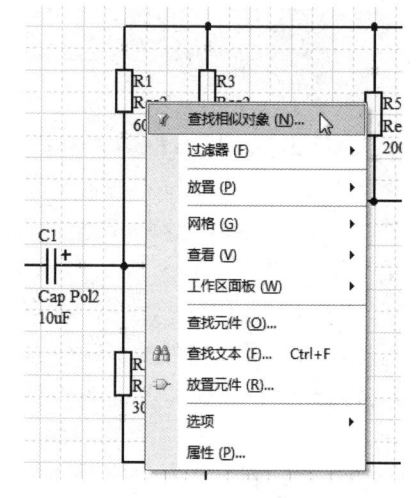

图 2.39　快捷菜单

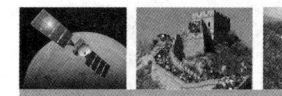

项目2　三极管放大电路原理图设计

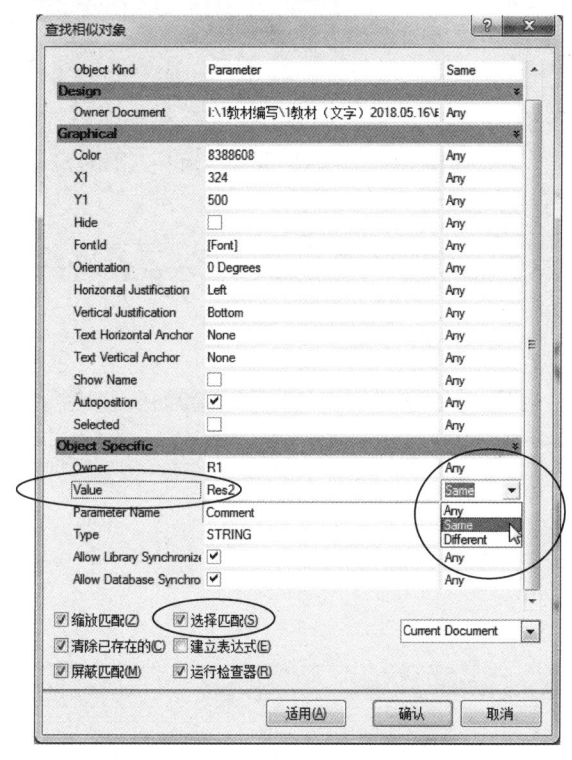

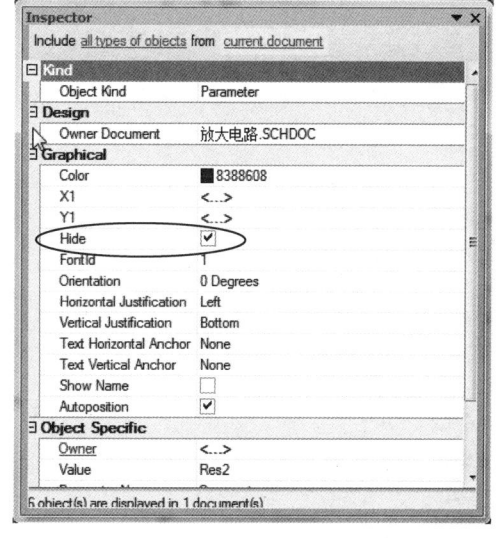

图2.40　"查找相似对象"对话框

图2.41　"Inspector"对话框

步骤38▶ 在图2.41中的"Graphical"中选中"Hide"后的复选框，隐藏元器件的注释，然后关闭对话框，此时整个原理图灰色显示。在原理图任意空白区域右击，在弹出的菜单中执行"过滤器"→"清除过滤器"命令，原理图恢复正常显示。

步骤39▶ 用相同的方法将电容上的"Cap Pol2"等注释信息隐藏。

2.2.11　添加元器件的封装

在 Protel DXP 2004 SP2 中，自带的元器件库中的元器件都默认添加了封装。如果默认的封装和用户所需要的封装不一致，就需要重新添加封装。

在 PCB 设计中，常用元器件的封装形式见表2.4。

表2.4　常用元器件的封装形式

元器件封装型号	元器件类型	元器件封装型号	元器件类型
AXIAL-0.3～AXIAL-1.0	通孔式电阻、电感等无极性元器件	VR1～VR5	可变电阻
RAD-0.1～RAD-0.4	通孔式无极性电容、电感、跨接线等	IDC*、HDR*、MHDR*、DSUB*	接插件、连接头等
CAPPR*-*x*、RB.*/.*	通孔式电解电容等	POWER*、HEADER*X*、SIP*	电源连接头
DIODE-0.4～DIODE-0.7	通孔式二极管	*-0402～*7257	贴片电阻、电容、二极管等
TO-*、BCY-*/*	通孔式三极管、FET 与 UJT	SO-*/*、SOT23、SOT89	贴片三极管
DIP4～DIP64	双列直插式集成芯片	SO-*、SOJ-*、SOL-*	贴片双排元器件
SIP2～SIP20、HEADER*	单列封装的元器件或连接头		

37

下面以元器件整流桥 Bridge1 为例，介绍元器件封装的添加方法。

步骤 40▶ 双击原理图中的整流桥 Bridge1，弹出"元件属性"对话框，如图 2.42 所示。系统默认整流桥 Bridge1 的封装形式是 E-BIP-P4/D10，这种封装是方形的。如果在设计电路的过程中，只有封装为 D-37 的整流桥，那么在原理图设计时就需要给整流桥 Bridge1 添加新的封装 D-37。添加封装有两种方法，下面分别介绍。

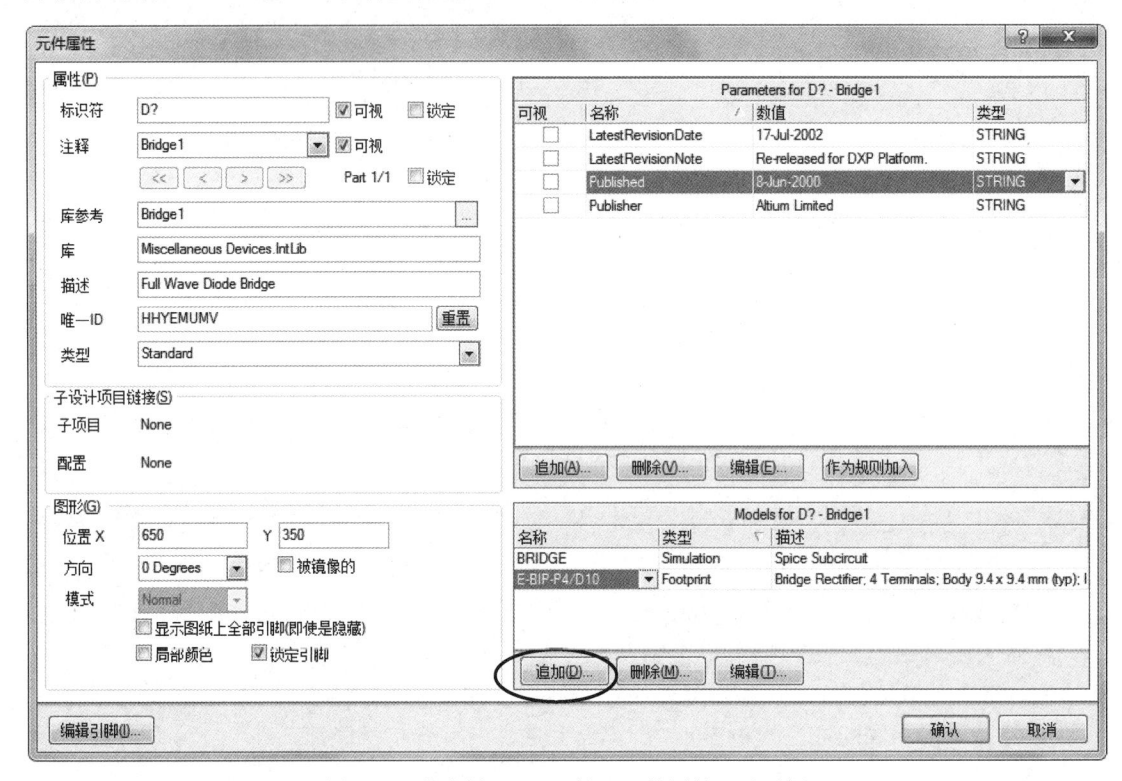

图 2.42 整流桥 Bridge1 的"元件属性"对话框

1）直接设置元器件封装

采用直接设置元器件封装的方法添加封装，需要知道所需要的封装在哪个元器件库中。在添加封装前，应该在图 2.5 所示的对话框中将封装 D-37 所在的元器件库设置为当前元器件库，否则追加元器件封装 D-37 后，"Models"选项区的"描述"栏会显示"Footprint not found"，提示未找到该封装，这样在后期的 PCB 设计时会有影响。

步骤 41▶ 本例中封装 D-37 在 IR Discrete Diode.IntLib 中，该元器件库的路径为"C:\PROGRAM FILES\ALTIUM2004\Library\International Rectifier"，追加封装前应在元器件库设置中将该元器件库设置为当前元器件库。

步骤 42▶ 单击图 2.42 中"Models"选项区的"追加"按钮，弹出"加新的模型"对话框，系统默认选择"Footprint"选项，一般不做修改，单击"确认"按钮，弹出"PCB 模型"对话框，如图 2.43 所示。在其中的"名称"文本框中输入要追加的封装名称"D-37"，"PCB 库"选择"任意"，此时对话框中将显示封装的详细信息和封装的图形，单击"确认"按钮回到"元件属性"对话框。

步骤 43▶ 设置完成后，在"元件属性"对话框的封装信息中，单击"Models"选项区

项目 2　三极管放大电路原理图设计

的下拉按钮，有两个封装可供选择，如图 2.44 所示。选择"D-37"后单击"确认"按钮，完成封装设置。

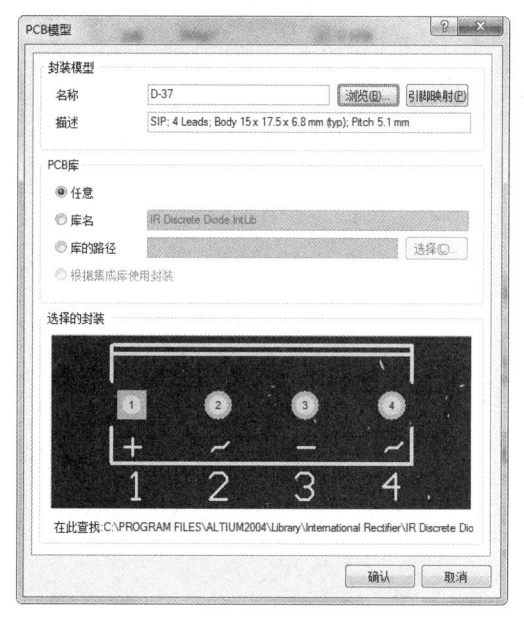

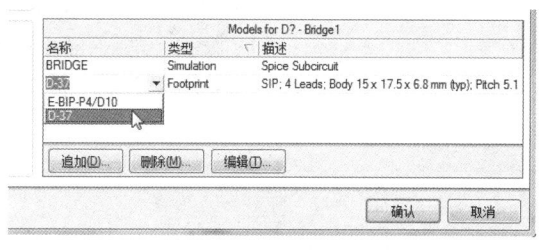

图 2.43　"PCB 模型"对话框　　　　图 2.44　元器件封装选择

2）通过元器件封装查找方式添加封装

如果不知道封装所在的元器件库，则可以通过查找封装的方式添加元器件封装。

步骤 44▶ 单击图 2.43 中"名称"文本框后的"浏览"按钮，弹出"库浏览"对话框，如图 2.45 所示。单击右上角的"查找"按钮，弹出如图 2.46 所示的"元件库查找"对话框，在上方的文本框中输入需要添加的元器件封装名称。由于不允许查找时出现"-"字符，故查找时不能输入 D-37。可以采用模糊查找的方式，输入"D*37"，在对话框左下方的"范围"选项区中选择"路径中的库"单选按钮，单击"查找"按钮进行封装查找。

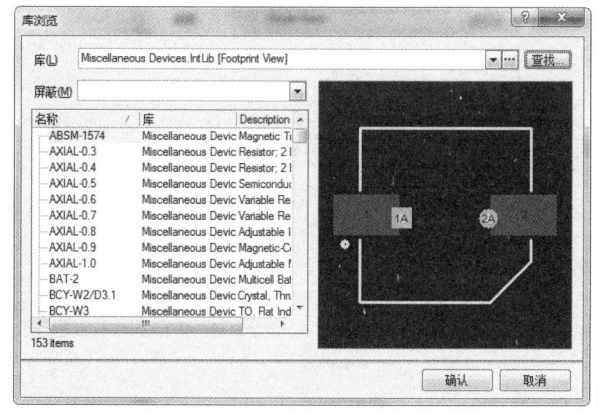

图 2.45　"库浏览"对话框　　　　图 2.46　"元件库查找"对话框

步骤 45▶ 系统将所有含有"D*37"的封装全部搜索出来，如图 2.47 所示。在搜索结果中会发现有两个相同名称的 D-37 封装，分别在不同的元器件库中。分别单击这两个封装，

39

印制电路板设计与应用项目化教程

查看对话框右侧显示的封装图形是否符合要求。由于查找到的两个 D-37 封装信息相同，可以任意选择一个，单击右下方的"确认"按钮，系统弹出提示对话框，如图 2.48 所示。对话框提示是否将该元器件库设置为当前元器件库，若该元器件库已经设置为当前元器件库，系统则不弹出该对话框。用户可以根据需要选择，本例中单击"是"按钮。系统返回图 2.43 所示的"PCB 模型"对话框，单击"确认"按钮完成封装设置。

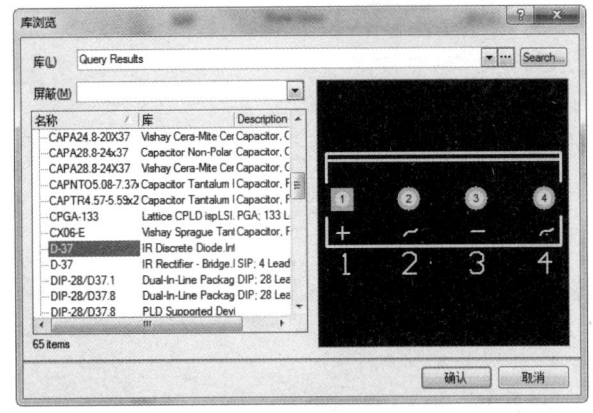

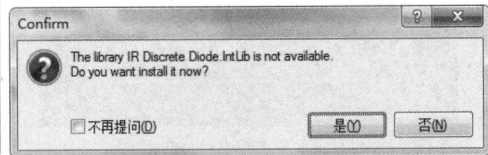

图 2.47　封装搜索结果　　　　　　　　　　图 2.48　提示对话框

任务 2.3　电路波形与文字说明的添加

在实际绘制电路原理图时，有时需要放置一些文字说明、波形示意图等，使电路容易被理解。而这些图形、文字不具备电气特性，所以不能使用"配线"工具栏中的按钮绘制，只能采用实用工具栏中的相关按钮进行绘制。

2.3.1　打开描画工具

步骤 46▶执行菜单"查看"→"工具栏"→"实用工具"命令可以打开实用工具栏，实用工具栏中的绘图按钮如图 2.49 所示。一般情况下，系统默认实用工具栏是打开的。绘图按钮的使用也可以通过执行菜单"放置"→"描画工具"命令来实现。绘图按钮功能见表 2.5。

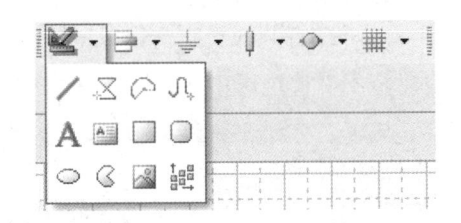

图 2.49　实用工具栏中的绘图按钮

表 2.5　绘图按钮功能

按钮	功能	按钮	功能	按钮	功能
╱	绘制直线	文本框图标	放置文本框	图片图标	放置图片
A	放置说明文字	饼形图标	绘制饼形	贝塞尔曲线图标	绘制贝塞尔曲线
椭圆图标	绘制椭圆	弧线图标	绘制椭圆弧线	圆角矩形图标	绘制圆角矩形
多边形图标	绘制多边形	矩形图标	绘制矩形	粘贴队列图标	设定粘贴队列

40

2.3.2 绘制波形坐标轴

在绘制电路波形前，先绘制坐标轴。

步骤 47▶ 执行菜单"放置"→"描画工具"→"直线"命令，绘制一条水平直线和一条垂直直线，作为波形的坐标轴，如图 2.50（a）所示。

步骤 48▶ 执行菜单"设计"→"文档选项"命令，在弹出的"文档选项"对话框中，将捕获网格修改为 1。

步骤 49▶ 执行菜单"放置"→"描画工具"→"直线"命令，绘制箭头，如图 2.50（b）所示。

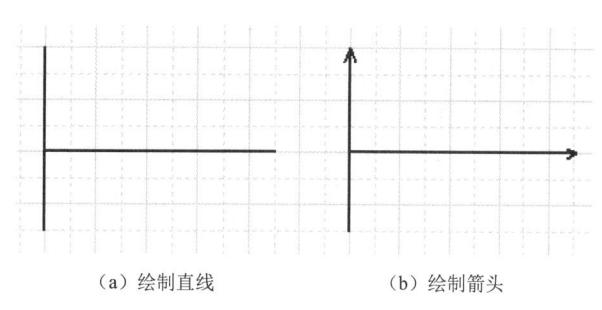

（a）绘制直线　　　　　　（b）绘制箭头

图 2.50　绘制坐标轴

由于系统默认直线的转弯角度为 90°，在绘制箭头的过程中需要同时按 Shift 和空格键，将直线的转弯角度切换为任意角度。

步骤 50▶ 执行菜单"设计"→"文档选项"命令，在弹出的"文档选项"对话框中，将捕获网格修改为 10。

2.3.3 绘制电路波形

电路波形的绘制过程如图 2.51 所示。

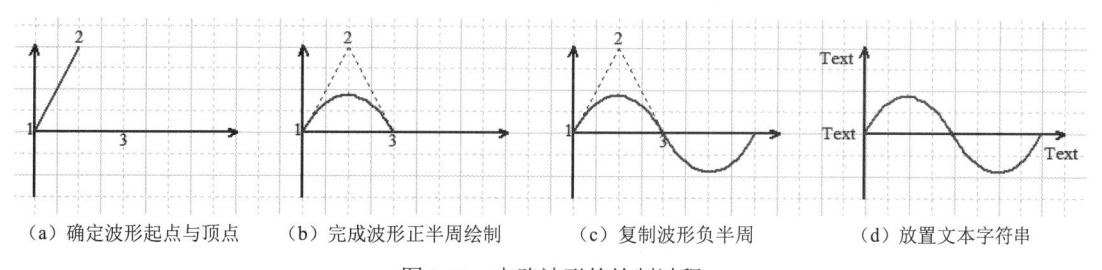

（a）确定波形起点与顶点　（b）完成波形正半周绘制　（c）复制波形负半周　（d）放置文本字符串

图 2.51　电路波形的绘制过程

步骤 51▶ 执行菜单"放置"→"描画工具"→"贝塞尔曲线"命令，进入贝塞尔曲线绘制状态。

步骤 52▶ 将光标移动至绘制的坐标轴的原点"1"处，单击确定曲线的起始点。

步骤 53▶ 将光标移动至"2"处，单击确定曲线的正半周的顶点，如图 2.51（a）所示。

步骤 54▶ 将光标移动至"3"处，原来的直线变成一个弧线，单击两次完成波形正半周的绘制，然后右击退出绘制状态，如图 2.51（b）所示。

步骤 55▶ 单击已绘制的曲线的"1"或"3"处，选中已绘制的波形正半周，按 Ctrl+C 组合键复制该波形，然后按 Ctrl+V 组合键进行粘贴；按两次空格键，调整复制的波形方向，在合适的位置放下波形，如图 2.51（c）所示。

步骤 56▶ 执行菜单"放置"→"文本字符串"命令，在合适的位置放置 3 个文本字符串，如图 2.51（d）所示。

步骤 57▶ 双击原点处的文本字符串"Text"，弹出"注释"对话框，如图 2.52 所示。在

对话框中的"文本"文本框中输入"0",其他属性根据需要进行修改(本例中无须修改)。单击"确认"按钮完成文本字符串的设置。用相同的方法将另外两个文本字符串的文本修改为"ui"和"t"。

绘制完成的波形如图2.53所示。

步骤 58▶ 采用相同的方法绘制输出波形。

步骤 59▶ 执行菜单"放置"→"描画工具"→"直线"命令,在已绘制完成的两级放大电路中间放置一条垂直方向的直线。双击直线,弹出"折线"对话框,如图 2.54 所示。在"线风格"下拉列表框中选择"Dashed",将直线设置成虚线。

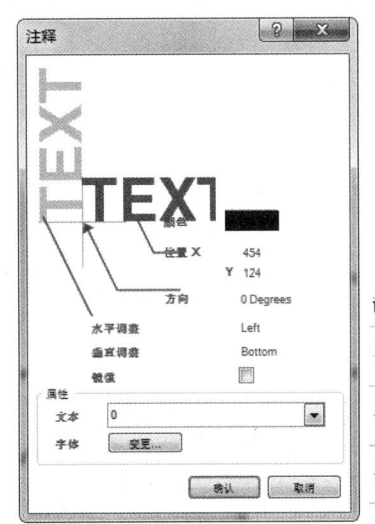

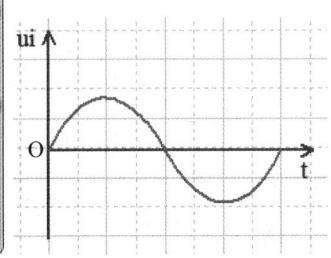

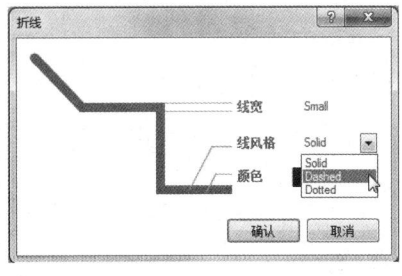

图 2.52 "注释"对话框　　图 2.53 绘制完成的波形　　图 2.54 "折线"对话框

2.3.4 放置文字说明

在电路中,有时需要放置一些文字来说明电路的功能和原理,可以通过放置说明文字的方式实现。放置说明文字有两种方式,一种是放置文本字符串,另一种是放置文本框。由于文本字符串只能输入一行文字,当需要输入的文字较多时,可以采用放置文本框的方式解决。

本例中,在绘制波形的过程中已经介绍了文本字符串的使用和设置方法,在此只介绍文本框的使用方法。

步骤 60▶ 执行菜单"放置"→"文本框"命令,进入放置文本框状态,光标上黏附着一个文本框。按 Tab 键,弹出"文本框"对话框,如图 2.55 所示。单击"属性"选项区的"文本"右边的"变更"按钮,弹出文本编辑区,将所需的说明文字输入。输入完成后,单击

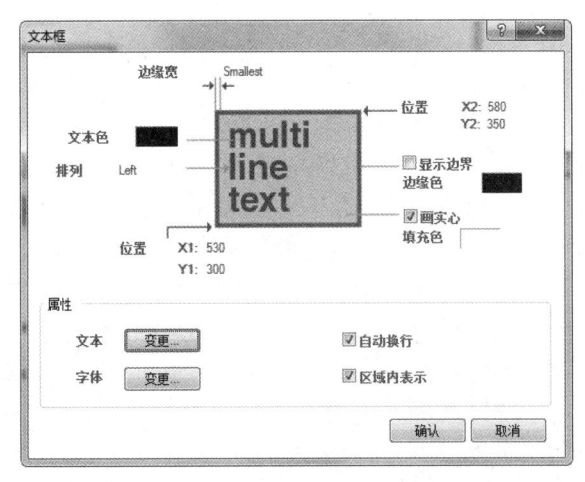

图 2.55 "文本框"对话框

项目 2　三极管放大电路原理图设计

"确认"按钮退出文本编辑区。然后将光标移动到工作区的合适区域，单击确定文本框的起点，移动光标到所需位置确定文本框的大小后，再次单击确定文本框的尺寸并放置文本框，右击可退出文本框放置状态。

若文本框已经放置好，可以双击该文本框弹出"文本框"对话框进行属性设置。文本框放置后，若输入的说明文字出现乱码，可以调整文本框的大小来消除乱码现象。

步骤 61▶ 执行菜单"放置"→"文本字符串"命令，分别在两级放大电路上方放置"共发射极放大电路"和"共集电极放大电路"两个文本字符串。

2.3.5　文件的保存与退出

1）文件的保存

步骤 62▶ 执行菜单"文件"→"保存"命令或单击工具栏中的 ■ 按钮，可以按原文件名保存并覆盖原文件。在保存文件时，若不希望覆盖原文件，可以采用另存文件的方法来保存文件。

2）文件的退出

步骤 63▶ 如果要退出 Protel DXP 2004 SP2，可以执行菜单"文件"→"退出"命令，若文件编辑后还未保存，系统会提示是否保存文件，如图 2.56 所示。在"决定"栏选择"保存"后，单击左下方的"保存被选文件"或"全部保存"按钮，再单击"确认"按钮，系统将文件保存后退出。

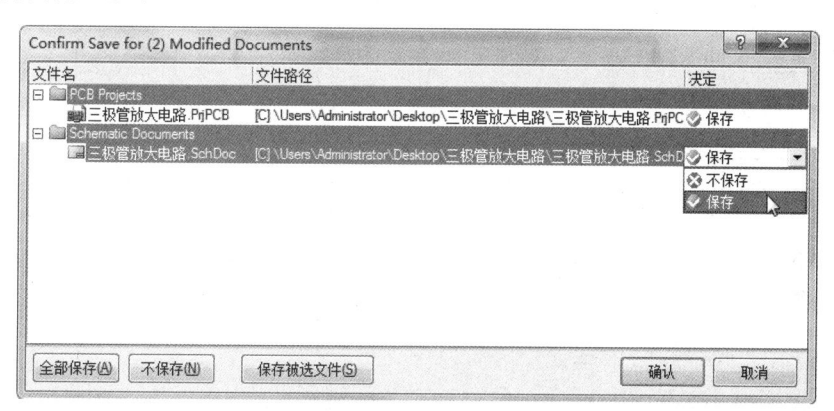

图 2.56　文件保存提示

若要退出当前原理图编辑状态，先保存所有文件，然后执行菜单"文件"→"关闭"命令即可。

若要关闭项目文件，先保存需要关闭的项目，然后右击项目文件名，在弹出的菜单中选择"Close Project"命令，可以关闭对应的项目文件。

任务 2.4　电气检查与生成网络表

在原理图设计中，需要保证原理图的正确性，才能保证 PCB 电路设计正确。所以在原理图设计完成后，需要对原理图进行电气检查，找出错误，并对错误进行修改。

43

原理图的电气检查通过原理图编译实现，对项目文件中的原理图进行电气检查可以设置电气检查规则，而对独立的原理图文件进行电气检查则不能设置电气检查规则，只能直接进行编译。

2.4.1 设置检查规则

步骤 64▶ 执行菜单"项目管理"→"项目管理选项"命令，弹出项目管理对话框，选择"Error Reporting"选项卡进行违规选项设置，如图 2.57 所示。

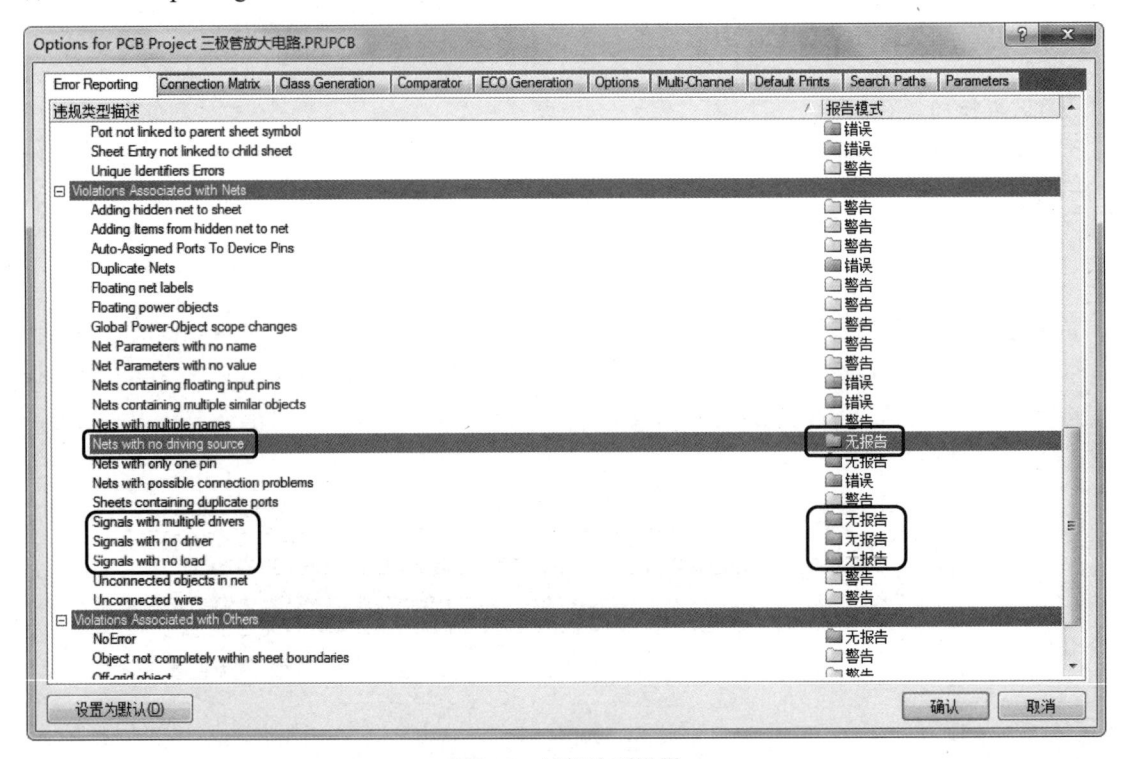

图 2.57 违规选项设置

在图 2.57 中，可以报告的错误主要有以下几种类型。

Violations Associated with Buses：与总线有关的规则。

Violations Associated with Components：与元器件有关的规则。

Violations Associated with Documents：与文档有关的规则。

Violations Associated with Nets：与网络有关的规则。

Violations Associated with Others：与其他有关的规则。

Violations Associated with Parameters：与参数有关的规则。

每项规则又包含多子项规则，即具体的检查规则。在每项子规则右侧设置违反该规则时的报告模式，有"无报告""警告""错误""致命错误"4 种。

一般情况下选择默认选项。本例中，由于信号驱动问题主要用于电路仿真检查，与PCB 设计无关，所以要除去有关驱动信号和驱动信号源的违规信息，可以将它们的报告模式设置为"无报告"，如图 2.57 所示。

2.4.2 通过原理图编译进行电气规则检查

在图 2.58 所示的原理图中，可以看出电路中有 1 个未连接的电源符号，有两个电阻的标号都是 R1。

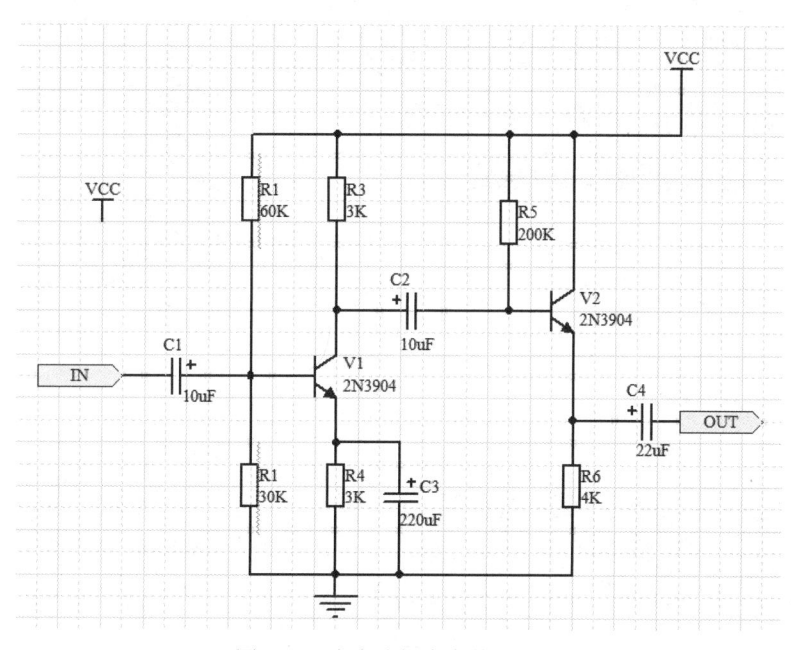

图 2.58 含有违规内容的原理图

步骤 65▶ 执行菜单"项目管理"→"Compile PCB Project 三极管放大电路.PrjPCB"命令，系统自动对电路进行电气检查，并弹出"Messages"对话框，显示当前检查中的违规信息，如图 2.59 所示。图中显示 1 个警告信息，两个错误信息。

图 2.59 违规信息

若在编译过程中出现"Messages"对话框不显示的情况，可以执行菜单"查看"→"工作区面板"→"System"→"Messages"命令，打开"Messages"对话框。

步骤 66▶ 双击错误信息，弹出编译错误窗口，如图 2.60 所示。显示编译错误窗口的同时，显示违规元器件标号，违规处高亮显示，此时将很容易找到错误信息并进行修改。

本例中，将图中多余的电源符号删除，将其中的一个 R1 修改为 R2，然后对电路进行电气检查，错误消失。

2.4.3 生成网络表

经过编译和调试确定原理图没有错误后，就可以生成网络表了，网络表是后缀为.NET

印制电路板设计与应用项目化教程

的文件。网络表是原理图与 PCB 之间联系的纽带，它包含了整个电路图的元器件和网络的全部信息，通过网络表提供的信息，系统可以将元器件封装和网络连接导入 PCB。

步骤 67▶执行菜单"设计"→"文档的网络表"→"Protel"命令，系统自动生成一个名为"三极管放大电路.NET"的网络表文件，如图 2.61 所示。系统默认生成的网络表文件为不显示状态，必须在工作面板中双击打开才能查看。

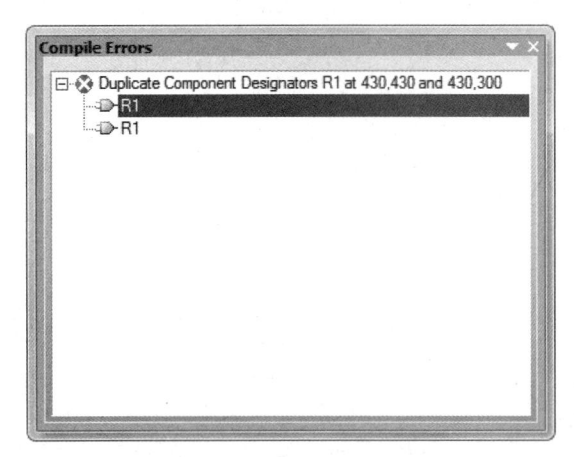

图 2.60　编译错误窗口　　　　　　　　　　图 2.61　生成的网络表文件

步骤 68▶双击打开网络表文件"三极管放大电路.NET"。在网络表文件中包含两方面的内容。其中"["和"]"之间的部分为元器件列表，每项包括元器件名称、元器件封装和元器件标称值；"("和")"之间的部分为网络列表，将电气上相连的元器件引脚列为一项，并定义一个网络名称。

下面是三极管放大电路网络表的部分内容及说明，"【】"中为添加的说明文字。

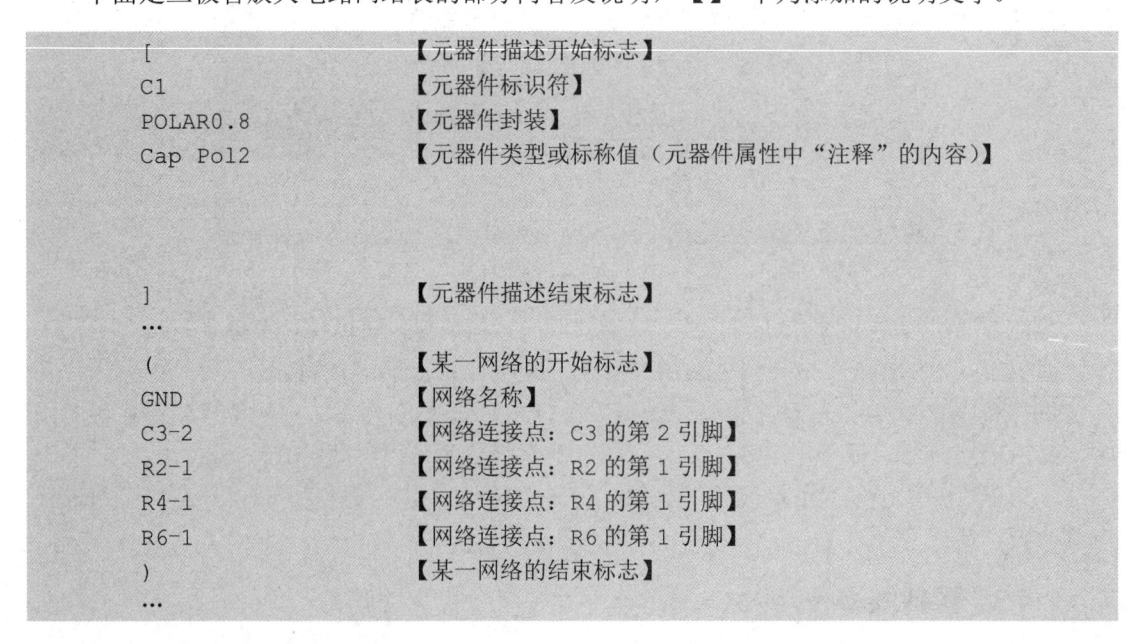

```
[                    【元器件描述开始标志】
C1                   【元器件标识符】
POLAR0.8             【元器件封装】
Cap Pol2             【元器件类型或标称值（元器件属性中"注释"的内容）】



]                    【元器件描述结束标志】
...
(                    【某一网络的开始标志】
GND                  【网络名称】
C3-2                 【网络连接点：C3 的第 2 引脚】
R2-1                 【网络连接点：R2 的第 1 引脚】
R4-1                 【网络连接点：R4 的第 1 引脚】
R6-1                 【网络连接点：R6 的第 1 引脚】
)                    【某一网络的结束标志】
...
```

项目 2　三极管放大电路原理图设计

任务 2.5　原理图与元器件清单输出

2.5.1　生成元器件清单

电路设计完成后，一般需要生成一份元器件清单，列出当前项目所使用的所有元器件，为采购元器件提供一份详细的清单。

步骤 69▶ 执行菜单"报告"→"Bill of Materials"命令，系统将自动生成元器件清单，如图 2.62 所示。

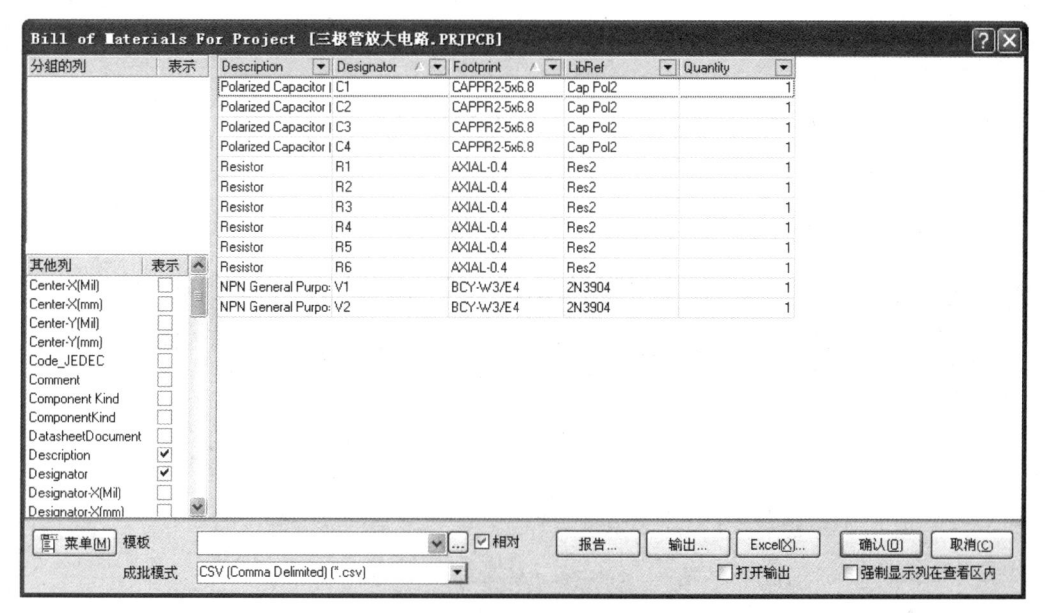

图 2.62　元器件清单

其中，"其他列"中可以选择要输出的内容，同时给出了元器件的标识符、标称值、描述、封装、元器件名称和元器件数量等信息。单击对话框中的"报告"按钮，弹出"报告预览"对话框，可以打印报告文件，也可以将报告文件另存为电子表格形式、PDF 格式等；单击"输出"按钮，可以导出文件；单击"Excel"按钮，可以用 Excel 打开报告文件。

2.5.2　原理图打印输出

有时为了存档或方便原理图的检查和参考，需要将原理图打印输出。

步骤 70▶ 执行菜单"文件"→"打印预览"命令，弹出打印预览对话框，如图 2.63 所示。从图中可以预览打印的效果。

步骤 71▶ 单击打印预览对话框下方的"打印"按钮，弹出如图 2.64 所示的文件打印设置对话框，对话框中的各项一般采用默认设置。单击"确认"按钮打印输出原理图。

文件打印设置对话框中的"打印什么"选项区用于设置要打印的范围，其中有 4 个打印范围选项，说明如下。

47

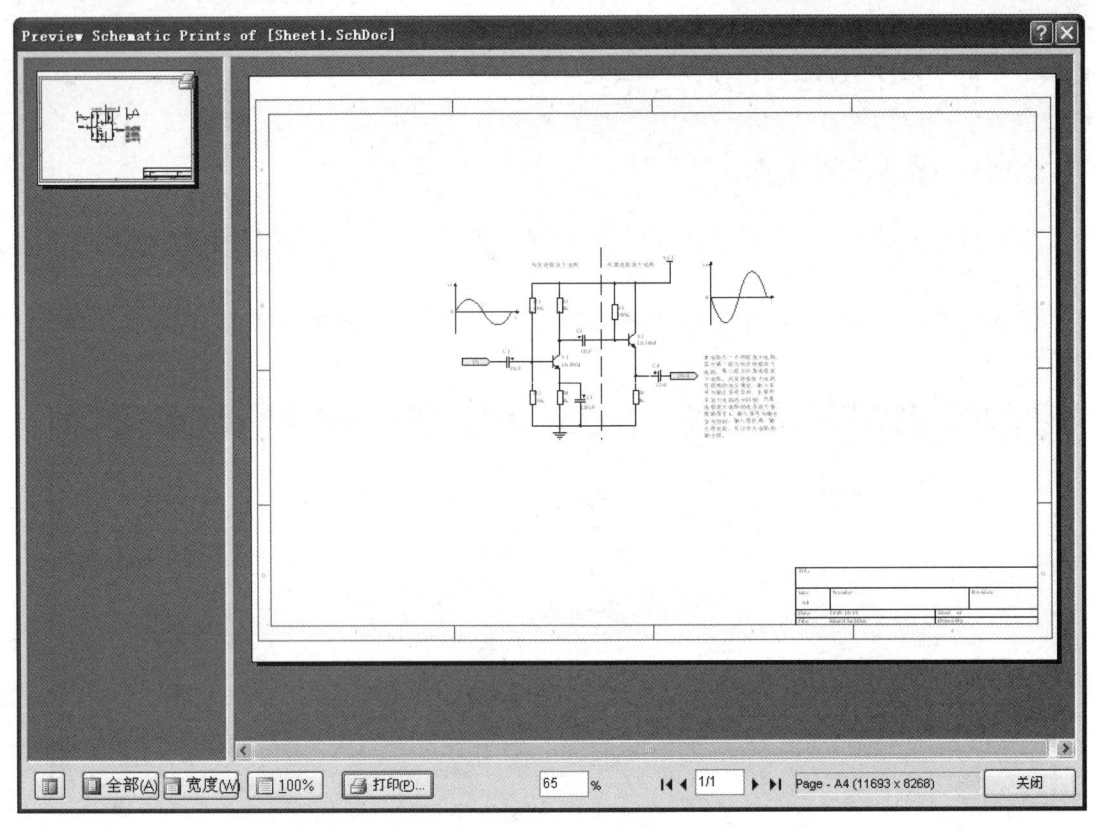

图 2.63 打印预览对话框

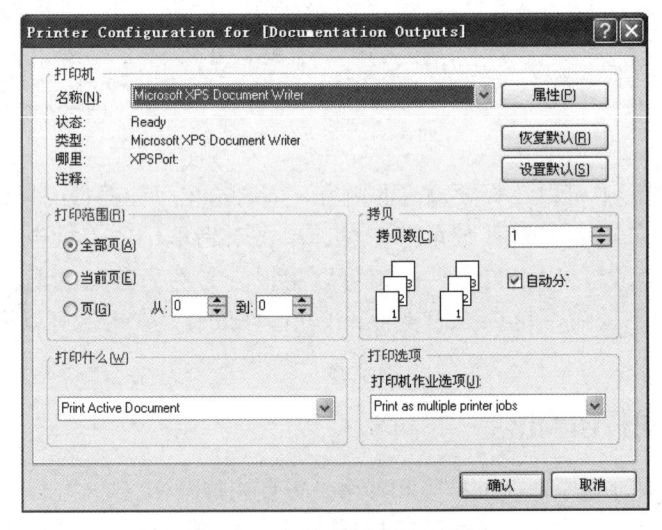

图 2.64 文件打印设置对话框

Print All Valid Documents：打印整个项目中的所有图纸。
Print Active Document：打印当前工作区的全图。
Print Selection：打印工作区中所选取的图纸。
Print Screen Region：打印当前屏幕上显示的部分图纸。

项目 2　三极管放大电路原理图设计

文件打印设置对话框中的其他选项与其他类型文档的打印设置相似，在此不做详细叙述。

项目小结

本项目详细介绍了三极管放大电路的设计过程，通过学习，读者能够快速掌握 Protel DXP 2004 SP2 原理图编辑环境、常用的工作面板、原理图设计的基本技巧和流程、原理图设计工具的使用、原理图输出方法、原理图电气检查与网络表生成等知识，为下一步学习奠定坚实的基础。

思考与练习

1．简述原理图的设计过程。
2．绘制原理图时，有哪几种方法可以在元器件库中找到需要的元器件并放置？这几种方法各有何优缺点？
3．如何有效区别捕获网格、可视网格和电气网格？
4．导线和直线有何区别？在使用中应注意哪些事项？
5．网络标签和文本字符串有何区别？在使用中应注意哪些问题？
6．分别绘制频率相同、峰值相同的正弦波、三角波和矩形波。
7．如何从原理图生成网络表文件？
8．如何生成并打印元器件清单和原理图？
9．建立一个名为"My Project.PrjPCB"的 PCB 项目文件，在项目下添加一个原理图文件"My Sheet.SchDoc"，按照图 2.65 给出的功率放大电路原理图绘制电路。绘制完成后进行电气规则检查，最后将项目文件和原理图文件全部保存到"D:\MyProject"文件夹中。

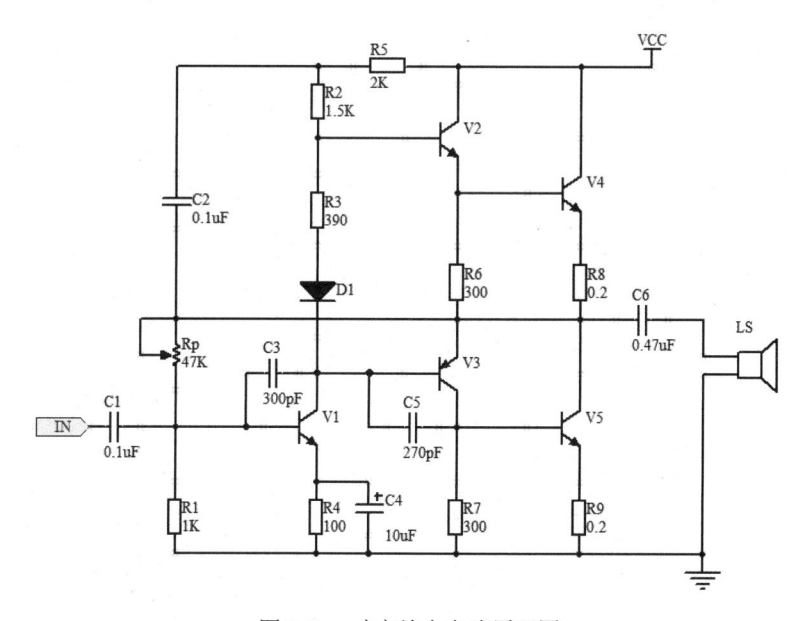

图 2.65　功率放大电路原理图

10. 根据图 2.66 所示电路绘制简易延时门铃电路。

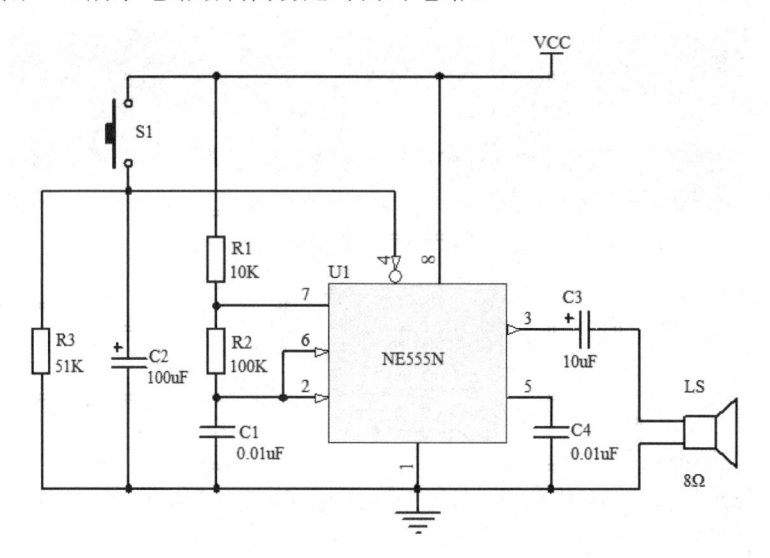

图 2.66 简易延时门铃电路

项目 3

原理图库文件的设计

项目描述

Protel DXP 2004 SP2 提供了种类丰富、数量繁多的元器件库,这些元器件库包括集成库、原理图库和 PCB 库。集成库是指 Protel DXP 2004 SP2 将所有的元器件整合成元器件库进行管理的库,即将元器件符号、PCB 封装模型、SPICE 仿真模型和 SI 信号完整性分析模型等信息集中放在一个元器件库中。这样,在绘制原理图的过程中,元器件符号被放置的同时,还附带了元器件的上述信息,有利于后期的 PCB 文件创建和仿真等。集成库的文件扩展名为".IntLib"。

原理图库是在绘制原理图时设计的一种元器件符号,其文件扩展名为".SchLib"。Protel DXP 2004 SP2 没有自带单独原理图库,而它的元器件符号都存在于集成库中。PCB 库是定义元器件引脚信息的库,其文件扩展名为".PcbLib",Protel DXP 2004 SP2 自带的 PCB 库位于其安装目录下,通常为 C:\Program Files\Altium2004\Library。

在实际电路原理图的设计绘制过程中,由于电子技术的发展,在电路设计中有时会碰到一些新的元器件,而这些新的元器件在 Protel DXP 2004 SP2 提供的元器件库中根本不存在,或者系统自带的元器件不符合用户的要求。这就需要用户在绘制原理图之前,到 Altium 公司的网站下载最新的元器件库,或者自己动手创建元器件库并绘制元器件符号。

制作一个新的元器件一般包含以下步骤。

(1)打开原理图库编辑器,创建一个元器件库。
(2)新建元器件并修改元器件名称。

(3) 设置工作参数。
(4) 在原点附近绘制元器件外形。
(5) 放置元器件引脚。
(6) 设置元器件属性。
(7) 追加元器件封装。
(8) 保存元器件。

下面就用几个实例来讲述原理图的设计过程和方法，用户自行设计的原理图库文件的扩展名为".SchLib"。

学习目标

- 了解原理图库编辑器的使用方法。
- 掌握集成芯片的绘制方法。
- 掌握不规则元器件的绘制方法。
- 掌握含有子元器件的多功能元器件的绘制方法。
- 掌握利用原有元器件库中的元器件设计新元器件的方法。
- 掌握元器件属性的设置方法。

项目实施

任务 3.1 原理图库编辑器

3.1.1 启动原理图库编辑器

步骤 1▶启动 Protel DXP 2004 SP2，执行菜单"文件"→"创建"→"库"→"原理图库"命令，打开原理图库编辑器，并自动生成一个原理图库文件"Schlibl.SchLib"，如图 3.1 所示。

原理图库编辑器的工作区由两根颜色较深的线划分为 4 个象限，其中心位置为原点，坐标为（0,0），绘制元器件通常在原点附近的第四象限进行。

3.1.2 原理图库编辑器的管理

步骤 2▶单击图 3.1 中左侧下方的"SCH Library"标签或单击"SCH"→"SCH Library"标签，即可在原理图库编辑器界面左侧显示原理图库编辑器面板。这时，系统默认建立新元器件"Component_1"，如图 3.2 所示。

原理图库编辑器面板主要包含 4 个部分，即"元件""别名""Pins""模型"。原理图库编辑器面板主要功能见表 3.1。

Protel DXP 2004 SP2 为元器件设计提供了两个重要的工具栏，分别是绘图工具栏和 IEEE 符号工具栏。

项目 3　原理图库文件的设计

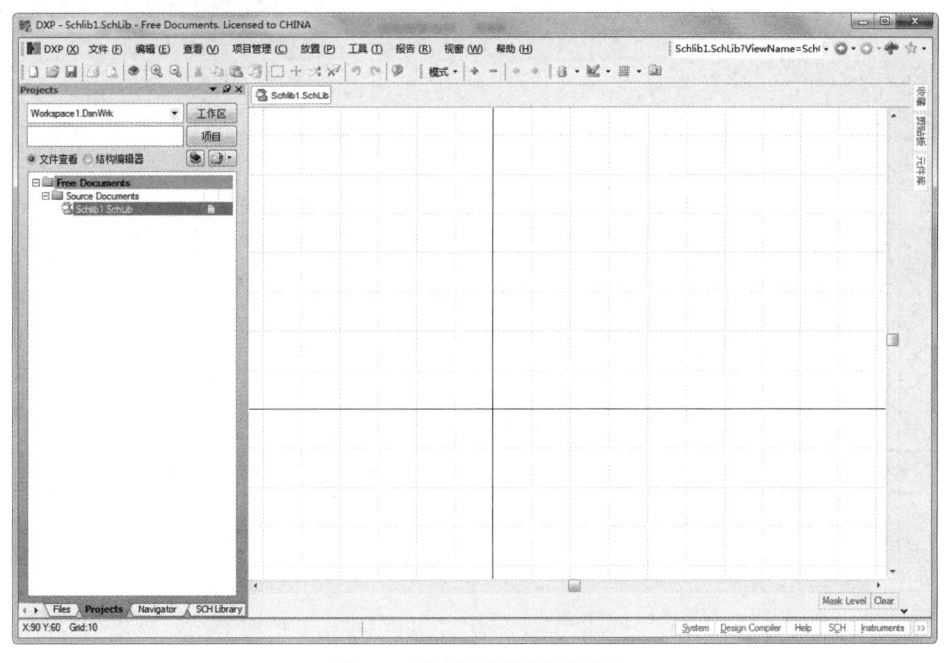

图 3.1　原理图库编辑器界面

表 3.1　原理图库编辑器面板主要功能

面　板	主　要　功　能
元件	元器件列表，可以在此选择元器件，设置元器件信息
别名	设置选中元器件的别名
Pins	用于元器件引脚信息的显示及引脚设置
模型	用于设置元器件的 PCB 封装、信号的完整性及仿真模型等

图 3.2　原理图库编辑器面板

3.1.3　绘图工具栏

步骤 3▶ 执行菜单"查看"→"工具栏"→"实用工具"命令，打开实用工具栏。该工具栏包含 IEEE 符号工具栏、绘图工具栏及网格设置工具栏等。实用工具栏悬浮状态如图 3.3 所示。

绘图工具栏是用来绘制元器件外形和放置元器件引脚的。

步骤 4▶ 执行菜单"放置"命令或单击实用工具栏的按钮 ，可以打开绘图工具栏。绘图工具栏与绘图工具栏相应的菜单命令均位于"放置"菜单下。绘图工具栏如图 3.4 所示。绘图工具栏的按钮功能见表 3.2。

53

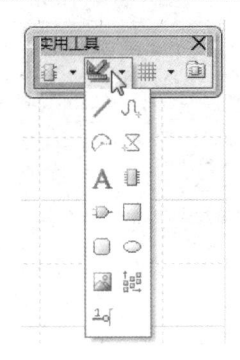

图 3.3　实用工具栏悬浮状态　　　　　　图 3.4　绘图工具栏

表 3.2　绘图工具栏的按钮功能

按钮	功能	按钮	功能
/	放置直线	∫	放置贝塞尔曲线
⌒	放置椭圆弧	⊠	放置多边形
A	放置文本字符串		添加新元器件
	增加功能单元		放置矩形
	放置圆角矩形	○	放置椭圆
	放置图形		设定粘贴队列
	放置引脚		

IEEE 符号工具栏用于为元器件加上常用的 IEEE 符号,主要用于逻辑电路的绘制。

步骤 5▶执行菜单"放置"→"IEEE 符号"命令或单击实用工具栏的按钮 ，可以放置 IEEE 符号。

3.1.4　"工具"菜单

步骤 6▶单击"工具"菜单,该菜单可以对元器件库进行管理。常用"工具"菜单命令的功能见表 3.3。

表 3.3　常用"工具"菜单命令的功能

命令	功能
新元件	在当前元器件库中建立新元器件
删除元件	删除在元器件库中选中的元器件
删除重复	删除元器件库中的同名元器件
重新命名元件	修改选中元器件的名称
复制元件	将元器件复制到当前元器件库中
移动元件	将选中的元器件移动到目标元器件库中
创建元件	给当前选中的元器件增加一个新的功能单元
删除元件	删除当前元器件的某个功能单元
模式	用于切换或增减元器件模式
元件属性	设置元器件的属性

任务 3.2　集成电路 STC89C52RC 的设计

3.2.1　准备工作

本例中，以常用的 51 单片机芯片 STC89C52RC 为例，介绍元器件设计的基本方法和步骤。在设计元器件之前，必须查找相关资料或文献，获取该元器件的相关引脚等参数。STC89C52RC 的引脚如图 3.5 所示。

3.2.2　新建原理库并保存

步骤 1▶ 在打开的原理图库编辑器中，执行菜单"文件"→"创建"→"库"→"原理图库"命令，新建原理图库"Schlib1.SchLib"。

步骤 2▶ 执行菜单"文件"→"保存"命令，将新建的原理图库命名为"My Library.SchLib"，并选择合适的路径将其保存。

注意：一般来说，如果只要设计少量的元器件，则建立一个原理图库，以后需要补充元器件时，在该原理图库中将其添加即可。

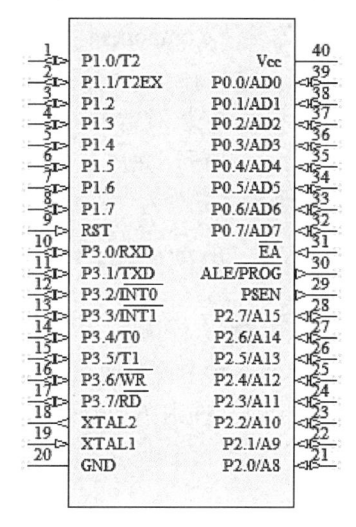

图 3.5　STC89C52RC 的引脚

3.2.3　关闭自动滚屏

步骤 3▶ 执行菜单"工具"→"原理图优先设置"命令，弹出如图 3.6 所示的"优先设定"对话框，选择"Schematic"→"Graphical Editing"选项，在"自动摇景选项"选项区的"风格"下拉列表框中选中"Auto Pan Off"选项，以取消自动滚屏。

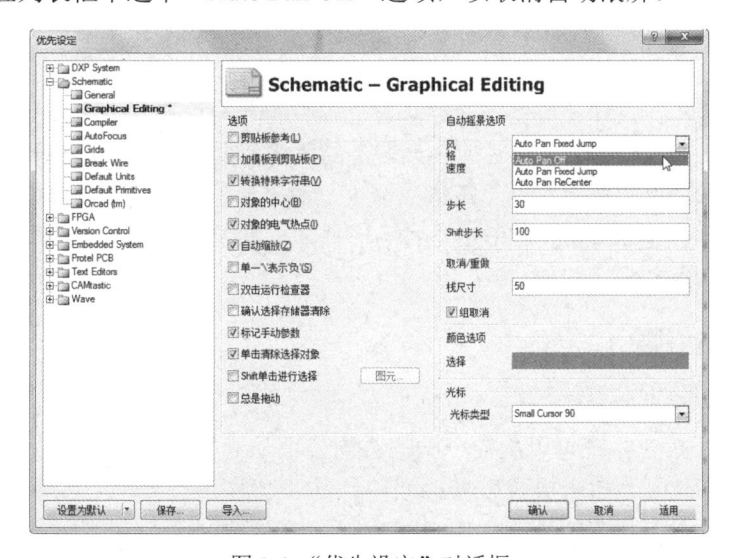

图 3.6　"优先设定"对话框

3.2.4 元器件重命名

创建原理图库后，系统会在原理图库编辑器面板的"元件"中自动生成一个名为"Component_1"的元器件。通常在创建第一个元器件时，只要对自动生成的元器件进行重命名即可，而后面的元器件再通过"工具"菜单创建。

步骤 4▶ 在原理图库编辑器面板中选中需要重命名的元器件"Component_1"，执行菜单"工具"→"重命名元件"命令，弹出元器件重命名对话框，如图 3.7 所示。在该对话框中输入新的元器件名称后单击"确认"按钮，完成元器件名称更改。本例中，将元器件名称更改为"STC89C52RC"。

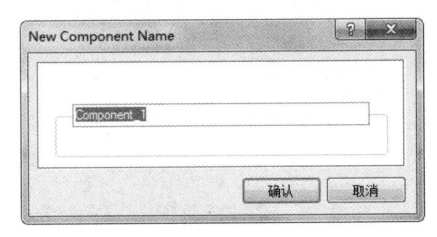

图 3.7 元器件重命名对话框

3.2.5 设置网格尺寸

步骤 5▶ 执行菜单"工具"→"文档选项"命令，打开"库编辑器工作区"对话框，在"网格"选项区中设置捕获网格和可视网格尺寸，一般均设置为"10"。

在绘制不规则图形时，有时还要适当减小捕获网格尺寸以便完成该图形绘制，绘制完毕要将网格尺寸还原为"10"。

3.2.6 将光标定位到坐标原点

在绘制元器件符号时，一般要求在坐标原点附近开始绘制；如果绘制的元器件符号偏离坐标原点太远，则光标移动到预定位置将会受到影响。

步骤 6▶ 执行菜单"编辑"→"跳转到"→"原点"命令，将图纸原点调整到设计窗口的中心，同时光标跳回坐标原点。

3.2.7 绘制元器件符号

集成电路 STC89C52RC 元器件符号比较规则，只要画矩形框，定义好引脚及设置好元器件属性即可。

需要注意的是，在设计元器件前必须了解元器件符号和引脚尺寸，以保证设计出的元器件与 Protel DXP 2004 SP2 自带元器件库中元器件的风格基本相同，保证图样的一致性。

步骤 7▶ 执行菜单"放置"→"矩形"命令，在坐标原点单击来定义矩形框的起点，移动光标在第四象限拉出 110 mm×230 mm 的矩形框，再次单击确定矩形框的终点，从而完成矩形块放置，右击退出放置状态。

3.2.8 放置引脚

步骤 8▶ 执行菜单"放置"→"引脚"命令，光标上黏附着一个引脚，按空格键可以旋转引脚的方向，移动光标到要放置引脚的位置，单击放置引脚。

引脚只有一端具有电气特性。如图 3.8 所示，在放置或移动引脚时，具有电气特性的引脚一端有一个"×"标

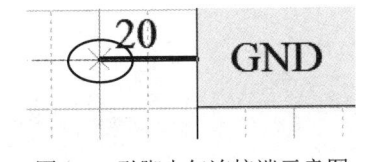

图 3.8 引脚电气连接端示意图

记。在放置引脚时,应将不具有电气特性的引脚一端与元器件相连。

3.2.9 设置引脚属性

以 STC89C52RC 的 31 引脚为例,说明修改引脚属性的方法。

步骤 9 双击 STC89C52RC 的 31 引脚,弹出如图 3.9 所示的"引脚属性"对话框,其中"显示名称"设置为"E\A\",表示引脚显示为 $\overline{EA}$(低电平有效);"标识符"设置为"31",表示为 31 引脚;"电气类型"设置为"Input",表示输入型引脚;长度设置为"20",其余参数采用默认值。

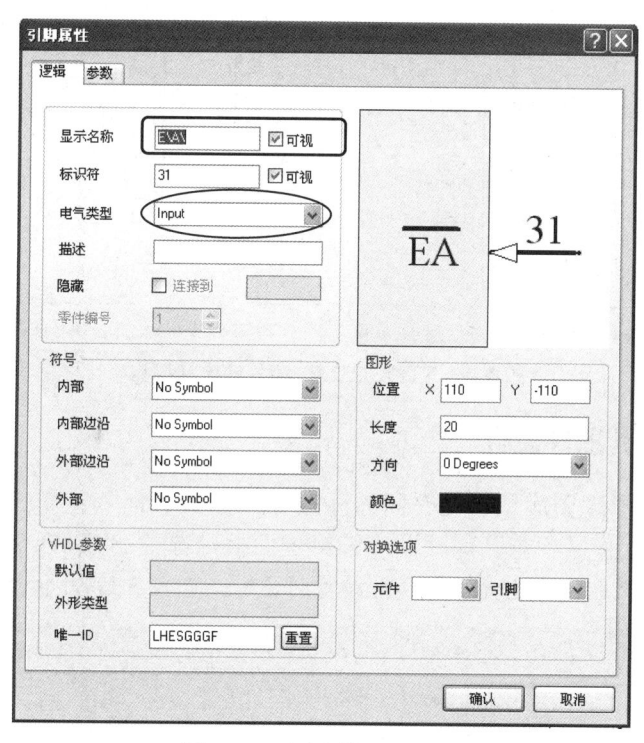

图 3.9 "引脚属性"对话框

"引脚属性"对话框的"电气类型"下拉列表框中提供了多种电气类型选项,其含义见表 3.4。

表 3.4 电气类型含义

电气类型	含 义	电气类型	含 义
Input	输入型引脚	Passive	无源型引脚
IO	双向型引脚	Hiz	高阻型引脚
Output	输出型引脚	Emitter	发射极引脚
OpenCollector	集电极开路型引脚	Power	电源型引脚

步骤 10 参考图 3.5 设置 STC89C52RC 的其他引脚,其中 9、19、31 引脚的"电气类型"为"Input";18、29、30 引脚的"电气类型"为"Output";20、40 引脚的"电气类

型"为"Power";其余引脚的"电气类型"为"IO";引脚长度全部设置为"20",其他设置为默认值。

STC89C52RC 的设计过程如图 3.10 所示。设计好的芯片如图 3.5 所示。

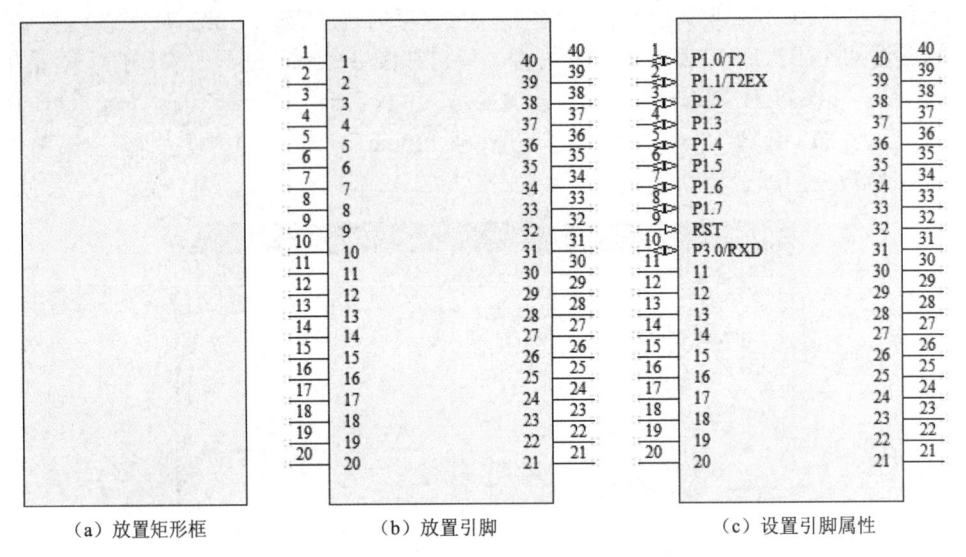

（a）放置矩形框　　　　　　（b）放置引脚　　　　　　（c）设置引脚属性

图 3.10　STC89C52RC 芯片的设计过程

3.2.10　设置元器件属性

步骤 11▶ 单击原理图库编辑器左侧的标签"SCH Library"或单击"SCH"→"SCH Library"标签，在工作区中打开原理图库编辑器面板，选中 STC89C52RC 后双击或单击"元件"的"编辑"按钮，弹出元器件属性设置对话框，如图 3.11 所示设置元器件属性。

图 3.11　元器件属性设置对话框

图 3.11 中"属性"选项区的"Default Designator"文本框用于设置元器件默认的标识符,集成芯片一般设置为"U?",即在原理图中放置元器件后屏幕上显示的元器件标识符为"U?";"注释"组合框一般用于设置元器件的型号或标称值,本例中设置为"STC89C52";"描述"文本框用于设置元器件信息。

如果选中两个"可视"复选框,在原理图调用元器件时,除显示元器件符号外,还显示"U?"和"STC89C52"。

"Parameters"选项区用于设置元器件的参数模型,以便进行电路仿真,在 PCB 设计中一般可以不设置。

3.2.11 设置元器件封装

STC89C52RC 是一款 51 系列单片机芯片,有两种封装形式,常用的是 40 引脚的通孔式封装,封装名称为 DIP40。

步骤 12▶ 在图 3.11 的元器件封装设置区单击"追加"按钮,弹出图 3.12 所示的"加新的模型"对话框,选中"Footprint",单击"确认"按钮,弹出图 3.13 所示的"PCB 模型"对话框,可在其中进行元器件封装的设置。元器件封装的设置有两种方法,一种是直接进行元器件封装的设置,另一种是通过查询功能实现元器件封装的设置。本例主要讲述直接进行元器件封装的设置。

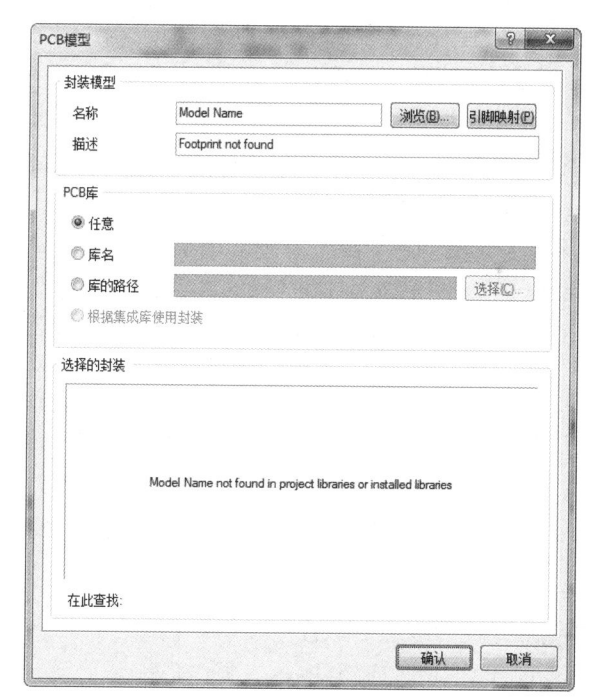

图 3.12 "加新的模型"对话框   图 3.13 "PCB 模型"对话框

如果已经知道元器件封装在哪个元器件库中,可以直接进行元器件封装的设置。本例中通孔式封装 DIP40 在 Zilog Peripheral Multifunction Controller.IntLib 库中。

步骤 13▶ 在图 3.13 中的"名称"文本框中输入"DIP40",选中"库名"单选按钮,在其后输入"Zilog Peripheral Multifunction Controller.IntLib",再单击"确认"按钮。此时,可

在元器件封装设置区的"名称"下方看到已经设置好的封装名 DIP40。最后，单击元器件属性设置对话框的"确认"按钮完成元器件封装的设置。

需要注意的是，在元器件封装的设置完成后，"PCB 模型"对话框的"选择的封装"选项区中提示"DIP40 not found in project libraries or installed libraries"（找不到该封装），这是正常状态。在原理图库文件中设置的元器件封装都不显示，但将该元器件放置在原理图中时，系统将正常显示该元器件封装。

步骤 14▶最后，执行菜单"文件"→"保存"命令，保存元器件，完成 STC89C52RC 的设计。

任务 3.3 可变电容器的设计

STC89C52RC 的元器件符号设计比较简单，仅需要放置矩形框和引脚。本任务设计的可变电容器的元器件符号不规则，操作更加复杂。下面通过介绍可变电容器的设计过程来讲解不规则元器件符号的设计方法。

3.3.1 绘制元器件符号

步骤 1▶打开任务 3.2 中新建的原理图库 My library.SchLib。执行菜单"工具"→"新元件"命令，弹出"设置新元器件名"对话框，输入"CAP VAR"后单击"确认"按钮。

步骤 2▶设置网格。执行菜单"工具"→"文档选项"命令，打开"库编辑器工作区"对话框。在"网格"选项区中设置捕获网格为 1。

步骤 3▶光标回原点。执行菜单"编辑"→"跳转到"→"原点"命令，光标自动回到坐标原点。

步骤 4▶放置直线。执行菜单"放置"→"直线"命令，如图 3.14（a）所示。

步骤 5▶放置斜线。执行菜单"放置"→"直线"命令，单击确定斜线的起点，按 Shift+空格组合键切换直线的放置角度，放置合适长度的斜线，如图 3.14（b）所示。

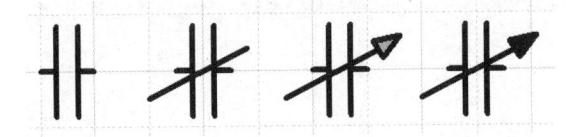

（a）放置直线　（b）放置斜线　（c）放置多边形　（d）修改多边形填充色

图 3.14　可变电容器的元器件符号绘制过程

步骤 6▶放置多边形。执行菜单"放置"→"多边形"命令，然后按 Tab 键，弹出"多边形"对话框，如图 3.15 所示，将"边缘宽"设置为"Small"，单击"确认"按钮回到多边形放置状态。移动光标在图中绘制箭头，如图 3.14（c）所示，绘制完毕右击退出。

步骤 7▶修改多边形填充色。双击绘制的多边形，在图 3.15 所示的"多边形"对话框中，单击"填充色"的颜色区，将颜色设置为与边缘色相同的蓝色，然后单击"确认"按钮，绘制效果如图 3.14（d）所示。

步骤 8▶放置引脚。执行菜单"放置"→"引脚"命令，光标上黏附着一个引脚，按

项目 3　原理图库文件的设计

Tab 键，弹出"引脚属性"对话框，将"显示名称"和"标识符"都设置为"1"，不可视，引脚长度设置为"10"，单击"确认"按钮后在可变电容器两端分别放置引脚，放置好引脚的可变电容器如图 3.16 所示。

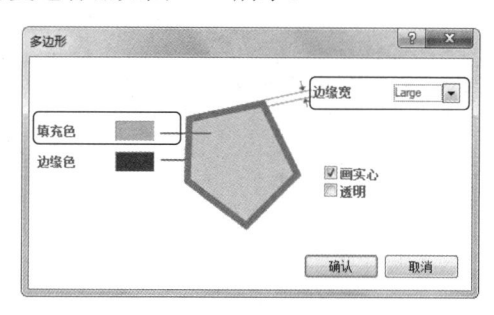

图 3.15　"多边形"属性对话框

图 3.16　放置好引脚的可变电容器

3.3.2　修改元器件属性

步骤 9▶元器件属性设置。单击工作面板区下方的"SCH Library"标签，或者单击"SCH"→"SCH Library"，弹出原理图库编辑器面板，选中元器件 CAP VAR，双击该元器件或单击"元件"的"编辑"按钮，弹出元器件属性设置对话框，在其中可以设置元器件的常用参数。"属性"选项区的"Defaul Designator"设置为"C?"，"注释"设置为"CAP VAR"，"描述"设置为"可变电容器"。

步骤 10▶在元器件参数设置区单击"追加"按钮，弹出"参数属性"对话框，如图 3.17 所示。在对话框的"名称"文本框中输入"Value"，在"数值"文本框中输入"100pF"，选中"数值"文本框下方的"可视"复选框，然后单击"确认"按钮。

在 Protel DXP 2004 SP2 中，系统默认 CAP VAR 的封装为 CC3225-1210，在实际应用中，CAP VAR 的封装有 RAD-0.1～RAD-0.5，本任务中就以追加 RAD-0.4 为例来讲述通过查询功能实现元器件封装设置的方法。

步骤 11▶单击元器件属性设置对话框中元器件封装设置区的"追加"按钮，在弹出的"加新的模型"对话框中选中"Footprint"，单击"确认"按钮，弹出"PCB 模型"对话框。在"PCB 模型"对话框中单击"浏览"按钮，弹出图 3.18 所示的"库浏览"对话框。

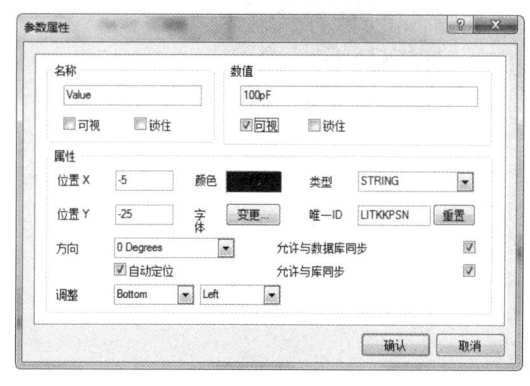

图 3.17　"参数属性"对话框

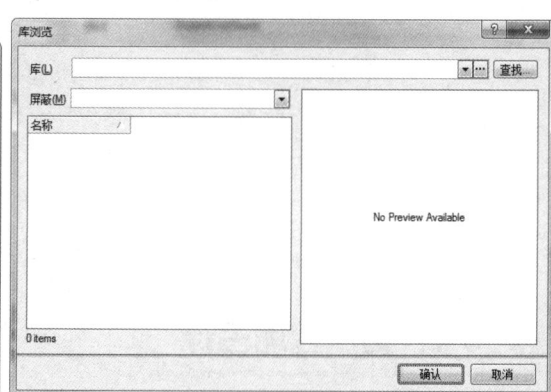

图 3.18　"库浏览"对话框

61

步骤 12 ▶ 在"库浏览"对话框中单击"查找"按钮,弹出图 3.19 所示的"元件库查找"对话框。在对话框的查找文本框中输入"RAD*0.4",在"范围"选项区中选中"路径中的库"单选按钮,然后单击"查找"按钮进行元器件封装查找。

需要注意的是,在查找时,系统不允许出现字符"-",所以查找内容不能设置为 RAD-0.4。可以采用模糊查找的方法,即用字符"*"来代表任意字符、字母或文字来进行查找。

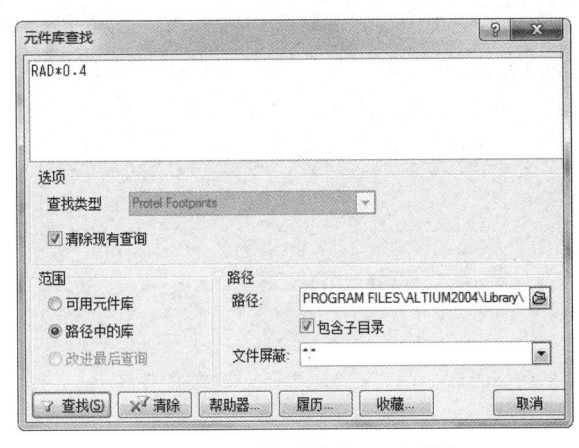

图 3.19 "元件库查找"对话框

系统查找完封装后,将在"库浏览"对话框中显示找到的封装名称和封装符号,如图 3.20 所示。

在图 3.20 中可以看到,系统查找出了 4 个相同名称的封装 RAD-0.4。这 4 个封装分别在 3 个不同的元器件库中,其中第 1 个、第 3 个和第 4 个元器件库的后缀名为".PcbLib",第 2 个元器件库的后缀名为".IntLib"。前者是 PCB 封装库,后者是集成库。在实际的封装设置时,选择任意一种都不影响封装的设置。

步骤 13 ▶ 在图 3.20 中查看封装符号是否符合要求,选中符合要求的封装后,单击"确认"按钮,系统弹出对话框提示是否将该元器件库设置为当前元器件库,单击"Yes"按钮将该元器件库设置为当前元器件库,系统返回"PCB 模型"对话框,单击"确认"按钮完成封装设置。

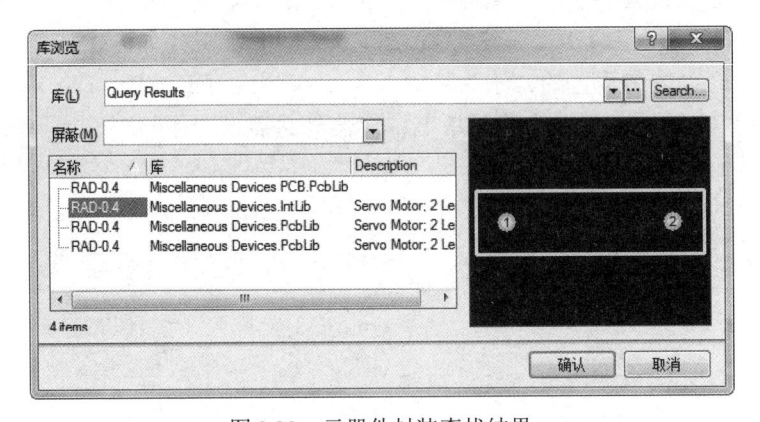

图 3.20 元器件封装查找结果

步骤 14 ▶ 最后执行菜单"文件"→"保存"命令,保存元器件,完成设计。

任务 3.4 变压器的设计

变压器是电路设计中经常使用的一种元器件,尤其在电源电路中,它经常被用来降压、隔离等。本任务通过变压器的设计过程,介绍圆弧和椭圆等设计工具的使用方法。

3.4.1 绘制元器件符号

步骤 1▶打开任务 3.2 中新建的原理图库 My library.SchLib。执行菜单"工具"→"新元件"命令,弹出"设置新元器件名"对话框,输入"TRANS CT"后单击"确认"按钮。

步骤 2▶设置网格。执行菜单"工具"→"文档选项"命令打开"库编辑器工作区"对话框。在"网格"选项区中设置捕获网格为 5。

步骤 3▶光标回原点。执行菜单"编辑"→"跳转到"→"原点"命令,光标自动回到坐标原点。

步骤 4▶放置圆弧。执行菜单"放置"→"圆弧"命令,任意绘制一段圆弧,如图 3.21 (a) 所示。

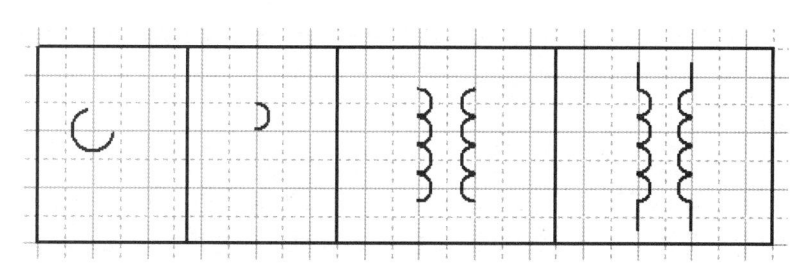

(a) 放置任意圆弧　(b) 修改属性后的圆弧　(c) 复制圆弧　(d) 放置直线

图 3.21　圆弧绘制过程

步骤 5▶双击圆弧,弹出如图 3.22 所示的"圆弧"对话框。将对话框中的"半径"修改为 5,"起始角"修改为 270.000,"结束角"修改为 90.000,其他属性为默认值,然后单击"确认"按钮,修改属性后的圆弧如图 3.21 (b) 所示。

步骤 6▶复制圆弧。框选圆弧,执行菜单"编辑"→"复制"命令,然后执行菜单"编辑"→"粘贴"命令;或者框选圆弧,按 Ctrl+C 组合键进行复制,然后按 Ctrl+V 组合键进行粘贴。复制的圆弧如图 3.21 (c) 所示。

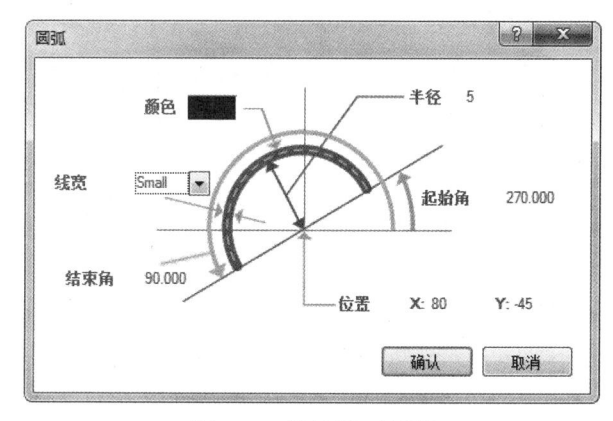

图 3.22　"圆弧"对话框

步骤 7▶放置直线。执行菜单"放置"→"直线"命令,在圆弧两端放置合适长度的直线,如图 3.21 (d) 所示。

步骤 8▶设置网格。执行菜单"工具"→"文档选项"命令打开"库编辑器工作区"对话框。在"网格"选项区中设置捕获网格为 1。

步骤 9▶放置直线。执行菜单"放置"→"直线"命令,在两列圆弧中间合适位置放置两条直线用来表示变压器的铁芯,如图 3.23 (a) 所示。

步骤 10▶放置同名端。执行菜单"放置"→"椭圆"命令,在合适位置放置两个椭圆,如图 3.23 (b) 所示。

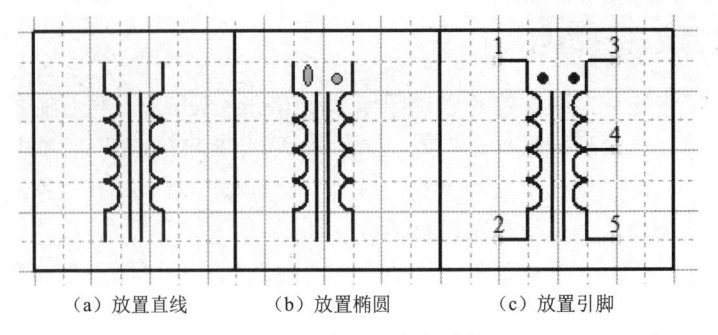

（a）放置直线　　　　　（b）放置椭圆　　　　　（c）放置引脚

图 3.23　变压器绘制过程

步骤 11▶双击椭圆，弹出"椭圆"对话框，如图 3.24 所示。在对话框中，将"X 半径"和"Y 半径"均修改为 2，将"填充色"修改为与"边缘色"一致的蓝色。然后单击"确认"按钮完成椭圆设置，并将椭圆移动至合适的位置。

步骤 12▶放置引脚。执行菜单"放置"→"引脚"命令，光标上黏附着一个引脚，按 Tab 键，弹出"引脚属性"对话框，将"标识符"设置为"1"，不可视，引脚长度设置为"10"，单击"确认"按钮后在合适位置放置 5 个引脚，如图 3.23（c）所示。

步骤 13▶修改引脚属性。双击引脚，在"引脚属性"对话框中，将引脚 1 的"显示名称"修改为 Pri+，不可视；将引脚 2 的"显示名称"修改为 Pri-，不可视；将引脚 3 的"显示名称"修改为 Sec+，不可视；将引脚 4 的"显示名称"修改为 SecCT，不可视；将引脚 5 的"显示名称"修改为 Sec-，不可视。设置完成后的变压器如图 3.25 所示。

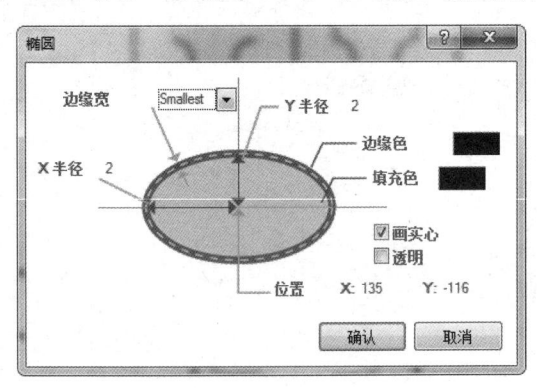

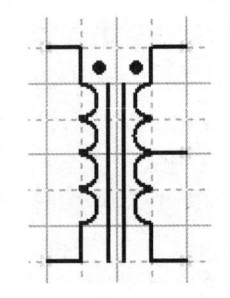

图 3.24　"椭圆"对话框　　　　　图 3.25　设置完成后的变压器

3.4.2　修改元器件属性

步骤 14▶元器件属性设置。单击图 3.1 中工作面板区下方的"SCH Library"标签，或者单击"SCH"→"SCH Library"，左侧弹出原理图库编辑器面板，选中元器件 TRANS CT，双击该元器件或单击"元件"的"编辑"按钮，弹出元器件属性设置对话框，在其中可以设置元器件的常用信息。对话框中"属性"选项区的"Defaul Designator"设置为"T?"，"注释"设置为"TRANS CT"，"描述"设置为"变压器"。

设置元器件封装。在 Protel DXP 2004 SP2 中，系统默认 TRANS CT 的封装为 TRF_5，TRF_5 封装在集成库 Miscellaneous Devices.PcbLib 中。本任务以追加 TRF_5 为例讲述变压器封装的设置，设置前，要确保集成库 Miscellaneous Devices.PcbLib 为当前元器件库。

项目 3 原理图库文件的设计

步骤 15▶在元器件属性设置对话框的元器件封装设置区中，单击"追加"按钮，弹出"加新的模型"对话框，选中"Footprint"，单击"确认"按钮，弹出"PCB 模型"对话框。在"PCB 模型"对话框中单击"浏览"按钮，弹出图 3.26 所示的"库浏览"对话框。在该对话框中，如果需要追加的封装不在当前元器件库中，则单击 ··· 按钮加载封装所在的元器件库为当前元器件库。如果已经是当前元器件库，系统未显示，则单击 ▼ 按钮进行切换。由于本例中的集成库 Miscellaneous Devices.PcbLib 为显示的当前元器件库，只要拖动滚动条选择封装 TRF_5，然后单击"确认"按钮即可。

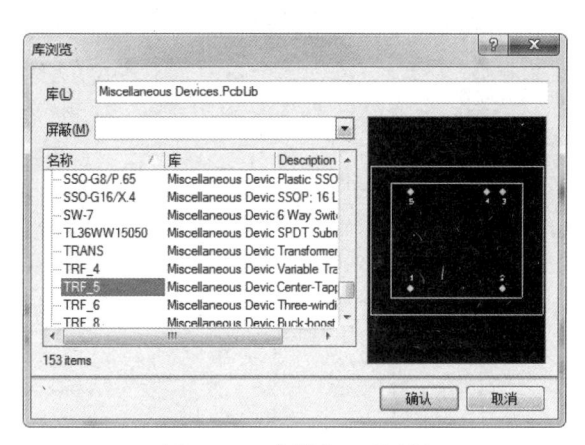

图 3.26 "库浏览"对话框

步骤 16▶最后执行菜单"文件"→"保存"命令，保存元器件，完成设计。

任务 3.5 含有子元器件的多功能元器件 DM74LS00N 的设计

在某些设备中，有的元器件在同一个封装中包含多个功能相同的元器件，这些元器件中的子元器件可以相互独立工作，如 DM74LS00N 与非门芯片中含有 4 个 2 输入与非门，实物和结构如图 3.27 所示。还有一种元器件，在同一封装中有两个不同功能和参数的部件，在绘制原理图时需要将其分开，如继电器和双联电容器等。这种元器件可以采用绘制含有子元器件的元器件来实现。下面就以 DM74LS00N 为例，讲述绘制含有子元器件的元器件的方法。

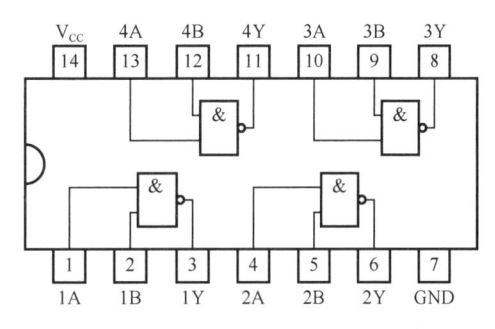

(a) 实物　　　　　　　　　　(b) 结构

图 3.27 与非门芯片 DM74LS00N 实物和结构

3.5.1 绘制元器件符号

步骤 1▶打开任务 3.2 新建的原理图库 My library.SchLib。执行菜单"工具"→"新元件"命令，弹出设置新元器件名对话框，输入元器件名"DM74LS00N"后单击"确认"按钮。

65

步骤 2▶设置网格。执行菜单"工具"→"文档选项"命令打开"库编辑器工作区"对话框。在"网格"选项区中设置捕获网格为10。

步骤 3▶光标回原点。执行菜单"编辑"→"跳转到"→"原点"命令，光标将自动回到坐标原点。

步骤 4▶放置直线，绘制矩形外框。执行菜单"放置"→"直线"命令，绘制DM74LS00N的矩形外框，外框尺寸为30×40，如图3.28（a）所示。

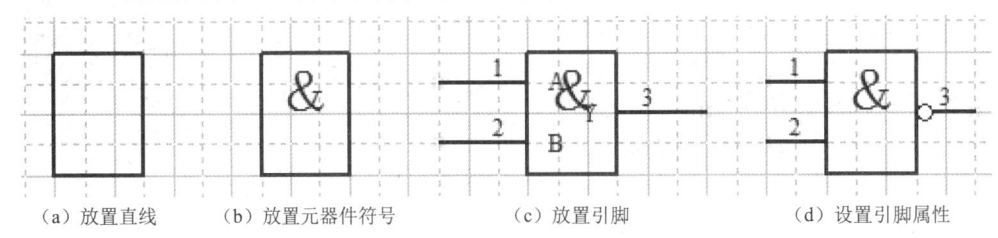

(a) 放置直线　　(b) 放置元器件符号　　(c) 放置引脚　　(d) 设置引脚属性

图 3.28　DM74LS00N 绘制过程

步骤 5▶放置文本字符串。执行菜单"放置"→"文本字符串"命令，然后按 Tab 键，弹出文本字符串的"注释"对话框。在对话框的"文本"文本框中输入"&"，"字体"设置为 20，单击"确认"按钮后放置在矩形外框中的合适位置，如图 3.28（b）所示。

步骤 6▶放置引脚。执行菜单"放置"→"引脚"命令，在合适位置放置 3 个引脚，引脚标识符分别为 1、2、3，如图 3.28（c）所示。

步骤 7▶修改引脚属性。双击元器件引脚，弹出"引脚属性"对话框，设置输入引脚 1、2 的"显示名称"分别为"A""B"，不可视，电气类型为"Passive"；设置输出引脚 3 的"显示名称"为"Y"，不可视，"电气类型"为"Passive"，"外部边沿"为"Dot"，将在引脚上显示一个小圆圈，表示输出低电平有效。所有引脚长度均设置为 20。引脚属性设置完成后如图 3.28（d）所示。

3.5.2　绘制子元器件

由于 DM74LS00N 包含有 4 个相同功能的子元器件，还需要绘制 3 个相同的子元器件的元器件符号。

步骤 8▶创建子元器件。执行菜单"工具"→"创建元件"命令，将弹出一个新的工作窗口，在面板中可以看到当前元器件为"Part B"，即第二个子元器件。需要用相同的方法创建 4 个子元器件，面板中的"元件"选项区显示了 DM74LS00N 的结构，如图 3.29 所示。

图 3.29　DM74LS00N 的结构

步骤 9▶复制子元器件。在"Part A"子元器件窗口中，框选已经绘制好的第一个与非门子元器件，执行菜单"编辑"→"复制"命令或按 Ctrl+C 组合键进行复制。

步骤 10▶粘贴子元器件。执行菜单"编辑"→"粘贴"命令或按 Ctrl+V 组合键，在"Part B""Part C""Part D"子元器件窗口中，将光标定位到坐标（0，0）处，分别粘贴复制的与非门子元器件的元器件符号。

步骤 11▶修改引脚属性。在"Part B"子元器件窗口中，双击元器件引脚，将引脚 1 的

"标识符"修改为4,将引脚2的"标识符"修改为5,将引脚3的"标识符"修改为6;在"Part C"子元器件窗口中,分别将引脚1、2、3的"标识符"修改为9、10、8;在"Part D"子元器件窗口中,分别将引脚1、2、3的"标识符"修改为12、13、11。

步骤 12▶放置电源引脚。在"Part D"子元器件窗口中的适当位置放置电源和接地引脚,如图3.30(a)所示。

步骤 13▶修改电源和接地引脚属性。双击电源引脚,弹出"引脚属性"对话框,将"标识符"修改为14,"显示名称"修改为 VCC,不可视,电气类型修改为"Power",选中"隐藏"复选框,"连接到"设置为 VCC,"零件编号"修改为 0,引脚长度设置为 20。用相同的方法,将接地引脚的"标识符"修改为 7,"显示名称"修改为 GND,不可视,电气类型修改为"Power",选中"隐藏"复选框,"连接到"设置为 GND,"零件编号"修改为 0,引脚长度设置为 20。

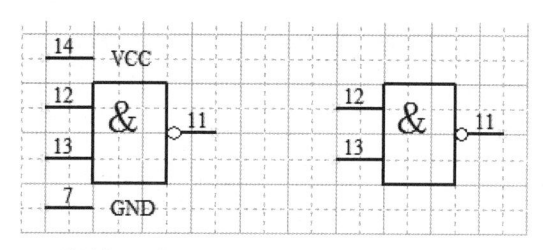

(a)放置电源和接地引脚　　(b)隐藏电源与接地引脚

图 3.30 引脚的显示与隐藏

电源和接地引脚隐藏后,在元器件绘图界面是看不到被隐藏的引脚的,如图 3.30(b)所示。如果被隐藏的引脚的参数需要再次修改,只能在面板中找到被隐藏的引脚,如图 3.31 所示,可以双击该引脚来修改属性。

3.5.3 修改元器件属性

步骤 14▶设置元器件属性。单击"SCH Library"标签,打开原理图库编辑器面板,选中 DM74LS00N,双击该元器件或单击"元件"的"编辑"按钮,在弹出的元器件属性设置对话框中,将"属性"选项区的"Default Designator"设置为"U?","注释"设置为"DM74LS00N"。

步骤 15▶设置元器件封装。DM74LS00N 有两种形式的封装,一种是双列直插式封装,封装名为 DIP14,在集成库 Dallas Logic Delay Line.IntLib 中。另一种为贴片式封装,封装名为 SOP14,在封装库 IPC-SM-782 Section 9.3 SOP.PcbLib 中。封装设置方法可以参考任务 3.2 进行追加。

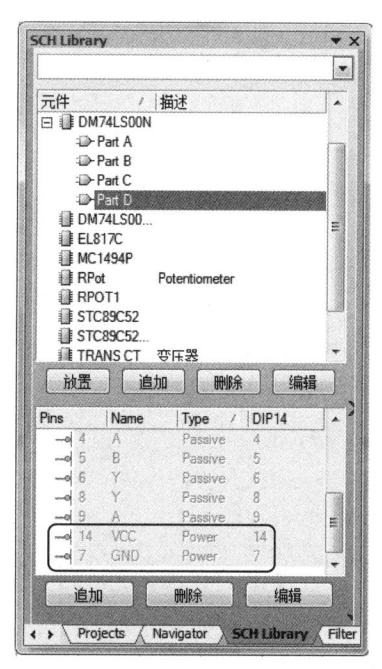

图 3.31 被隐藏的引脚

步骤 16▶执行菜单"文件"→"保存"命令,保存元器件,完成设计。

任务 3.6　电位器的设计

在绘制元器件时,需要绘制的元器件与系统自带的元器件库中的元器件相似,只需要

做一些修改即可得到想要的元器件。此时可以采取复制已有元器件的方式完成。本任务以电位器的绘制过程来讲述如何修改已有元器件。

3.6.1 打开系统文件

步骤 1▶在打开的原理图库编辑器中，执行菜单"文件"→"打开"命令，弹出选择打开文件对话框，在"Altium2004 SP2\Library"文件夹下选择集成库"Miscellaneous Devices.IntLib"，如图 3.32 所示。单击"打开"按钮，弹出"抽取源码或安装"对话框，如图 3.33 所示，本例中需要查看源文件，所以单击"抽取源"按钮。弹出"抽出位置"对话框，单击"确认"按钮，工作面板区中将显示该集成库。

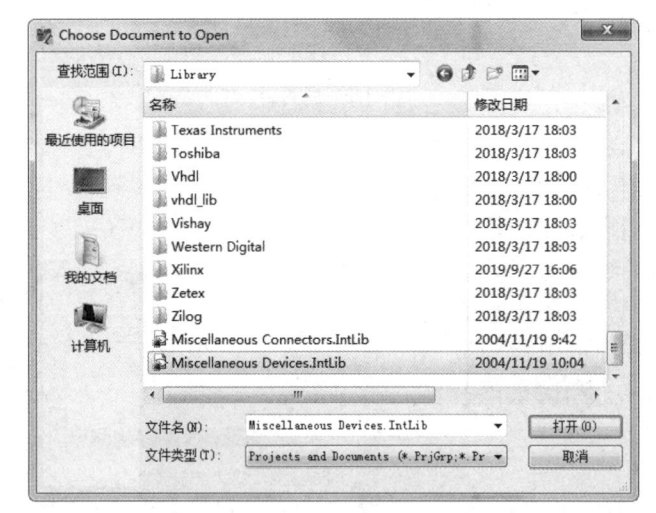

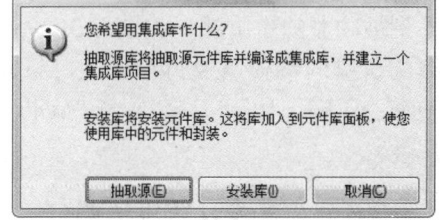

图 3.32　选择集成库　　　　　　　图 3.33　"抽取源码或安装"对话框

步骤 2▶在"Projects"工作面板中，双击打开集成库 Miscellaneous Devices.IntLib，单击"SCH Library"标签，弹出原理图库编辑器面板，在其中可以浏览元器件的符号及引脚的定义方式。

步骤 3▶在集成库 Miscellaneous Devices.IntLib 中复制电阻 Res2，再粘贴到元器件库 My library 中。

3.6.2 绘制元器件符号

由于本例中绘制的元器件名称为 Rpot1，复制过来的电阻名称为 Res2，需要进行重命名。

步骤 4▶在 My library 元器件库中选中元器件 Res2，执行菜单"工具"→"重新命名元件"命令，在弹出的对话框中输入元器件名称"Rpot1"，单击"确认"按钮。

步骤 5▶执行菜单"工具"→"文档选项"命令，在"库编辑器工作区"对话框中将捕获网格修改为 1。

步骤 6▶执行菜单"放置"→"多边形"命令，在电阻上方放置三角形，填充颜色修改为与三角形颜色相同的蓝色。

步骤 7▶执行菜单"放置"→"直线"命令，在三角形上方放置一小段直线。

步骤 8▶执行"放置"→"引脚"命令，在三角形上方放置引脚。

步骤 9▶ 双击新放置的引脚,设置引脚属性,其中"显示名称"和"标识符"均设置为"3",不可视,"电气特性"设置为"Passive","长度"设置为 10,保存元器件。绘制过程如图 3.34 所示。

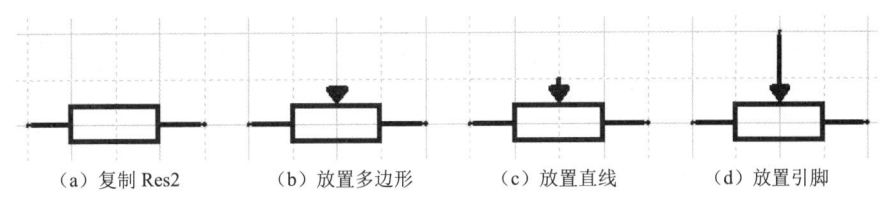

（a）复制 Res2　　（b）放置多边形　　（c）放置直线　　（d）放置引脚

图 3.34　电位器绘制过程

步骤 10▶ 设置元器件属性。在元器件属性设置对话框中将"Default Designator"设置为"Rp？"。

步骤 11▶ 保存元器件,电位器设计完毕。

项目小结

在原理图设计的过程中,有些元器件在现有的元器件库中找不到,因此需要用户自己进行制作。制作一个新元器件一般需要以下几个步骤：打开原理图库编辑环境,创建一个新元器件、绘制元器件外形、放置引脚、设置引脚属性、设置元器件属性、追加元器件的封装和保存元器件等。本项目通过介绍芯片 STC89C52RC、可变电容器、变压器、芯片 DM74LS00N 和电位器 5 种不同类型的元器件设计过程,让读者掌握集成芯片、不规则元器件、含有子元器件的多功能元器件和利用原有元器件库中的元器件设计新元器件等不同类型的元器件设计方法。

思考与练习

1. 简述元器件设计的基本步骤。
2. 简述 IEEE 符号工具栏中各个按钮的作用。
3. 创建一个新元器件库 My Library.SchLib,从 Miscellaneous Devices.InLib 中复制元器件 Diode、NPN、Cap Pol2、Triac、SW-PB,从 Miscellaneous Connectors.IntLib 中复制元器件 RCA、Header 2、MHDR2X3,组成新元器件库。
4. 绘制如图 3.35 所示的光电耦合器,其中左上为引脚 1,显示名称为"A";左下为引脚 2,显示名称为"K";右上为引脚 3,显示名称为"C";右下为引脚 4,显示名称为"E";所有引脚的长度都设置为 10,标识符和显示名称均设置为不可视;元器件命名为 Optoisolator1,封装设置为 DIP-4。

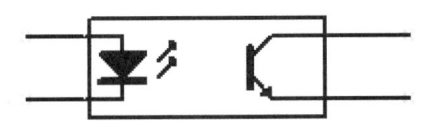

图 3.35　光电耦合器

5．绘制图 3.36 所示的集成电路 MC1494P，元器件封装设置为 DIP-16。

6．从 Miscellaneous Devices.InLib 中复制元器件 Dpy Amber-CA 至新元器件库 My Library.SchLib 中，将元器件名称重命名为 7-4SEG，将元器件图形修改为图 3.37 所示的新图形。

图 3.36　集成电路 MC1494P

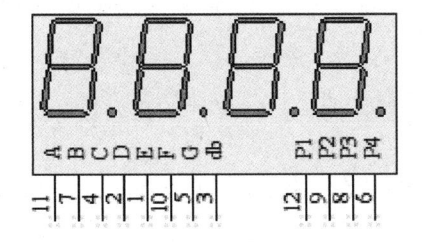

图 3.37　7-4SEG

项目 4

单片机应用电路原理图设计

项目描述

在设计原理图的过程中，用户常常会遇到非常复杂的原理图。由于设计的电路系统过于复杂，从而无法在一张图纸中完整地绘制出整个电路原理图。这时，通常采用的方法是将设计项目分成多个功能模块，分别在不同的图纸上绘制出来，然后将它们整合在一起构成一个完整的设计项目。层次原理图的设计方法正是运用了这种模块化的设计方法。

对应于电路原理图的模块化设计，Protel DXP 2004 SP2 提供了层次原理图的设计方法。这种方法可以将一个庞大的电路系统作为一个整体项目来设计。层次原理图将一个很大的电路原理图分解成若干个子图，通过母图连接各个子图，这样可以使电路原理图变得更简洁。层次原理图中的母图相当于框图，而子图代表某个特定的功能电路。这样就把一个复杂的大型电路原理图设计变成了多个简单的小型电路原理图设计。

Protel DXP 2004 SP2 提供了两种层次原理图的设计方法，一种是自上而下的层次电路设计方法，另一种是自下而上的层次电路设计方法。

如图 4.1 所示，层次原理图的结构与操作系统的文件目录结构相似，且选择工作面板区的 "Projects" 标签可以观察到层次原理图的结构。图 4.1 所示为单片机应用电路层次原理图的结构。在一个项目中，处于最上方的原理图为母图，且一个项目只有一个母图。母图下方所有的原理图都为子图。图 4.1 中共有 4 个子图，且单击文件名前面的 "+" 或 "-" 可以展开或收起子图结构。

图 4.1 单片机应用电路层次原理图的结构

下面以单片机应用电路原理图设计为例，介绍自上而下的层次原理图设计方法。

学习目标

- 掌握总线的使用方法。
- 掌握网络标签的使用方法。
- 了解粘贴队列的使用方法。
- 掌握层次原理图的绘制方法和应用。
- 掌握层次电路网络表的生成方法。

项目实施

任务 4.1 母图设计

在层次原理图的设计中，通常母图由若干个图纸符号组成。它们之间的电气连接通过图纸入口、网络标签、导线或总线等实现。

下面以图 4.2 所示的单片机应用电路母图为例，介绍母图设计。

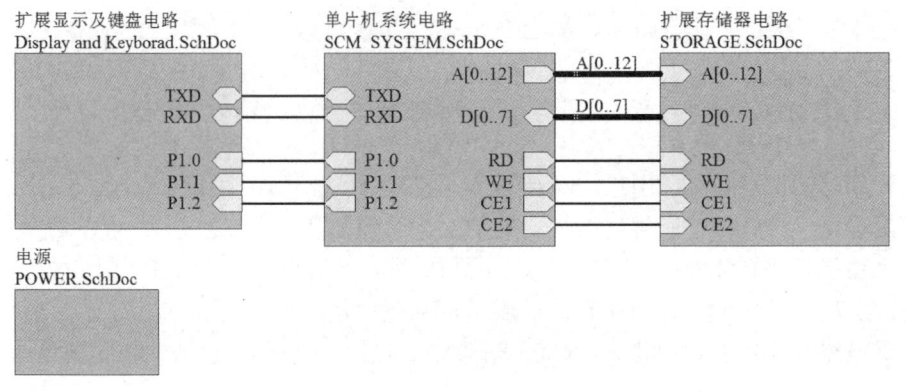

图 4.2 单片机应用电路母图

步骤 1▶ 在 Protel DXP 2004 SP2 主界面中，执行菜单"文件"→"创建"→"项目"→"PCB 项目"命令，建立"单片机应用电路"项目文件并选择合适的路径保存。

步骤 2▶ 执行菜单"文件"→"创建"→"原理图"命令，建立"单片机应用电路"母图原理图文件并保存。

4.1.1 电路图纸符号设计

图纸符号也称子图符号，是层次原理图中的主要组件，它对应着一个具体的内层电路，即子图。图 4.2 所示的单片机应用电路母图由 4 个电路框图组成。

步骤 3▶ 执行菜单"放置"→"图纸符号"命令，或单击配线工具栏上 按钮，光标变成十字形状，同时黏附着一个悬浮的子图符号。按 Tab 键或者放置图纸符号后双击该符号，弹出"图纸符号"对话框，如图 4.3 所示。在"标识符"文本框中输入子图符号名，如

项目4　单片机应用电路原理图设计

"扩展显示及键盘电路",在"文件名"文本框中输入子图文件的名称(含扩展名),如"Display and Keyborad.SchDoc",设置完毕后单击"确认"按钮,关闭对话框,将光标移至合适的位置后,单击定义方块的起点,移动鼠标,改变其大小,大小合适后,再次单击,放置子图符号。子图符号放置完成后如图4.4(a)所示。

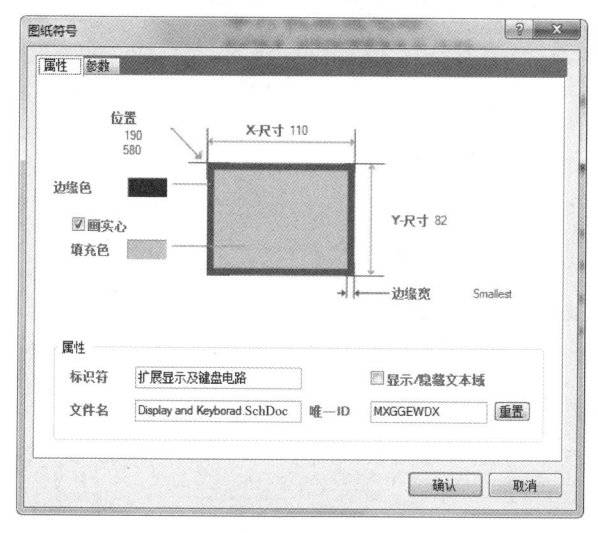

图4.3 "图纸符号"对话框

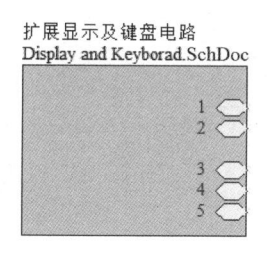

(a) 放置子图符号　　(b) 放置图纸入口　　(c) 设置好参数的图纸入口

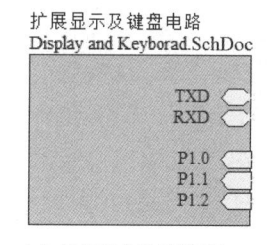

图4.4　放置子图的过程

4.1.2　放置图纸入口

步骤4▶执行菜单"放置"→"加图纸入口"命令,或单击配线工具栏的 按钮,此时光标变成一个悬浮的十字形状,将光标移至子图符号内部,在其边界上单击,光标被限制在子图符号的边界上,光标移至合适位置后单击,放置图纸入口,此时可以继续放置图纸入口。放置完成后,右击退出放置状态。图纸入口放置完成后如图4.4(b)所示。

步骤5▶双击图纸入口,弹出图4.5所示的"图纸入口"对话框,其中,在"名称"文本框中输入端口名,在"位置"文本框中输入图纸入口的上下位置,图纸入口符号的位置放置好后,该参数系统自动给定,一般不用设置;在"I/O 类型"下拉列表框中设置电气特性,共有 4 种类型,分别为 Unspecified(未定义端口)、Output(输出端口)、Input(输入端口)、Bidirectional(双向型端口),根据实际需要选择端口的电气特性。若要放置低电平有效的图纸入口名,如 $\overline{EA}$,将"名称"设置为"E\A\"即可。图纸入口参数设置完成后如图4.4(c)所示。

印制电路板设计与应用项目化教程

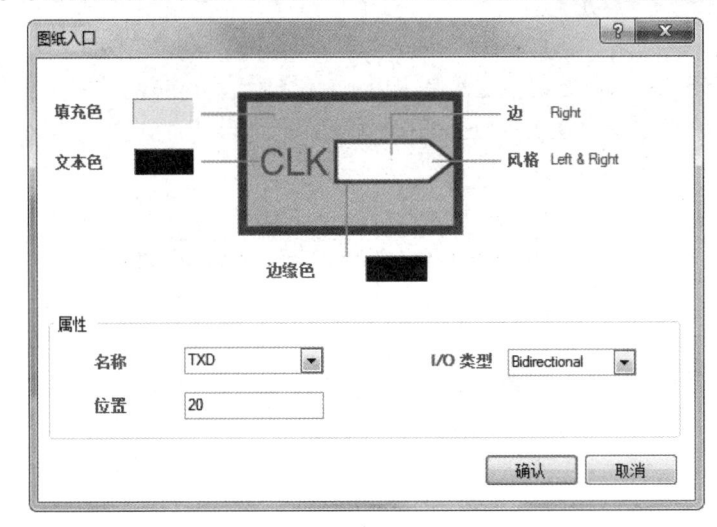

图 4.5 "图纸入口"对话框

步骤 6▶根据图 4.2 设置好各子图符号和图纸入口，如图 4.6 所示。

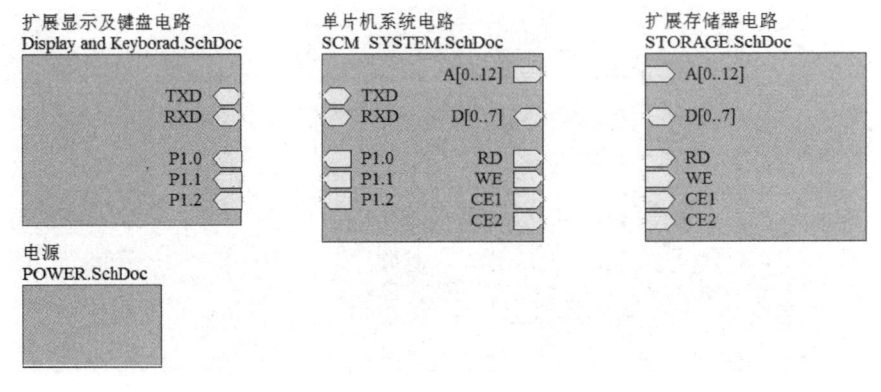

图 4.6 放置好子图符号和图纸入口后的效果图

4.1.3 连接子图符号

步骤 7▶执行菜单"放置"→"导线"命令，根据图 4.2 连接子图符号。

步骤 8▶如果子图符号的连接中存在总线，则执行菜单"放置"→"总线"命令，连接子图符号中的总线端口。

放置的总线上需要添加相应网络标签。

步骤 9▶执行菜单"放置"→"网络标签"命令，或单击配线工具栏的 Net 按钮，此时光标上黏附着一个默认名称为"Netlabel1"的网络标签。按 Tab 键，弹出如图 4.7 所示的"网络标签"对话框。将"网络"设置成对应的名称，如 A[0..12]，单击"确认"按钮。将修改属性后的网络标签移动至需要放置的总线上方，当网络标签和总线相连处光标上的"×"变成红色，表明与该总线建立了电气连接，单击放下网络标签。

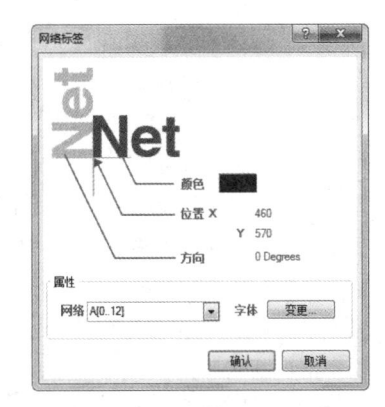

图 4.7 "网络标签"对话框

74

4.1.4 由子图符号生成子图文件

步骤 10▶执行菜单"设计"→"根据符号创建图纸"命令,将光标移到其中一个子图符号上单击,弹出图纸入口特性转换对话框,如图 4.8 所示,单击"No"按钮。

此时 Protel DXP 2004 SP2 自动生成一张新的原理图,原理图的文件名与子图符号中的文件名相同,同时在新原理图中,已自动生成与子图符号中的图纸入口对应的 I/O 端口。

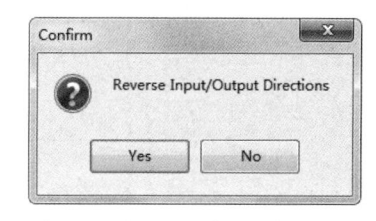

图 4.8 图纸入口特性转换对话框

注意:在图 4.8 中,如果单击"Yes"按钮,生成的原理图中的 I/O 端口的输入/输出特性将与子图符号图纸入口的特性相反;单击"No"按钮,则生成的原理图中的 I/O 端口的输入/输出特性将与子图符号图纸入口的特性相同,一般单击"No"按钮。

步骤 11▶返回母图,根据子图符号生成其他子图。本例中依次在 4 个子图符号上创建图纸,分别生成单片机系统电路 SCM SYSTEM.SchDoc、扩展显示及键盘电路 Display and Keyboard.SchDoc、扩展存储器电路 STORAGE.SchDoc 和电源 POWER.SchDoc,系统在电路图中自动生成对应的 I/O 端口。

4.1.5 电路原理图层次的生成

在生成 4 个子图原理图后,它们与母图原理图之间还没有形成层次关系,如图 4.9 所示,需要执行相应操作才能改变其层次。

步骤 12▶执行菜单"工具"→"改变设计层次"命令或单击工具栏 按钮,电路原理图层次结构将变成图 4.1 所示的结构。

图 4.9 未生成层次的电路原理图结构

步骤 13▶执行菜单"文件"→"保存"命令,对生成的各子图原理图进行保存。

任务 4.2 扩展存储器子图设计

下面以图 4.10 所示的扩展存储器子图 STORAGE.SchDoc 为例,介绍子图的绘制方法。子图绘制方法与普通原理图绘制基本相同。但是图 4.10 中包含总线,需要通过相关操作进行绘制。

总线是数条并行导线的集合。总线本身没有实质的电气连接意义,它必须配合总线入口和网络标签来实现电气意义上的连接。利用总线和网络标签进行元器件之间的电气连接不仅可以减少图中的导线,简化原理图,而且清晰直观。

使用总线来代替一组导线,需要与总线入口相配合,总线与一般导线的性质不同,必须由总线接出的各个单一入口导线上的网络标签来完成电气意义上的连接,相同名称的网络标签在电气上是相连的。

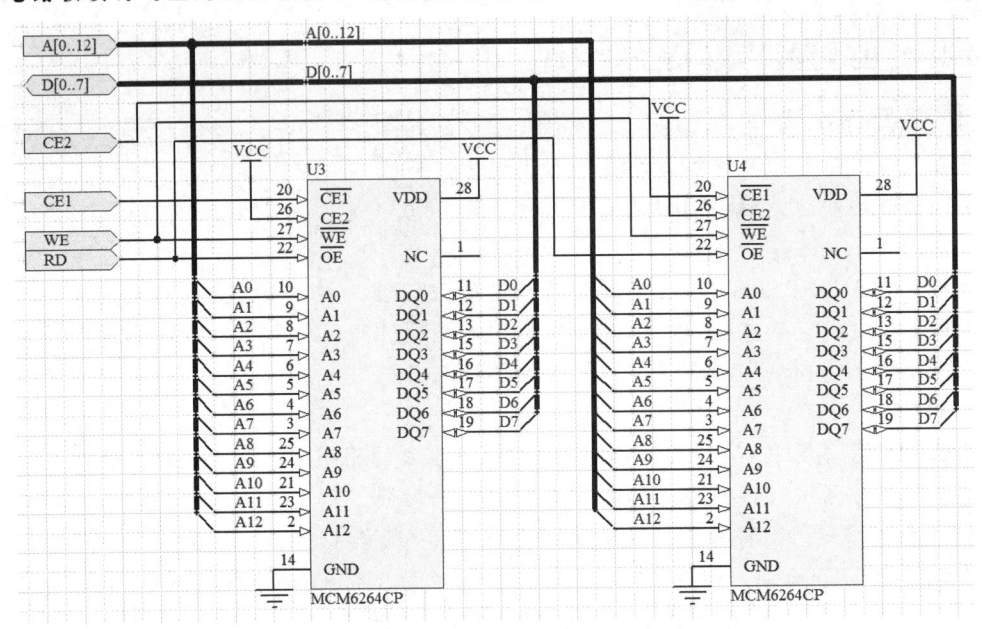

图 4.10　扩展存储器子图 STORAGE.SchDoc

4.2.1　放置总线与总线入口

步骤 14▶ 在扩展存储器电路子图原理图中，通过查找的方式，放置两个元器件 MCM6264CP。

步骤 15▶ 执行菜单"放置"→"导线"命令或用单击工具栏中的 ≋ 按钮，在元器件需要进行总线连接的相关引脚处绘制引出导线，避免后面进行相关绘图操作时空间不够。

步骤 16▶ 将系统自动生成的端口移动至合适的位置。

需要注意的是，图中的 I/O 端口不是用户手工放置的，是层次电路生成子图文件的时候自动生成的。绘制子图原理图时，只需要将对应的 I/O 端口移动到相应的电路连接端即可。

步骤 17▶ 执行菜单"放置"→"总线"命令或单击工具栏中的 ⊤ 按钮，进行总线放置。总线的放置与导线的放置方法相同。放置总线时，总线与引脚引出的导线之间间隔 10，以便为总线入口的放置留出空间。总线放置示意图如图 4.11 所示。

总线入口是元器件引脚的引出导线与总线之间的一条倾斜的短线段，它是用来连接引脚（或导线）与总线的。

在放置总线状态时，按 Tab 键，弹出"总线属性"对话框，可以修改线宽和颜色。一般不建议修改。

步骤 18▶ 执行菜单"放置"→"总线入口"命令，或单击工具栏的 ⎫ 按钮，进入放置总线入口的状态，此时光标上黏附着悬浮的总线入口线，将光标移至总线和引脚引出线之间，按空格键变换倾斜角度，单击放置总线入口，如图 4.12 所示，右击退出放置状态。

4.2.2　放置网络标签

在原理图中，网络标签通常是用来简化电路的。网络标签用来描述两条导线或者导线与元器件引脚之间的电气连接关系。具有相同名称的网络标签的导线或元器件引脚之间是

相连的，因此网络标签具有实际的电气意义。

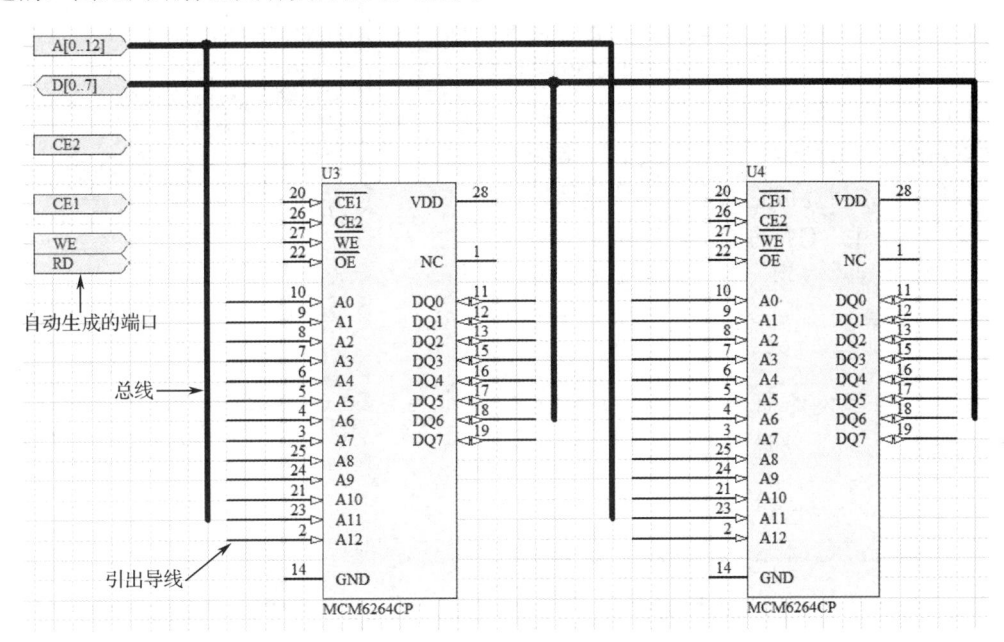

图 4.11 总线放置示意图

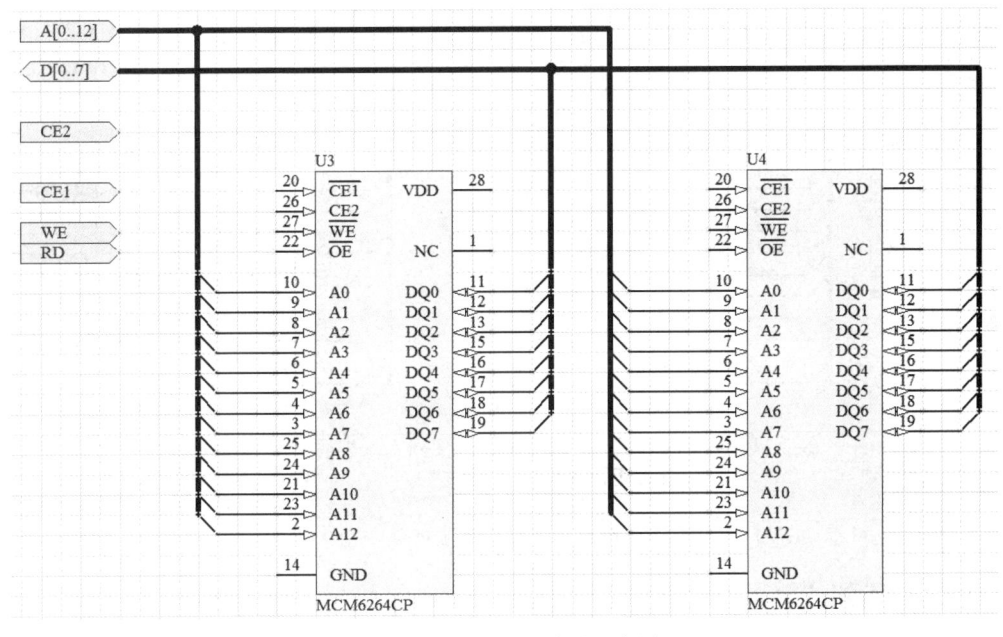

图 4.12 总线入口放置示意图

在本例中，虽然元器件之间通过总线和总线入口进行了电气连接，但是不能清楚、具体地说明引脚之间的连接关系，因此还需要放置网络标签。

步骤 19▶ 执行菜单"放置"→"网络标签"命令或单击工具栏中的 Net 按钮，系统进入网络标签放置状态。此时光标上黏附着一个默认名称为"Netlabel1"的网络标签。按 Tab 键，弹出如图 4.13 所示的"网络标签"对话框。在对话框中可以修改网络标签的名称、方

向、颜色等。本例中，将"网络"设置为"A0"，其他选项采用默认值即可。设置完成后，将光标移动至需要放置的导线上方，当光标上的网络标签与导线相连时，网络标签上的"×"变为红色，表明与该导线建立了电气连接，单击放下网络标签，如图 4.14 所示。放置完成后右击退出放置状态。

在图 4.14 中，U3 的第 10 引脚和 U4 的第 10 引脚均放置了网络标签 A0，表明这两个引脚在电气特性上是相连的。图中除了在导线上放置网络标签，总线上也放置了网络标签。在总线上放置的网络标签称为总线网络标签，它可以采用格式如 D[0..7]的表示方法，表明该总线上有 D0～D7 共 8 个不同的网络。

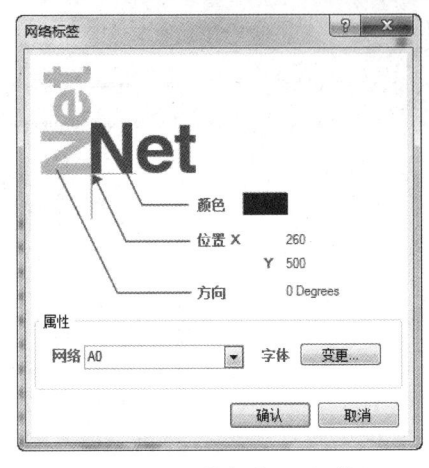

图 4.13 "网络标签"对话框

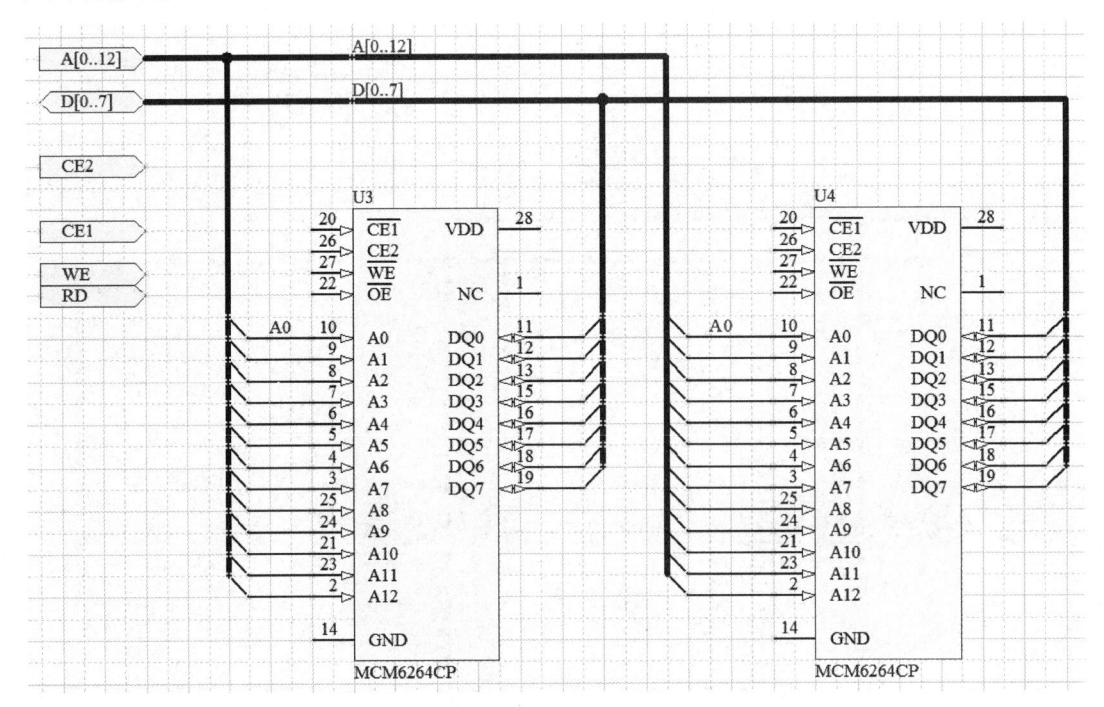

图 4.14 放置网络标签

4.2.3 阵列式粘贴

在绘制原理图时，有时某些操作具有很大的重复性，如本例中放置的引脚引出线、总线入口和网络标签等。这种情况可以采用阵列式粘贴，一次完成重复性操作，大大提高了原理图的绘制速度。本例中以 U3 的 A0～A12 端口为例，讲述相关组件的阵列式粘贴方法。阵列式粘贴操作前的电路图如图 4.15 所示。

步骤20▶ 框选要复制的网络标签"A0"、与其相连的引脚引出线以及总线入口。

步骤21▶ 执行菜单"编辑"→"复制"命令，复制要粘贴的内容。

步骤 22▶ 执行菜单"编辑"→"粘贴队列"命令，弹出如图 4.16 所示的"设定粘贴队列"对话框。本例中主要做如下设置。

项目数：设置重复放置的次数，本例中需要放置 12 次，因此设置为 12。

主增量：设置文字中数字的跃变量，正数表示递增，负数表示递减。本例中设置为 1，表示网络标签依次复制为 A1、A2、A3、…、A12。

次增量：设置文字中第二个数字的跃变量。本例中不需要设置，使用默认的 1 即可。

水平：设置复制的组件水平方向的间隔。本例中水平方向不移动，因此设置为 0。

垂直：设置复制的组件垂直方向的间隔。本例中垂直方向自上而下放置，间隔为 10，因此设置为-10。

步骤 23▶ 参数设置完成后，单击"确认"按钮，将光标移动至需要粘贴的起点的合适位置，单击完成粘贴。阵列式粘贴后的效果如图 4.17 所示。

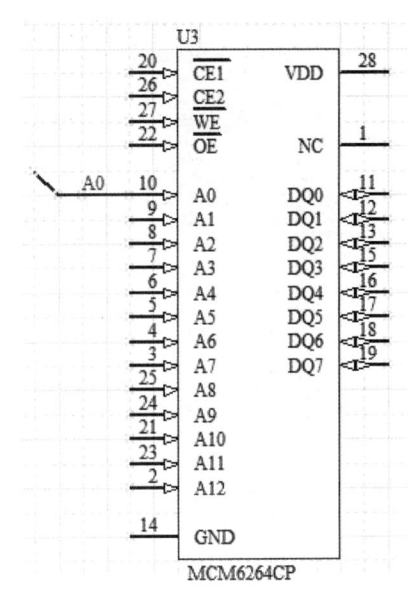

图 4.15 阵列式粘贴操作前的电路图

图 4.16 "设定粘贴队列"对话框

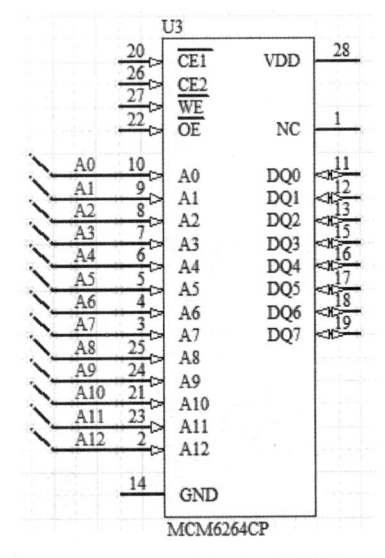

图 4.17 阵列式粘贴后的效果

步骤 24▶ 将图 4.10 所示的扩展存储器子图绘制完成。

任务 4.3 其他子图设计

步骤 25▶ 采用相同的方法，依次将单片机系统电路 SCM SYSTEM.SchDoc、扩展显示及键盘电路 Display and Keyboard.SchDoc、电源 POWER.SchDoc 这 3 个子图绘制完成，如图 4.18、图 4.19、图 4.20 所示。

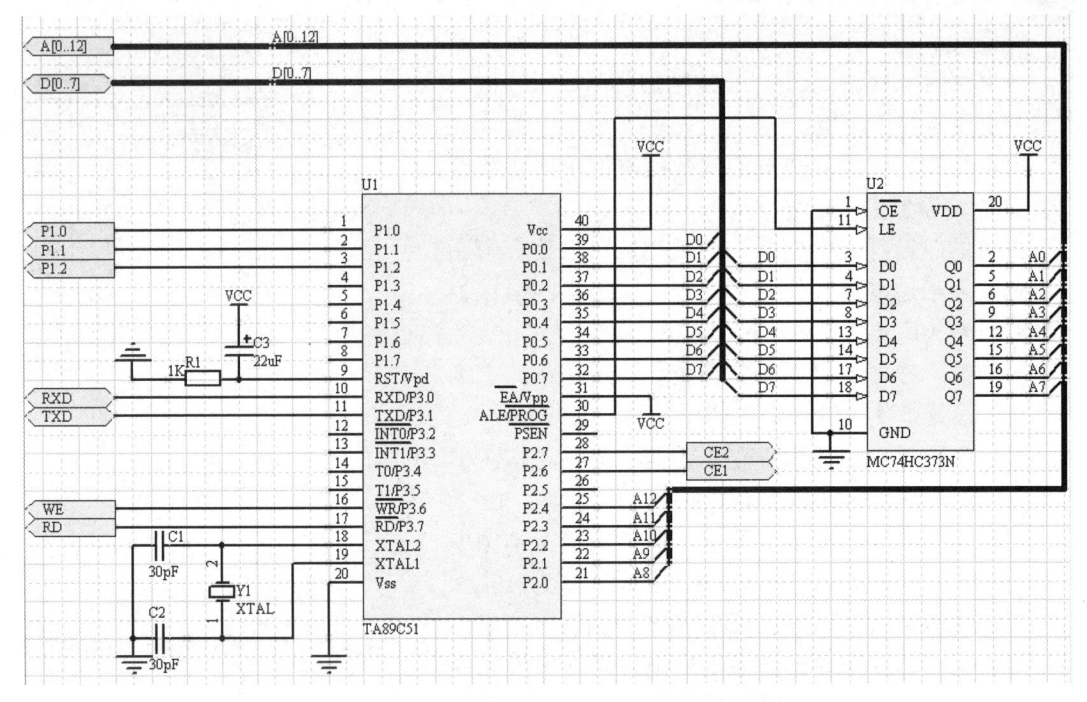

图 4.18 单片机系统电路 SCM SYSTEM.SchDoc

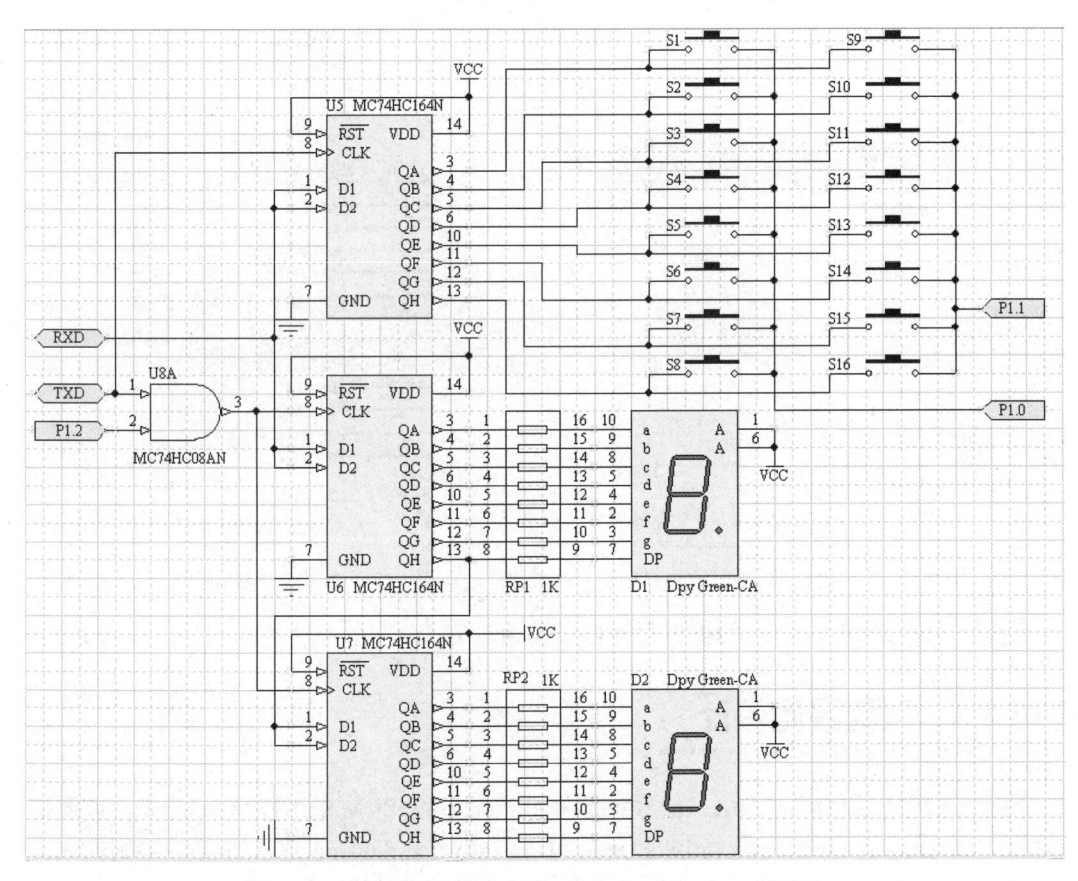

图 4.19 扩展显示及键盘电路 Display and Keyboard.SchDoc

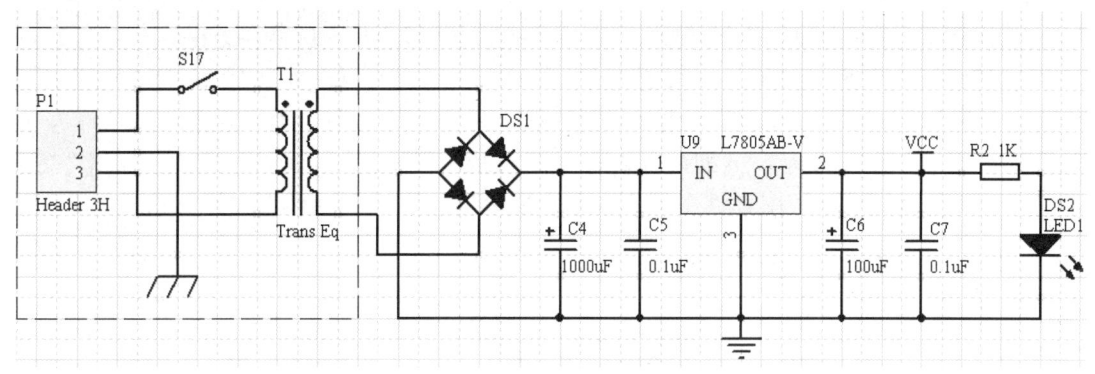

图 4.20 电源 POWER.SchDoc

在子图设计中，有部分元器件在系统的元器件库中没有，需要用户自行设计，设计方法参照项目 3。

步骤 26▶ 执行菜单"文件"→"保存"命令，将绘制完成的子图保存。

至此，电路部分绘制完成。

任务 4.4　层次电路网络表的生成

对于存在多个原理图的设计项目，如层次原理图，一般要采用生成设计项目网络表的方式产生网络表文件，这样才能保证网络表文件的完整性。

步骤 27▶ 在层次电路的母图"单片机应用电路"中，执行菜单"设计"→"设计项目的网络表"→"Protel"命令，系统自动生成一个名为"单片机应用电路.NET"的网络表，在工作面板中双击可以打开网络表文件。

至此，层次电路"单片机应用电路"设计完毕。

项目小结

本项目在项目 2 的基础上进一步介绍了原理图绘制的知识和技巧。通过单片机应用电路原理图的设计过程，详细介绍了总线的使用方法和技巧、网络标签的使用方法、阵列式粘贴的使用技巧、层次原理图的设计方法、层次电路网络表的生成方法等知识。通过本项目的学习，读者基本上能掌握常见原理图绘制的技巧和方法，为下一步 PCB 的设计打下坚实的基础。

思考与练习

1．导线和总线有何区别？它们在使用中应注意哪些事项？
2．网络标签和文本字符串有何区别？它们分别使用在哪些场合？
3．如何在母图和子图之间进行切换？
4．大型电路系统为什么要采用层次原理图的设计方法？

5．层次原理图由哪两个部分组成？层次原理图的设计主要有哪两种方法？

6．建立一个名为"MyProject_4.PrjPcb"的 PCB 项目。要求采用自上而下的层次原理图设计方法，对图 4.21 所示电路进行设计。其中母图文件命名为"单片机控制电路"，子图如图 4.22～图 4.26 所示，分别命名为"CPU 模块""键盘输入模块""输出模块""指示灯模块""电源模块"。子图设计中，不考虑封装设置，系统元器件库中没有的元器件须自行设计。

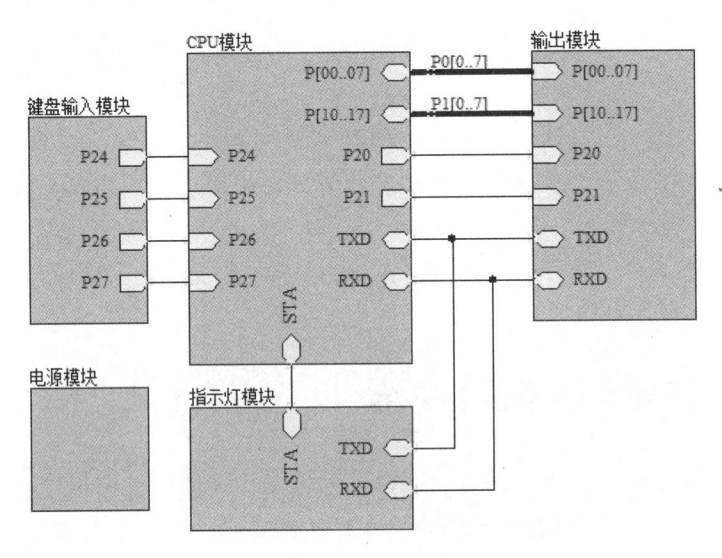

图 4.21　单片机控制电路母图

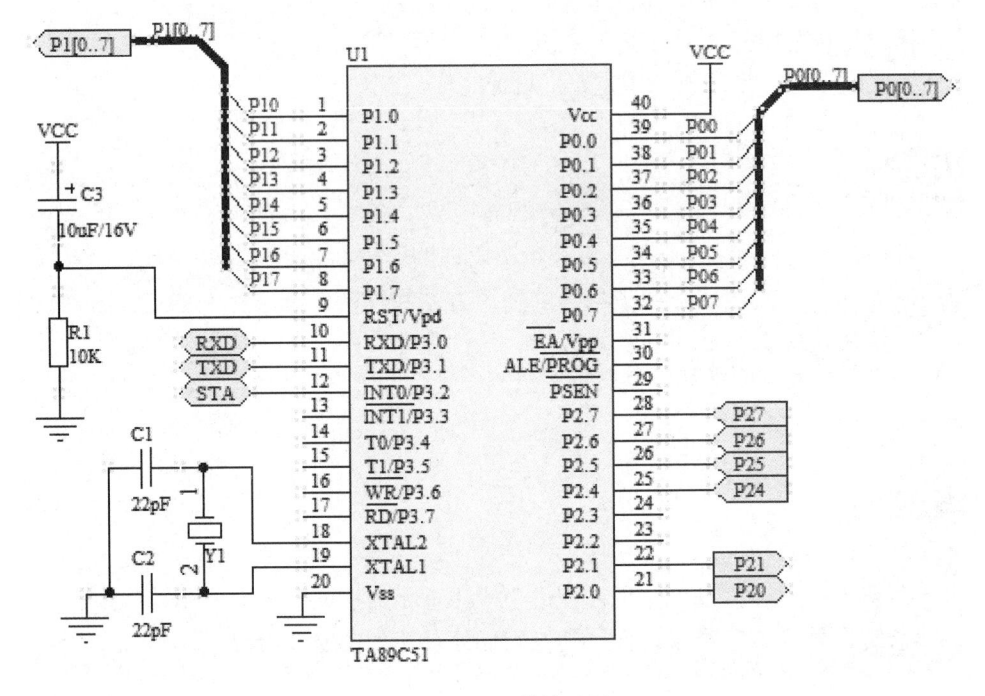

图 4.22　CPU 模块子图

项目 4　单片机应用电路原理图设计

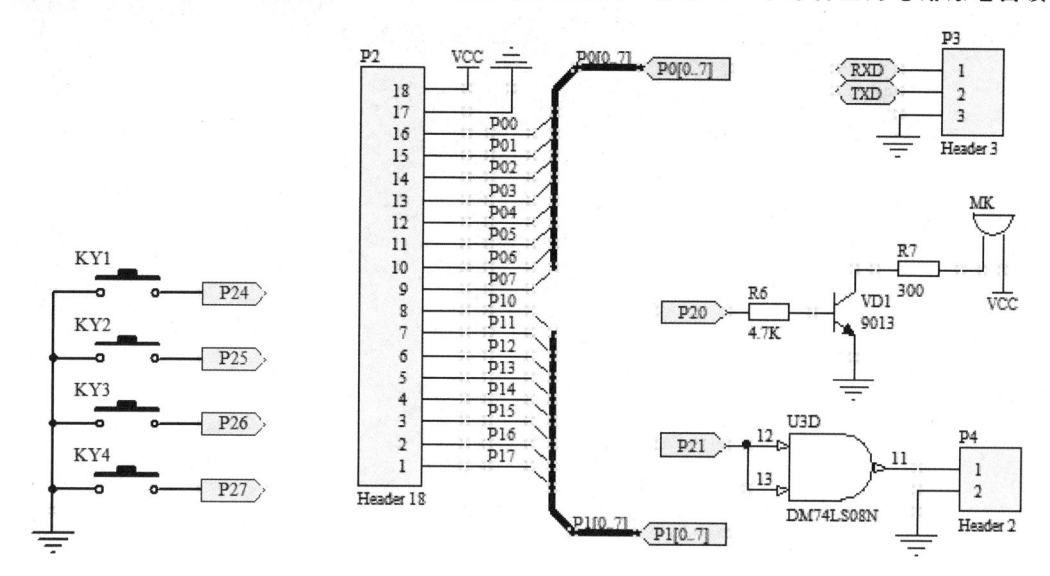

图 4.23　键盘输入模块子图

图 4.24　输出模块子图

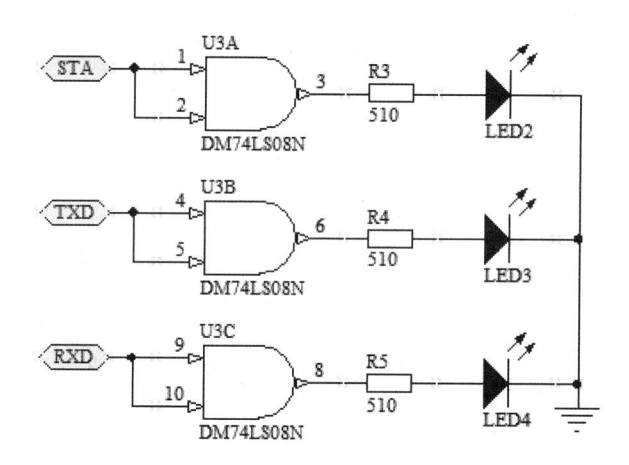

图 4.25　指示灯模块子图

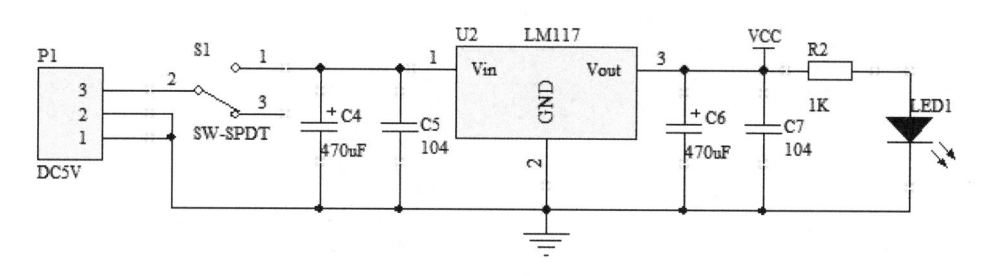

图 4.26　电源模块子图

83

项目 5

三极管放大电路 PCB 设计

项目描述

　　PCB 用一种印制的方法制成导电线路和元器件封装。它的主要功能是实现电子元器件的固定安装以及引脚之间的电气连接,从而实现电子电路的各种特定功能。制作正确、可靠、美观的 PCB 是 PCB 设计的最终目的。

　　电子电路设计包括原理图设计和 PCB 设计两大部分。前几个项目详细介绍了原理图的设计方法。从本项目开始,将介绍如何设计 PCB。通过本项目的学习,读者可以了解 PCB 的基础知识,熟悉 Protel DXP 2004 SP2 的 PCB 设计环境,为后续的 PCB 设计工作打好基础。

学习目标

- 了解 PCB 设计中的基本概念。
- 了解常见的元器件封装类型。
- 掌握 PCB 编辑器的工作环境设置方法。
- 掌握简单 PCB 设计的基本方法。

项目 5　三极管放大电路 PCB 设计

项目实施

任务 5.1　PCB 设计的基本概念

5.1.1　PCB 的种类

PCB 根据元器件导电层面的多少分为单面板、双面板和多层板 3 种。

单面板的绝缘基板只有一面有导电铜膜，而导电铜膜中含有焊盘和铜箔导线，因此该面称为焊接面，通常又称底层。单面板的绝缘基板的另一面只包含没有电气特性的元器件型号、参数和外形轮廓信息等，以便于元器件的安装、调试和维修，因此这一面称为元器件面，通常又称顶层。单面板由于只有一面覆铜，也不需要使用过孔，所以成本比较低。但有的电路非常复杂，或者 PCB 的布线密度要求比较高，单面板就不能满足要求。因此，单面板只适用于线路简单、成本低廉、功能较为简单、PCB 布线密度较低等要求不高的场合。单面板如图 5.1 所示。

图 5.1　单面板

双面板的绝缘基板的上下两面均有导电铜膜。双面板底层和单面板底层的作用相同。双面板顶层除了包含印制元器件的型号、参数和外形轮廓等信息，还与底层一样包含铜箔导线。双面板顶层和底层之间的导线采用金属化过孔进行连接。双面板有效地解决了同一层中不同导线交叉的问题，大大提高了 PCB 元器件密度和布线密度，适用于较复杂的电路。双面板如图 5.2 所示。

对于更加复杂的电路，双面板已经不能满足布线的要求和电磁屏蔽要求了。此时，一般采用多层板。多层板结构复杂，它由电气导电层和绝缘材料层交替黏合而成，成本和制作工艺要求比较高。导电层数目一般为偶数，且层与层之间的电气连接同样采用金属化过孔实现。随着集成电路技术的不断发展，元器件集成度越来越高，电路中元器件连接关系也

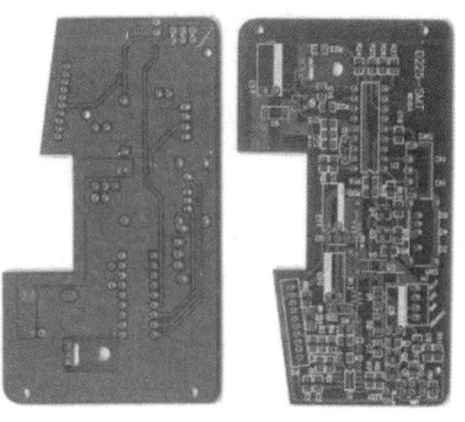

图 5.2　双面板

85

越来越复杂，多层板的应用也越来越广泛。

5.1.2 铜膜导线

铜膜导线是铜膜经过蚀刻后形成的铜箔布线，简称导线。铜膜导线是 PCB 的实际走线，用于连接元器件的各个焊盘，具有电气属性，是 PCB 的重要组成部分。铜膜导线的主要属性是导线宽度，它取决于该线路负载的大小和铜箔厚度。

5.1.3 过孔

在 PCB 设计中，过孔的主要作用就是连接不同板层之间的导线。在工艺上，过孔的孔壁圆柱面上用化学工艺镀上了一层金属，用来形成中间各层所需的连接通道。过孔的上下两面呈圆形，与焊盘相似。通常，过孔有 3 种类型，即通孔、盲孔和埋孔。通孔是指从顶层到底层的穿透式的过孔；盲孔是指从顶层连通内层或从内层连通到底层的过孔；埋孔是指内层间的深埋过孔。过孔的形状是圆形的。过孔的主要参数包括过孔尺寸和孔径尺寸。

5.1.4 焊盘

焊盘是在 PCB 上为了固定元器件引脚，并使元器件引脚与导线连通而加工的具有固定形状的铜膜。焊盘形状一般有圆形、方形和八角形 3 种。通孔式焊盘主要包含焊盘尺寸和孔径尺寸两个参数。表面贴片式焊盘通常采用方形焊盘，一般只有焊盘尺寸参数，而焊盘孔径尺寸设置为 0。

5.1.5 飞线

飞线是指在 PCB 设计中，从原理图中导入元器件封装和网络表后，在布线之前，元器件相应引脚之间出现的方便观察用的灰色连接线。飞线是系统根据原理图电路连接自动生成的，用来指引布线的一种连线。

需要注意的是，在 PCB 设计中，飞线与铜膜导线有着本质的区别。飞线只是一种形式上的连线，它仅表示各个焊点之间的连接关系，没有实际的电气连接意义；铜膜导线是根据飞线指示的焊点间的连接关系而放置的导线，具有电气连接意义。

5.1.6 元器件封装

元器件封装是指实际元器件焊接到 PCB 上时所对应的元器件引脚位置与外形轮廓的整体。不同的元器件可以使用同一个元器件封装。同类型元器件也可以有不同形式的封装。元器件封装可显示元器件在 PCB 上的布局信息，为 PCB 的装配、调试和检修提供方便，其符号在丝印层上。

元器件封装的两个要素是外形轮廓和焊盘。制作元器件封装时必须严格按照元器件的外形尺寸和焊盘间距来制作，否则装配 PCB 时有可能因焊盘间距不正确而无法安装元器件，或者因为外形尺寸不正确而使元器件之间相互干涉。

5.1.7 网格

网格（Grid）有时也叫栅格，用于 PCB 设计时的位置参考和光标的定位。网格有公制

和英制两种单位。网格有可视网格、捕获网格、元器件网格和电气网格 4 种类型。其中可视网格又包含 Visible Grid 1 和 Visible Grid 2。

5.1.8 安全间距

在进行 PCB 设计的过程中，设计人员为了避免导线、过孔、焊盘及元器件之间的相互干扰，必须在这些对象之间留出适当的距离，这个距离一般称为安全间距。安全间距可以在设计规则中进行设置。

任务 5.2 元器件封装

5.2.1 元器件封装的分类

元器件封装主要分为两大类：通孔式封装（THT）和表面贴片式封装（SMT）。它们的主要区别在焊盘上。通孔式封装是针对直插类元器件的，如图 5.3 所示。这种类型的元器件在焊接时先要将元器件引脚插入焊盘导孔中，然后焊接。表面贴片式封装的焊盘只限于顶层（Top Layer）或底层（Bottom Layer），且在焊盘属性中，其板层属性必须是单一的层面，如图 5.4 所示。

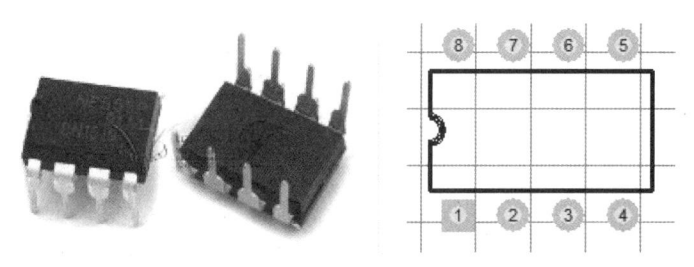

图 5.3 通孔式封装

图 5.4 表面贴片式封装

元器件封装的命名原则一般为"元器件类型+焊盘间距（或焊盘数量）+元器件外形轮廓尺寸"。通常可以通过元器件封装来判断封装的规格，在元器件封装的描述中会提供元器件的尺寸信息。

5.2.2 常用元器件封装

本任务将元器件封装分成两大类：一类为分立元器件的封装，另一类为集成电路元器件的封装。

1. 分立元器件的封装

（1）电容。

电容分为普通电容和贴片电容。普通电容又分为极性电容和无极性电容。

极性电容（如电解电容）根据电容量和耐压的不同，体积差别很大，如图 5.5 所示。极性电容封装编号为 RB*-*，如 RB5-10.5，其中数字"5"表示焊盘间距，而数字"10.5"表示极性电容的外形直径，单位是 mm。

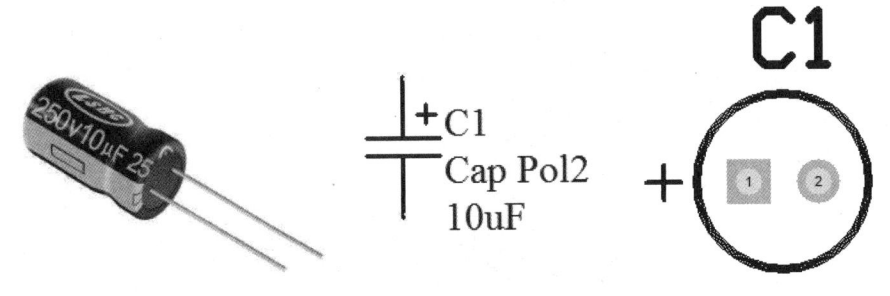

图 5.5　极性电容实物、元器件符号和封装

无极性电容根据电容量的不同，体积、外形的差别很大，如图 5.6 所示。无极性电容封装编号为 RAD-*，如 RAD-0.1，其中数字"0.1"代表焊盘间距，单位是 in[①]。

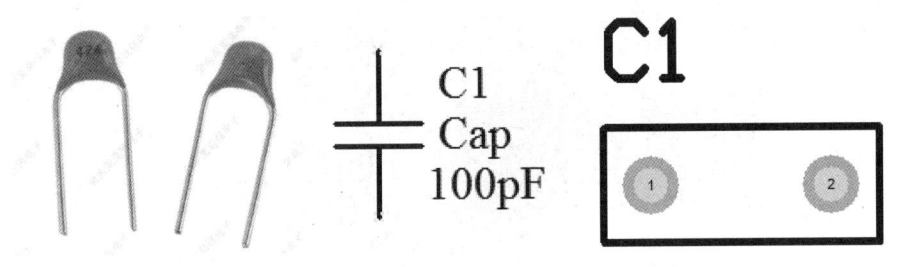

图 5.6　无极性电容实物、元器件符号和封装

贴片电容如图 5.7 所示，它的体积比传统的直插式电容小，有的只有芝麻粒般大小，并且没有引脚，两端白色的金属端直接通过锡膏与 PCB 的表面焊盘相接。贴片电容封装编号为 CC**-**，如 CC2012-0805，其中"-"后面的数字"0805"分成两部分，前面的"08"表示焊盘间距，后面的"05"表示焊盘的宽度，两者的单位都是 10 mil[②]，"-"前面的数字"2012"是与"0805"相对应的公制尺寸，单位为 mm。

图 5.7　贴片电容

---

① 1 in=0.025 4 m。

② 1 mil=0.025 4 mm。

项目 5　三极管放大电路 PCB 设计

（2）电阻。

电阻分为普通电阻和贴片电阻。

普通电阻是电路中使用最多的元器件之一，如图 5.8 所示。根据功率的不同，电阻体积差别很大，普通电阻封装编号为 AXIAL-*，如 AXIAL-0.4，其中数字"0.4"代表焊盘间距，单位为 in。

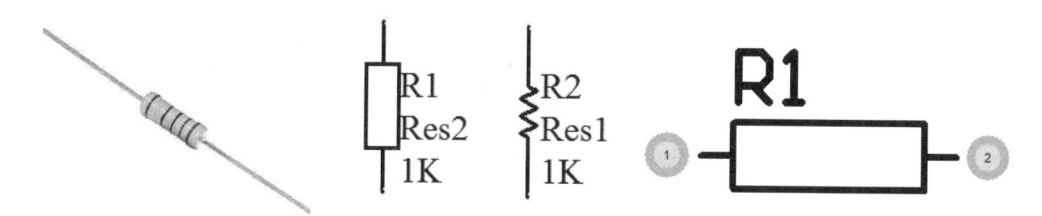

图 5.8　普通电阻实物、元器件符号和封装

贴片电阻和贴片电容在外形上非常相似，所以它们可以采用相同的封装，贴片电阻如图 5.9 所示。贴片电阻封装编号为 R*-*，如 R2012-0805，其含义和贴片电容的含义基本相同。

图 5.9　贴片电阻

（3）二极管。

二极管分为普通二极管和贴片二极管。

普通二极管根据功率的不同，体积和外形的差别很大，如图 5.10 所示。以封装编号为 DIO*-*×*为例，如 DIO7.1-3.9×1.9，其中数字"7.1"表示焊盘间距，而数字"3.9×1.9"表示二极管的外形，单位是 mm。注意，二极管是有极性元器件，封装中粗黑线代表负端，和实物二极管外壳上表示负端的白色或银色色环相对应。贴片二极管也可使用贴片电容的封装。

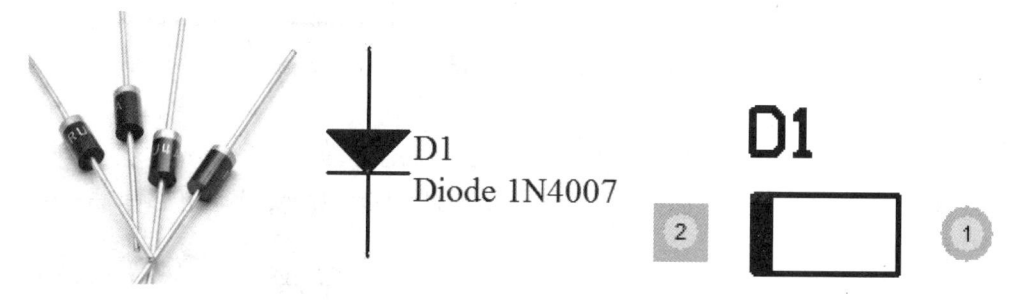

图 5.10　普通二极管实物、元器件符号和封装

89

（4）三极管。

三极管分普通三极管和贴片三极管。

普通三极管根据功率的不同，体积和外形的差别较大，如图 5.11 所示，以封装编号"BCY-W */E*"为例，如"BCY-W3/E4"。

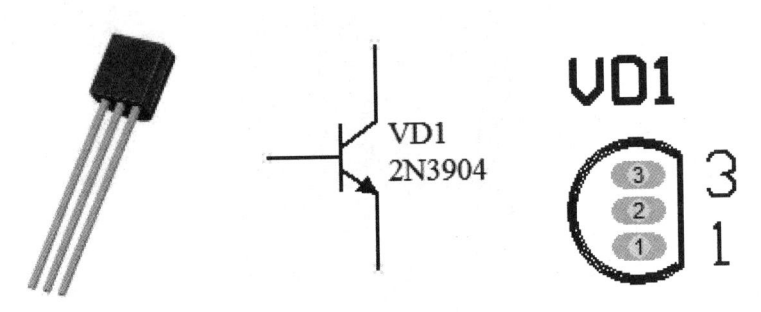

图 5.11 普通三极管实物、元器件符号和封装

贴片三极管如图 5.12 所示，以封装编号"SO-G*/C*"为例，如"SO-G3/C2.5"。

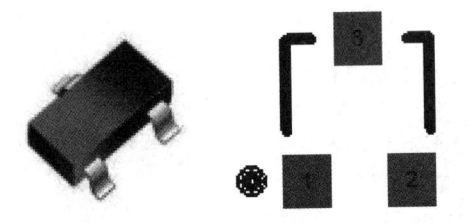

图 5.12 贴片三极管

（5）电位器。

电位器即可调电阻，在电阻参数需要调节的电器中广泛采用，根据材料和精度的不同，体积、外形的差别很大，如图 5.13 所示。常用的封装为 VR 系列，如 VR2～VR5，这里后缀的数字只表示外形的不同，没有实际尺寸的含义，其中 VR5 一般为精密电位器封装。

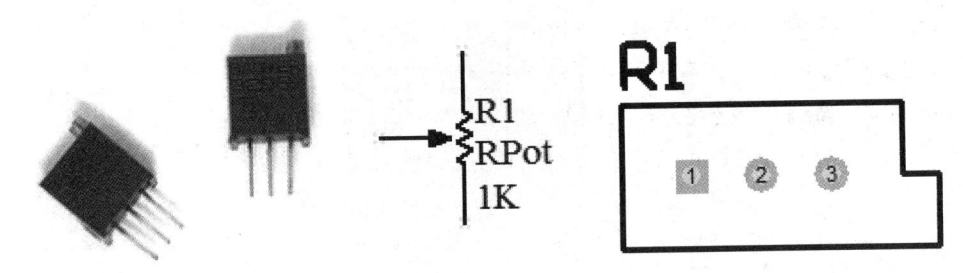

图 5.13 电位器实物、元器件符号和封装

（6）单排直插元器件。

单排直插元器件用于不同的电路板之间电信号连接的单排插座、单排集成块等，如图 5.14 所示。一般在原理图库中单排插座的常用名称为"Header"系列，其常用的封装一般采用"HDR"系列。

其他分立封装元器件大部分在"Miscellaneous Devices.IntLib"库中，这里不再具体说明，但必须熟悉各个元器件的命名规则，这样在调用时就一目了然了。

项目 5　三极管放大电路 PCB 设计

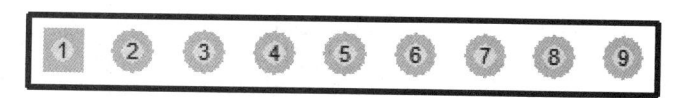

图 5.14　单排直插元器件

2. 集成电路元器件的封装

（1）DIP 封装。

DIP（Dual In-line Package）封装，即双列直插式封装，如图 5.15 所示。这种封装的外形呈长方形，引脚从封装两侧引出，引脚数量少，一般不超过 100 个，绝大多数中小规模集成电路芯片（IC）均采用这种封装形式。DIP 封装编号为"DIP*"，如"DIP14"，其后缀数字表示引脚数目。

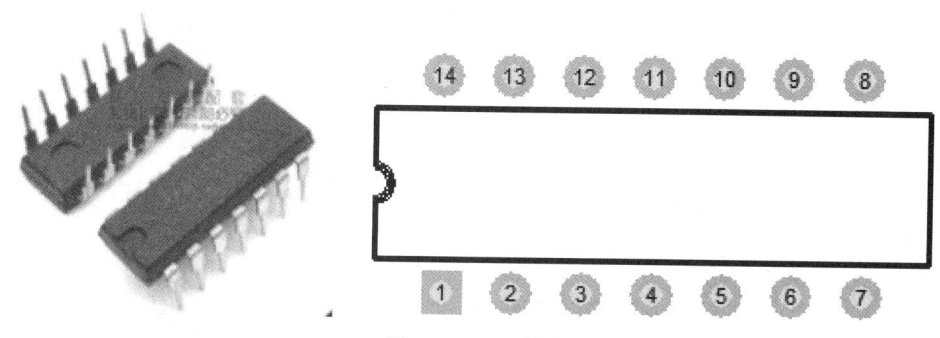

图 5.15　DIP 封装

（2）PLCC 封装。

PLCC（Plastic Leaded Chip Carrier）封装，即塑料有引线芯片载体封装，如图 5.16 所示，引脚从封装的 4 个侧面引出，引脚向芯片底部弯曲，呈 J 字形。J 字形引脚不易变形，但焊接后的外观检查较为困难。

图 5.16　PLCC 封装

（3）SOP 封装。

SOP（Small Outline Package）封装，即小外形封装，如图 5.17 所示，引脚从封装两侧引出，呈海鸥翼状（L 字形），它是最普及的表面贴片封装。

91

图 5.17　SOP 封装

（4）PQFP 封装。

PQFP（Plastic Quad Flat Package）封装，即塑料方形扁平式封装，如图 5.18 所示。该封装的 4 边都有引脚，引脚向外张开。该封装在大规模或超大规模集成电路封装中经常被采用，因为它四周都有引脚，所以引脚数目较多，而且引脚距离很短。

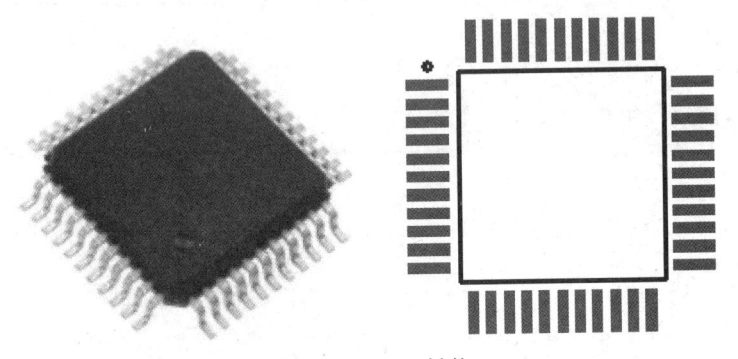

图 5.18　PQFP 封装

（5）BGA 封装。

BGA（Ball Grid Array）封装，即球状栅格阵列封装，如图 5.19 所示。该封装表面无引脚，其引脚以球状矩阵式排列于元器件底部。该封装引脚多，集成度高。

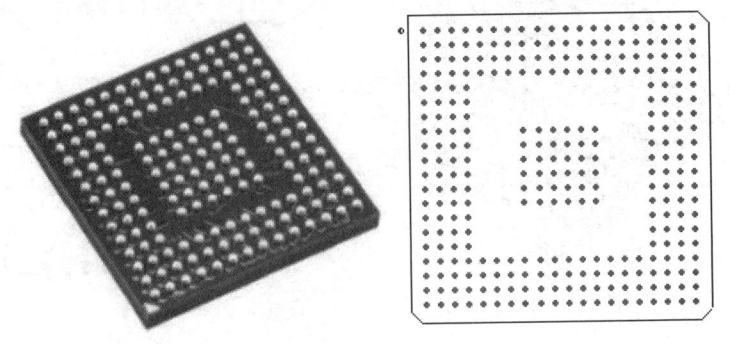

图 5.19　BGA 封装

（6）PGA 封装。

PGA（Pin Grid Array）封装，即引脚网格阵列封装，如图 5.20 所示。该封装结构和

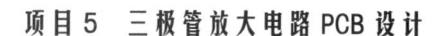

BGA 封装很相似，不同的是其引脚引出元器件底部并阵列式排列，它是目前 CPU 的主要封装形式。

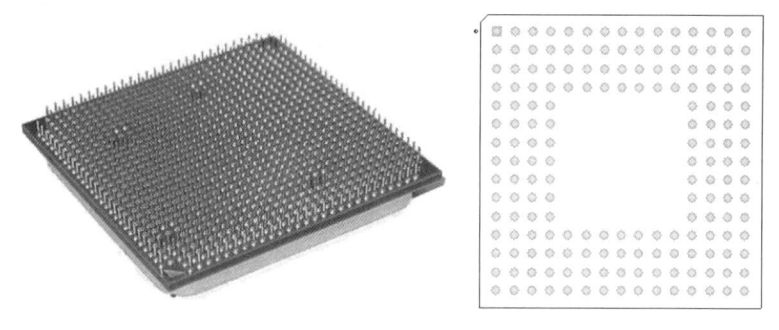

图 5.20 PGA 封装

任务 5.3 PCB 编辑器

5.3.1 启动 PCB 编辑器

步骤 1▶启动 Protel DXP 2004 SP2，执行菜单"文件"→"创建"→"项目"→"PCB 项目"命令，建立新的 PCB 项目文件，执行菜单"文件"→"创建"→"PCB 文件"命令，系统自动生成一个 PCB 文件，默认文件名为"PCB1.PcbDoc"，并进入 PCB 编辑器，如图 5.21 所示。执行菜单 "文件"→"保存"命令，将文件命名为"三极管放大电路.PcbDoc"，选择合适的路径保存。

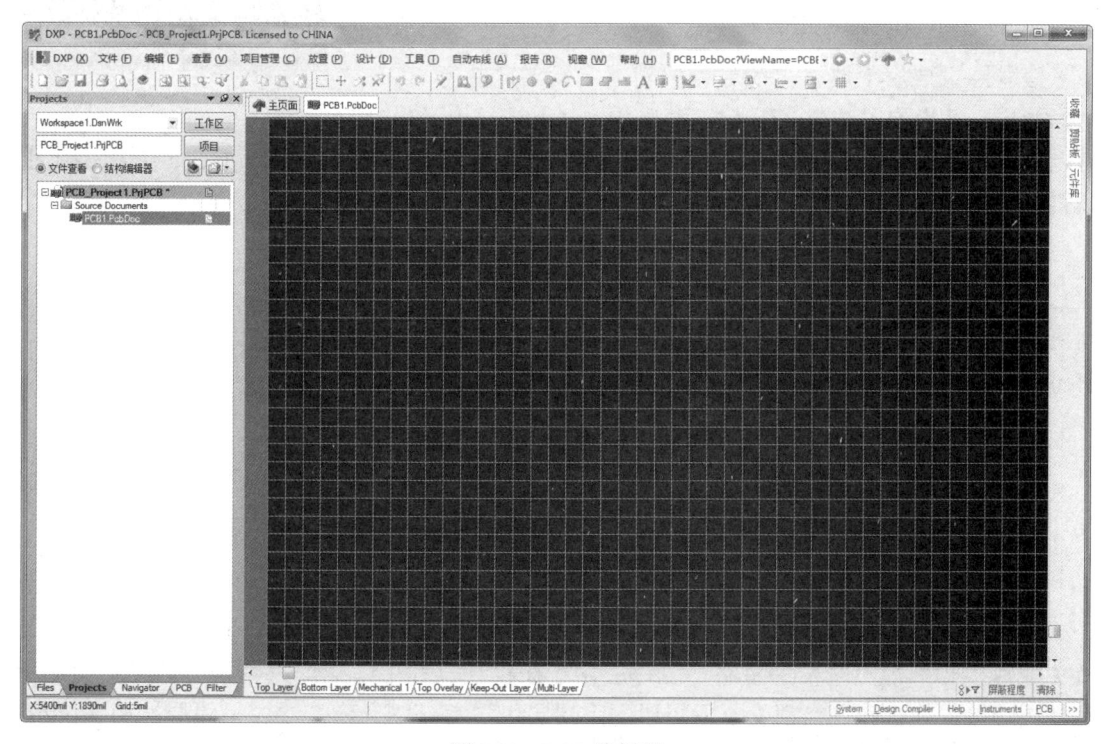

图 5.21 PCB 编辑器

1. 主菜单

Protel DXP 2004 SP2 的主菜单包含 12 个菜单，包含了与 PCB 设计有关的所有操作命令，与原理图编辑器的主菜单基本相似，操作方法也类似。

2. 工具栏

PCB 编辑器的工具栏主要有 PCB 标准工具栏、配线工具栏、实用工具栏、过滤器工具栏和导航工具栏。

通选择菜单"查看"→"工具栏"中的各项命令，可以设置打开或关闭相应的工具栏。

实用工具栏包括实用工具、调准工具、查找选择、放置尺寸、放置 Room 空间及网格等，其中实用工具主要用于绘制直线、圆弧等各种非电气对象。

3. "PCB"面板

PCB 编辑器左侧有一些方便管理的面板，在下方选中"PCB"标签，"PCB"面板如图 5.22 所示。在"PCB"面板中可以看到已绘制的电路板上所有对象的信息，还可以对元器件、网络等对象的属性进行编辑。新建的 PCB 文件还没有绘制 PCB 电路，因此看不到这些信息。

5.3.2 PCB 的工作层

在 Protel DXP 2004 SP2 的 PCB 设计中，系统提供了以下多个工作层。

1. Signal Layers（信号层）

信号层主要用于放置与信号有关的电气元素，共有 32 个信号层。其中顶层（Top Layer）和底层（Bottom Layer）

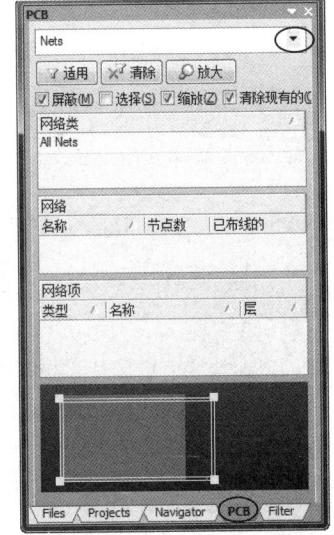

图 5.22 "PCB"面板

可以放置元器件和印制导线，其余 30 个中间信号层（Mid Layer1～Mid Layer 30）只能用于放置印制导线。系统为每个信号层都设置了不同的颜色以便区别。

2. Internal Plane Layers（内部电源/接地层）

系统提供了 16 个内部电源/接地层（Plane1～Plane16）。该层主要用于布置电源线和接地线，专门用于系统供电。该层仅用于多层板，信号层与电源或地线通过过孔实现连接，可以大幅缩短供电线路的长度，降低电源阻抗。

3. Mechanical Layers（机械层）

系统提供了 16 个机械层（Mech1～Mech16），它一般用于设置电路板的外形尺寸、数据标记、对齐标记、装配说明以及其他机械信息。机械层可以附加在其他层上一起输出显示。

4. Solder Mask Layers（阻焊层）

阻焊层是在焊盘以外的各部位涂覆的一层涂料，如防焊漆。它用于防止焊锡的粘连，避免在焊接相邻焊点时发生短路。阻焊层用于在设计过程中匹配焊盘，是自动产生的，所有需要焊接的焊盘和铜箔都需要阻焊层。阻焊层包含 Top Solder（顶层阻焊层）和 Bottom Solder（底层阻焊层）。

5. Silkscreen Layers（丝印层）

丝印层也称丝网层，主要用于放置印制信息，如元器件的轮廓、标注、注释字符等信息。系统提供了 Top Overlay（顶层丝印层）和 Bottom Overlay（底层丝印层）两个丝印层。系统默认底层丝印层为关闭状态。

6. Keep-out Layer（禁止布线层）

该层用于定义在电路板上能够有效放置元器件和布线的区域。在该层绘制一个封闭区域作为有效布线区，该区域外是不能自动布局和布线的。

7. Multi Layer（多层）

该层用于放置 PCB 上所有的通孔式焊盘和过孔。电路板上通孔式焊盘和过孔要穿透整个电路板，与不同的层建立电气连接关系，因此系统专门设置了一个抽象的层——多层。一般来说，通孔式焊盘与过孔都要设置在多层上，如果关闭多层，通孔式焊盘与过孔就无法显示出来。

8. Paste Mask Layers（锡膏防护层）

该层主要用于 SMD 元器件的安装，又称 SMD 贴片层。它和阻焊层的作用相似。系统提供了 Top Paste（顶层）和 Bottom Paste（底层）两个锡膏防护层。

如果全部放置的是 DIP（通孔）元器件，这一层就不用输出 Gerber 文件了。在将 SMD 元器件贴在 PCB 上之前，必须在每个 SMD 焊盘上先涂上锡膏，涂锡膏用的钢网需要 Paste Mask 文件，这样菲林胶片才可以加工出来。

9. Drill Layers（钻孔层）

钻孔层提供 PCB 制造过程中的钻孔信息（如焊盘和过孔）。系统提供了 Drill Guide（钻孔指示图）和 Drill Drawing（钻孔图）两个钻孔层。钻孔指示图主要用来绘制钻孔导引层，钻孔图主要用来绘制钻孔涂层。

10. Connection and Form Tos（网络飞线层）

网络飞线层是具有电气连接的两个实体之间的预拉线，表示两个实体是需要相互连接的。网络飞线不是真正的连接导线，印制导线连接完成后飞线自动消失。

5.3.3 PCB 设计的相关设置

1. 单位制和网格的设置

（1）设置单位制。

Protel DXP 2004 SP2 有英制单位和公制单位。其中英制单位名称为 Imperial，单位为 mil，公制单位的名称为 Metric，单位为 mm。

步骤 2▶执行菜单"查看"→"切换单位"命令，即可实现英制单位和公制单位的切换。

（2）设置网格。

步骤 3▶执行菜单"设计"→"PCB 选择项"命令，系统弹出如图 5.23 所示的"PCB 选择项"对话框。在该对话框中可以进行"测量单位""捕获网格""元件网络""电气网格""可视网格"等设置。

①"测量单位"设置。在单位的切换方式中，除了采用"查看"→"切换单位"命令进行切

换，也可以在"PCB 选择项"对话框中的"单位"下拉列表框中选择所需的单位制。

② "捕获网格"设置。"X""Y"分别设置光标在 X 方向和 Y 方向上的最小位移量。

③ "元件网格"设置。"X""Y"分别设置元器件封装在 X 方向和 Y 方向上的最小位移量。

④ "电气网格"设置。电气网格是指在布线或放置元器件、焊盘、字符等操作时，移动光标，光标自动搜寻四周能与之相连的图件的范围量。设置电气网格之前，必须要选中"电气网格"复选框才能进行设置。

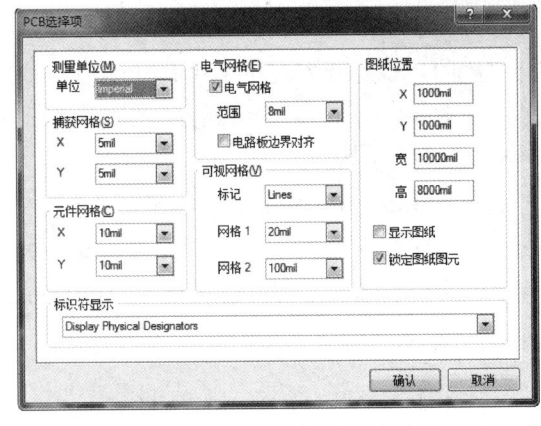

图 5.23 "PCB 选择项"对话框

⑤ "可视网格"设置。"标记"用于设置网格的样式，选择"Dots"选项，网格显示为点状，选择"Lines"选项，网格显示为线状。一般系统默认选择"Lines"。可视网格有两种尺寸，其中"网格 1"设置的网格尺寸比较小，只有工作区放大到一定程度时才会显示，"网格 2"设置的尺寸比较大，系统默认显示网格 2 的网格线，进入 PCB 编辑器时看到的网格线就是网格 2 的网格线。

2. 工作层的设置与选择

（1）工作层的设置。

步骤 4▶ 执行菜单"设计"→"PCB 层次颜色"命令，弹出"板层和颜色"对话框，如图 5.24 所示。若要关闭相应的工作层，可以取消选择该层后面的"表示"复选框。双击工作层后面的"颜色"栏，可以修改该层的颜色。一般不建议修改工作层的颜色，避免 PCB 检查时不容易发现错误。对话框右下方有"默认颜色设定"和"类颜色设定"两个按钮，前者设定系统使用默认颜色，后者设定系统使用典型工作颜色，一般使用"类颜色设定"。在设置颜色时，想修改成原来的颜色，可以单击"类颜色设定"按钮，即可恢复典型工作颜色。

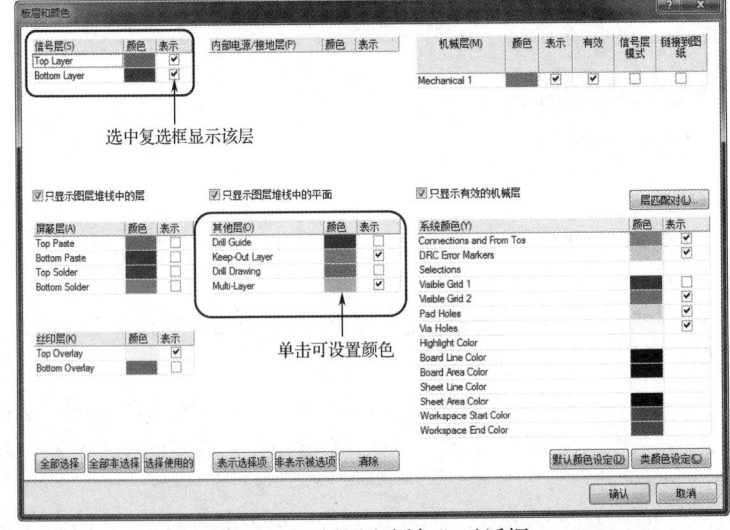

图 5.24 "板层和颜色"对话框

步骤 5▶ 显示网格 1 的网格线。在"板层和颜色"对话框的"系统颜色"栏中,选中"Visible Grid 1"后面的复选框即可。

"系统颜色"的含义见表 5.1。

表 5.1 "系统颜色"的含义

名 称	含 义	名 称	含 义
Connections and From Tos	飞线颜色	Highlight Color	高亮显示颜色
DRC Error Markers	DRC 错误标志颜色	Board Line Color	PCB 线条颜色
Selections	PCB 的选中对象颜色	Board Area Color	PCB 区域颜色
Visible Grid1	可视网格 1 颜色	Sheet Line Color	PCB 图纸线条颜色
Visible Grid2	可视网格 2 颜色	Sheet Area Color	PCB 图纸区域颜色
Pad Holes	焊盘中心孔颜色	Workspace Start Color	工作区顶部开始颜色
Via Holes	过孔中心孔颜色	Workspace End Color	工作区底部结束颜色

在 Protel DXP 2004 SP2 中,系统默认显示的工作层为"Top Layer"和"Bottom Layer",机械层仅显示 Mechanical 1,其他机械层、信号层和内部电源/接地层都默认处于关闭状态。若要增加这些工作层,可以执行菜单"设计"→"层堆栈管理器"命令进行设置,此处不做详细叙述。

一般情况下,设计单面板时应打开底层、顶层丝印层、禁止布线层、多层和机械层 1 等;设计双面板时应打开顶层、底层、顶层丝印层、底层丝印层、禁止布线层、机械层 1 和多层等。

(2)当前工作层的选择。

在 PCB 编辑器中进行各种操作时,必须先选择相应的工作层,才能正确地进行操作。设置当前工作层可以单击工作区下方的工作层标签,如图 5.25 所示,图中当前工作层为 Keep-Out Layer(禁止布线层)。

当前工作层的切换也可以使用快捷键实现。按小键盘上的"+"键和"-"键可以在所有打开的工作层间循环切换;按小键盘上的"*"键,可以在所有打开的信号层间切换。

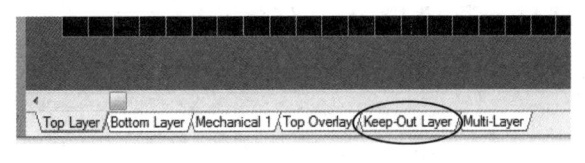

图 5.25 当前工作层的选择

3. 自动滚屏的关闭

有时在进行元器件封装放置或线路连接时,窗口的内容会随光标快速滚动,有些用户在操作时不习惯。出现这种屏幕自动滚动的原因是系统默认设置为自动滚屏。想要消除这种现象,可以关闭自动滚屏。

步骤 6▶ 执行菜单"工具"→"优先设定"命令,弹出如图 5.26 所示的"优先设定"对话框,在"屏幕自动移动选项"选项区的"风格"下拉列表框中选中"Disable"选项,即可关闭自动滚屏功能。

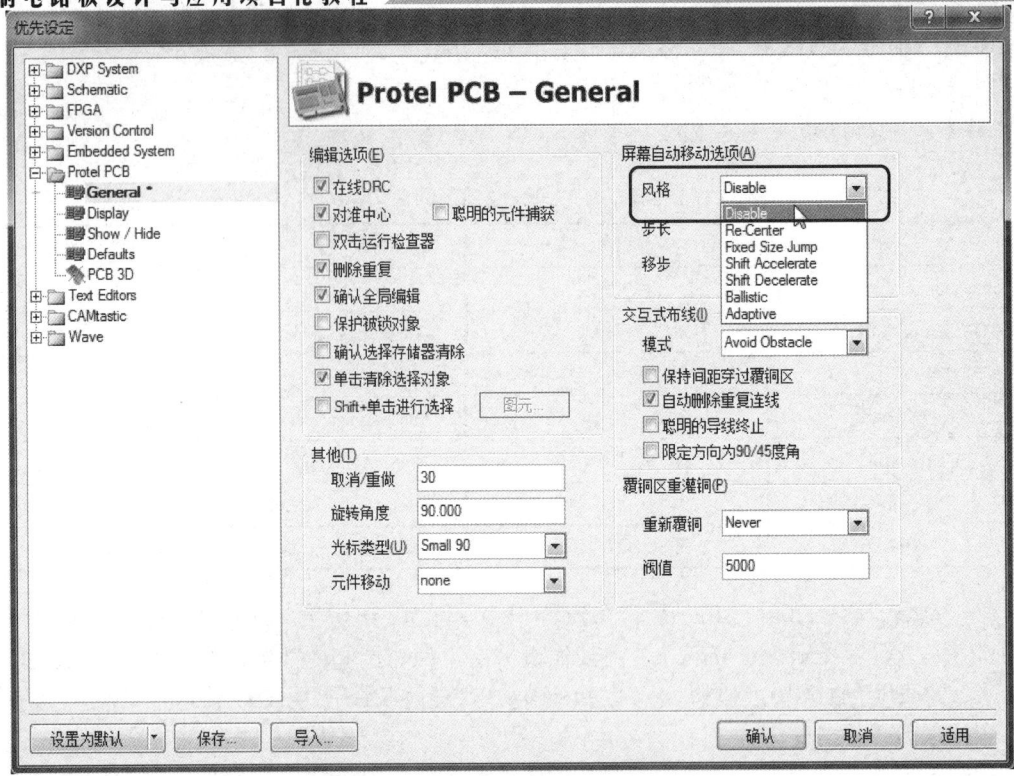

图 5.26 "优先设定"对话框

4. 图件旋转角度的设置

在 PCB 设计时，有时 PCB 的尺寸很小或者 PCB 为不规则形状，元器件排列无法做到横平竖直，需要放置特殊的角度来满足 PCB 布局的要求。系统默认的图件旋转角度为 90°，此时需要重新设置图件的旋转角度。

图件旋转角度的设置在图 5.26 所示对话框的"其他"选项区，修改"旋转角度"项，单击"确认"按钮，此时图件的旋转角度即设定值。

任务 5.4 三极管放大电路 PCB 设计

在某些简单电路的 PCB 设计中，由于电路结构简单，元器件数量较少，用户可以根据原理图的电路连接，直接在 PCB 工作区手工放置元器件封装、焊盘等，并进行线路连接操作。

下面以图 5.27 为例，采用手工放置封装的方式介绍三极管放大电路 PCB 的设计过程。

在图 5.27 中，共有 3 种类型的元器件，其中电阻的封装选用 AXIAL-0.4，电解电容的封装选用 CAPPR2-5×6.8，三极管的封装选用 BCY-W3/E4，三种封装均在 Miscellaneous Device.IntLib 库中。

5.4.1 PCB 尺寸规划

在进行 PCB 设计前，首先需要对 PCB 的外观形状和尺寸进行规划。规划 PCB 的形状和尺寸实际上就是定义 PCB 的机械轮廓和电气轮廓。

一般来说，机械轮廓用来限制 PCB 的形状、实际尺寸以及安装孔位置等；而电气轮廓用来限制放置元器件封装和布线位置的范围。根据两者的定义不难看出，PCB 的电气轮廓一般要小于或等于机械轮廓。

PCB 的机械轮廓一般定义在"Mechanical 1"（机械 1 层），主要定义物理外形和尺寸。PCB 的电气轮廓定义在"Keep-Out Layer"（禁止布线层），主要定义放置元器件封装和布线位置的范围，电气轮廓是一个封闭的区域。

一般的 PCB 设计仅规划 PCB 的电气轮廓即可。

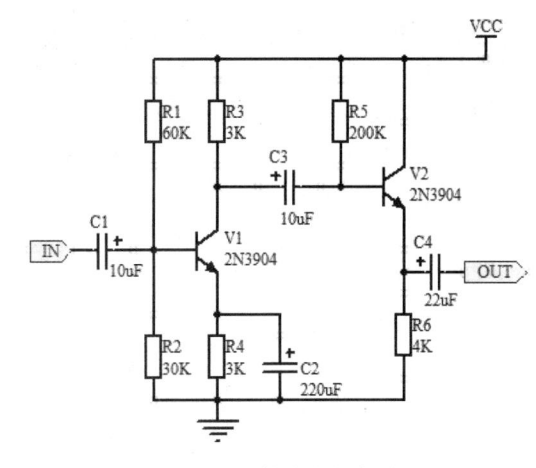

图 5.27 三极管放大电路原理图

步骤 7▶ 打开任务 5.3 中保存的"三极管放大电路.PcbDoc"，执行菜单"设计"→"PCB 选择项"命令，在弹出的"PCB 选择项"对话框中，设置"捕获网格"的"X""Y"和"元件网格"的"X""Y"均为 0.5 mm，"可视网格"的"网格 1"和"网格 2"分别为 1 mm 和 10 mm，单位制为公制单位，其余采用默认值。

步骤 8▶ 执行菜单"设计"→"PCB 层次颜色"命令，选中"Visible Grid1"后的复选框，设置显示网格 1。

步骤 9▶ 执行菜单"工具"→"优先设定"命令，系统弹出"优先设定"对话框，在左侧选中"Protel PCB"→"Display"选项，如图 5.28 所示。选中右侧的"原点标记"复选框，显示坐标原点。

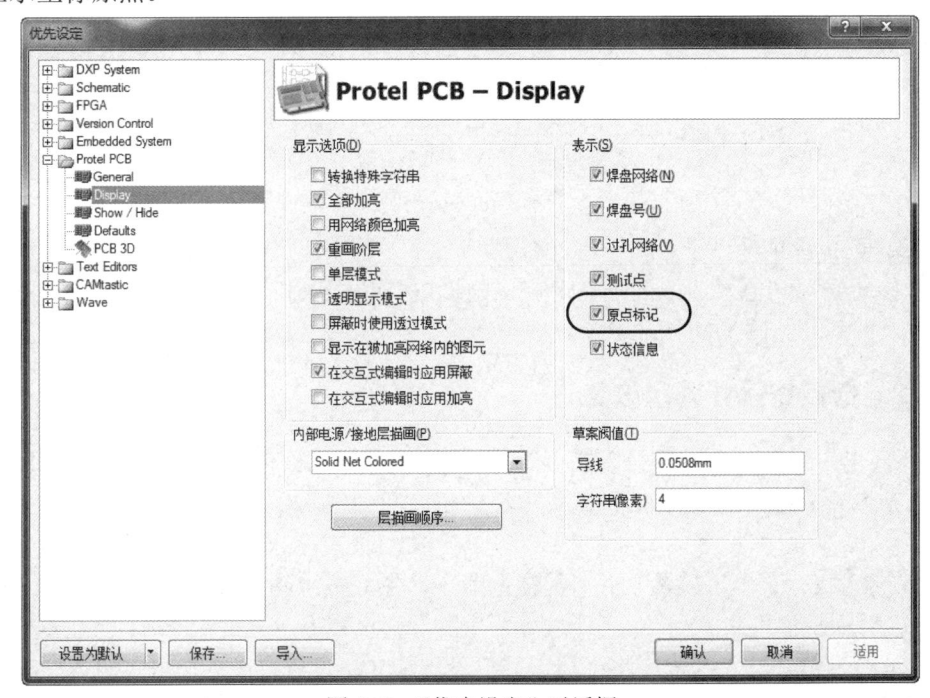

图 5.28 "优先设定"对话框

步骤 10▶执行菜单"编辑"→"原点"→"设定"命令,光标变成十字形,单击 PCB 编辑区左下角某处,定义相对坐标原点,设定后,沿原点往右为+X 轴,往上为+Y 轴。设定好原点的 PCB 编辑区如图 5.29 所示。

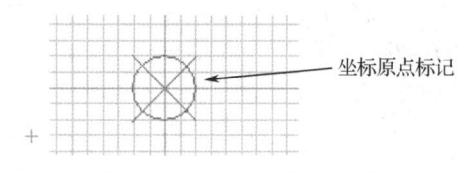

图 5.29 设定好原点的 PCB 编辑区

步骤 11▶单击工作区下方的 Keep-Out Layer 标签,将当前工作层设置为 Keep-Out Layer(禁止布线层)。

步骤 12▶执行菜单"放置"→"直线"命令,进行电气边框的绘制。将光标移至坐标原点(0,0)处,单击确定直线起点,然后将光标移至坐标(60,0)处,单击确定电气边框的第一条边;用相同的方法,分别将光标移至(60,45)和(0,45)处单击,绘制第二条和第三条电气边框;最后将光标移至坐标(0,0)处单击,再右击两次,退出电气边框的绘制状态。至此 55 mm×40 mm 的闭合电气边框绘制完毕,如图 5.30 所示。后面元器件封装的布局和 PCB 布线都要在此边框内部进行。

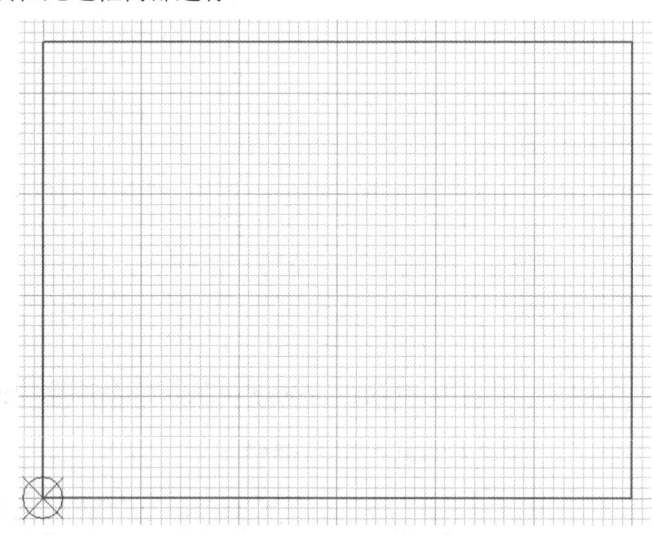

图 5.30 电气边框

步骤 13▶执行菜单"设计"→"PCB 形状"→"重新定义 PCB 形状"命令,出现十字形光标,移动光标到电气边框的顶点单击,根据电气边框重新定义与电气边框相同的 PCB 形状。

5.4.2 放置螺钉孔等定位孔

在 PCB 中,经常需要用螺钉来固定 PCB 和散热片,或者制作定位孔。这些螺钉孔与焊盘和过孔不同,一般不需要导电。在实际设计中,可以利用放置焊盘或过孔的方法来制作螺钉孔。

步骤 14▶执行菜单"放置"→"焊盘"命令,然后按 Tab 键,弹出"焊盘"对话框,如图 5.31 所示。将"X-尺寸""Y-尺寸""孔径"都设置为 3 mm,"形状"选择"Round"(圆形),清除"镀金"复选框,将"标识符"设置为 0,设置完成后单击"确认"按钮,完成参数设置。

项目 5　三极管放大电路 PCB 设计

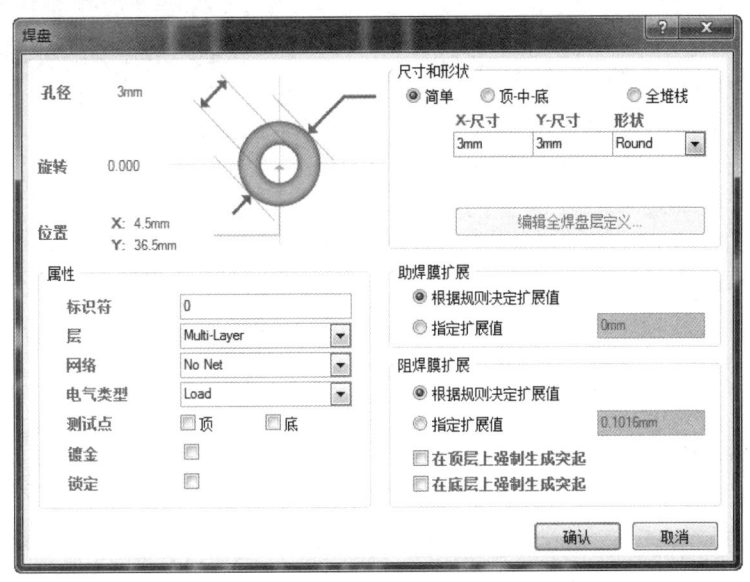

图 5.31　"焊盘"对话框

步骤 15▶移动光标到合适位置，单击放置 4 个焊盘。放置好焊盘后右击，退出焊盘放置状态。放置好焊盘的 PCB 如图 5.32 所示。

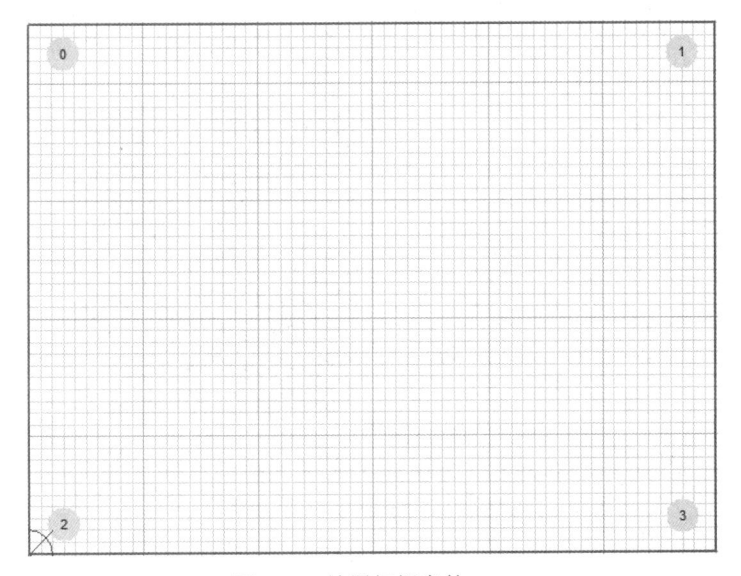

图 5.32　放置好焊盘的 PCB

在进行 PCB 设计前，首先需要知道使用的元器件封装在哪一个元器件库中，有些特殊的元器件封装可能系统的元器件库中没有提供，用户必须使用系统提供的原理图库编辑器自行设计元器件封装，并将相应的元器件库加载，这样才能调用。

5.4.3　放置元器件封装

放置元器件封装的方法有两种，一种是通过菜单操作进行元器件封装的放置，另一种是从元器件库中直接放置。本例采用第一种方法放置元器件封装。

101

步骤 16▶执行菜单"放置"→"元件"命令或单击配线工具栏上的 按钮，弹出"放置元件"对话框，如图 5.33 所示。

本例一共使用三种类型的封装，其中电阻的封装选用 AXIAL-0.4，电解电容的封装选用 CAPPR2-5×6.8，三极管的封装选用 BCY-W3/E4。如果用户能记住封装名称，可以在"封装"文本框中直接输入封装名称，单击"确认"按钮即可放置该封装。若用户不能记住封装名称，则可通过以下步骤进行操作。

步骤 17▶单击"放置元件"对话框中"封装"文本框后的 按钮，弹出"库浏览"对话框，如图 5.34 所示。默认显示的元器件库为"Miscellaneous Devices.PcbLib"，常用的元器件封装都可以在里面找到。若所需要的封装不在这个元器件库里面，则单击 按钮，在弹出的对话框中加载所需元器件库后，再进行操作。本例中电阻选用的是 AXIAL-0.4，选中该封装后，单击"确认"按钮，回到图 5.33 所示的对话框，将"标识符"修改为 R1，单击"确认"按钮，放置电阻封装 AXIAL-0.4。

图 5.33 "放置元件"对话框

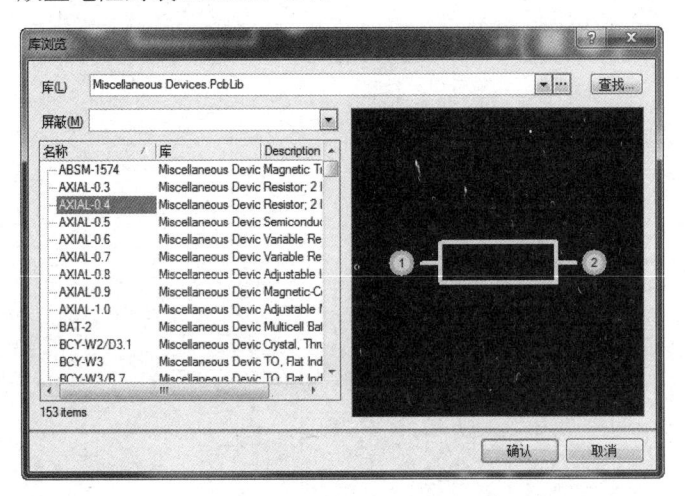

图 5.34 "库浏览"对话框

步骤 18▶用相同的方法再分别放置 5 个电阻封装 AXIAL-0.4、3 个电解电容封装 CAPPR2-5×6.8 和 2 个三极管封装 BCY-W3/E4，放置完成后的 PCB 如图 5.35 所示。

5.4.4 修改元器件封装属性

步骤 19▶双击 PCB 中元器件封装，弹出图 5.36 所示的"元件 R1"对话框，在对话框中可以对封装进行设置。

"元件属性"选项区的"层"下拉列表框用于设置元器件封装放置的工作层。一般情况下，单面板设置为顶层（Top Layer），双面板或多层板大多数情况下也放置在顶层（Top Layer），根据设计需要有时候也可以放置在底层（Bottom Layer）。

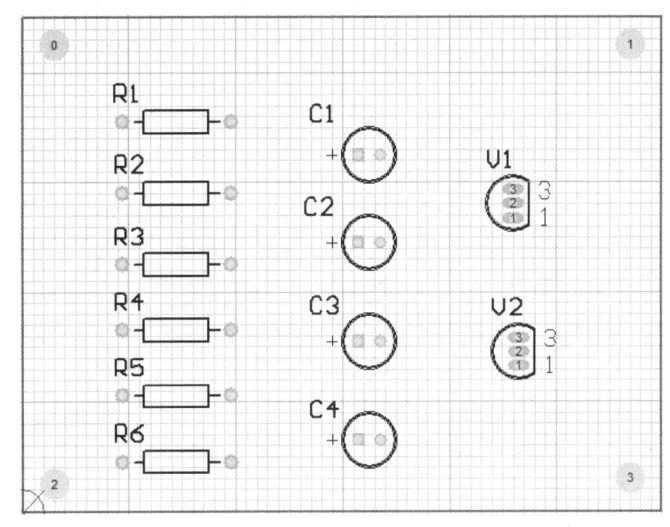

图 5.35 放置完成后的 PCB

"标识符"选项区的"文本"文本框用于设置封装的标识符，在同一个 PCB 文件中，该标识符是唯一的，系统默认"隐藏"复选框为未选中状态，即标识符为可视状态。

"注释"选项区的"文本"文本框用来设置元器件的标称值或型号，系统默认"隐藏"复选框为选中状态。但是为了方便 PCB 装配时容易识别元器件，一般设置为可视状态，即清除"隐藏"复选框。

图 5.36 "元件 R1"对话框

步骤 20▶ 根据图 5.27 所示电路参数，对图 5.35 中的每个封装都进行设置。设置后的标识符和注释重叠在一起，可以对标识符或注释进行适当的移动与调整。设置参数后的 PCB 如图 5.37 所示。

103

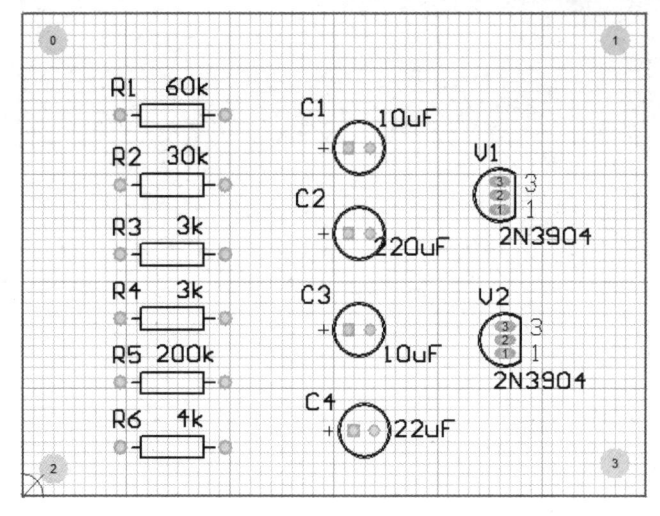

图 5.37　设置参数后的 PCB

5.4.5　元器件封装手工布局

元器件封装的手工布局有多种方法，其中最简便的方法就是拖动封装，移动到合适的位置后松开鼠标即可。

本例中的元器件封装的移动将采用菜单命令来完成。

步骤 21▶执行菜单"编辑"→"移动"→"元件"命令，光标呈十字形，将光标移动至需要移动的元器件封装上，单击该封装，封装将随光标一起移动，将光标移动到合适的位置上，单击放置封装。

当 PCB 上的元器件封装数量比较多时，想要移动的元器件不容易找到，可以用以下方法进行查找，具体步骤如下。

步骤 22▶执行菜单"编辑"→"移动"→"元件"命令，光标呈十字形，移动光标在 PCB 的空白处单击，弹出"选择元件"对话框，如图 5.38 所示。对话框将显示 PCB 上的全部元器件封装清单，在其中选中需要移动的封装后单击"确认"按钮，再进行移动。

图 5.38　"选择元件"对话框

手动调整布局后的 PCB 如图 5.39 所示。

放置和布局元器件封装后，由于封装的标识符和注释的位置比较杂乱，电路的可读性较差，影响后期的 PCB 的安装和电路检修，所以还需要对元器件封装的标注进行调整。

封装的标注文字一般要求排列整齐，文字方向尽量保持一致。封装的标注文字不能与封装、焊盘或过孔重叠。元器件封装标注的调整方法与封装的调整方法一致，可以采用移动和选择的方式进行，修改标注尺寸可以直接双击该标注文字，在弹出的对话框中修改"高"和"宽"的值。

步骤 23▶采用移动和旋转的方法对元器件封装标注进行调整，调整后的 PCB 如图 5.40 所示。

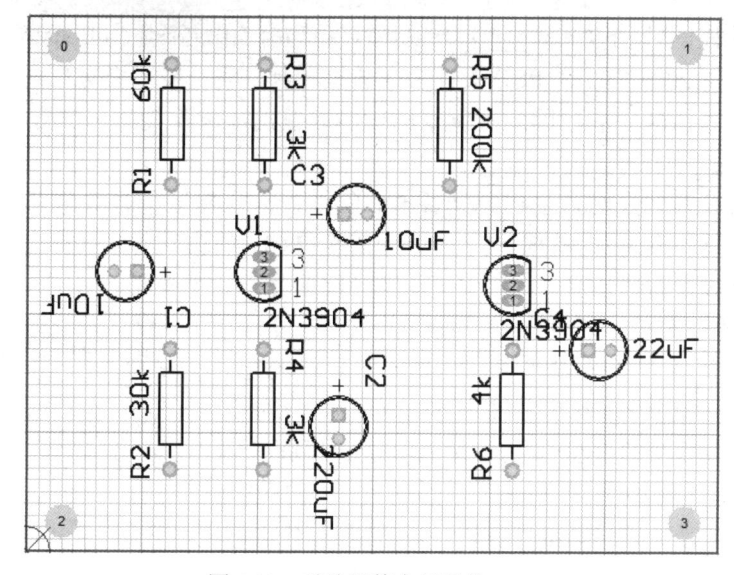

图 5.39 手动调整布局后的 PCB

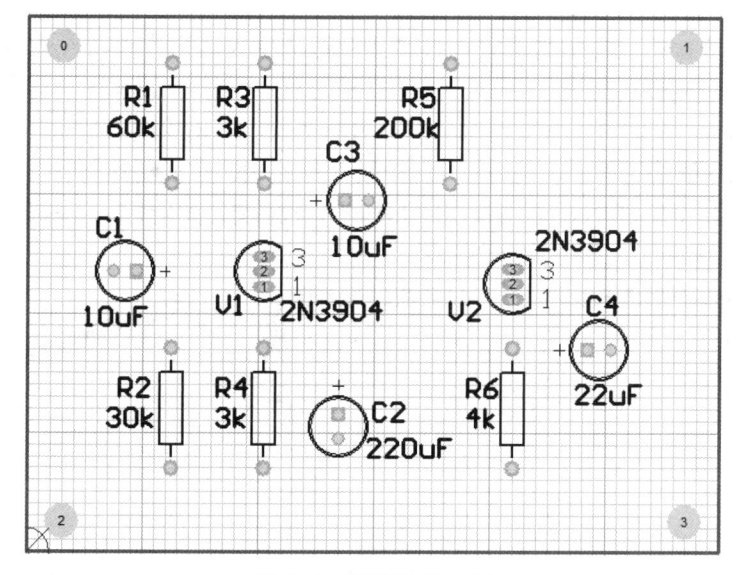

图 5.40 调整后的 PCB

5.4.6 PCB 手工布线

在 Protel DXP 2004 SP2 中，默认布线时必须有网络表，系统设置了 DRC 检查。若布线时没有网络表，系统将会呈绿色高亮显示，提示违反规则。本例采用的是手工放置的元器件封装，整个 PCB 的设计过程没有通过网络表进行。为了能使 PCB 设计正常布线，需要对 DRC 错误提示进行设置，设置为不显示。

步骤 24 执行菜单"设计"→"PCB 层次颜色"命令，在弹出的"板层和颜色"对话框中，取消选中"系统颜色"栏中的"DRC Error Markers"后的复选框。

本例的三极管放大电路结构简单，可以采用单面板进行 PCB 布线。同时，所用的元器件封装均采用通孔式焊盘，在设计 PCB 时，在 PCB 的底层进行布线即可。

步骤 25 ▶ 单击工作区下方的 Bottom Layer 标签,将当前工作层设置为 Bottom Layer(底层)。

在 Protel DXP 2004 SP2 的 PCB 设计中,放置印制导线一般采用交互式布线。由于交互式布线需要网络表才能完成,因此本例中的印制导线的放置不能采用交互式布线,只能采用放置直线的方法完成。

当直线放置在其他层时,直线不具备电气特性,只代表该层对应含义的绘图标志线,如禁止布线层放置的直线表示的是电气轮廓。若在 PCB 的信号层放置直线,该直线就具有电气特性,也就成为印制导线。本例中的印制导线就属于此类情况。

步骤 26 ▶ 执行菜单"放置"→"直线"命令,光标呈十字形,系统进入直线放置状态。找到印制导线的起点单击,然后按 Tab 键,弹出如图 5.41 所示的"线约束"对话框,系统默认的直线线宽是 10 mil,本例中将对话框中的"线宽"修改为 1.2 mm,"当前层"设置为 Bottom Layer。设置完成后单击"确认"按钮回到直线放置状态。

图 5.41 "线约束"对话框

在直线放置状态时,确定导线的起点后,移动光标,拉出一条直线,将光标水平或垂直移动到合适的位置后再次单击,即可完成一条印制导线的绘制。此时光标仍然呈十字形,移动光标还可以继续绘制该条印制导线。若要结束该条导线的绘制,右击即可。导线绘制结束后右击两次,退出直线放置状态。

在放置印制导线的过程中,同时按 Shift 键和空格键,可以切换印制导线的转折方式。印制导线的转折方式有 5 种,分别是 90°角转折、90°圆弧角转折、任意角度转折、45°角转折和 45°圆弧角转折,如图 5.42 所示。

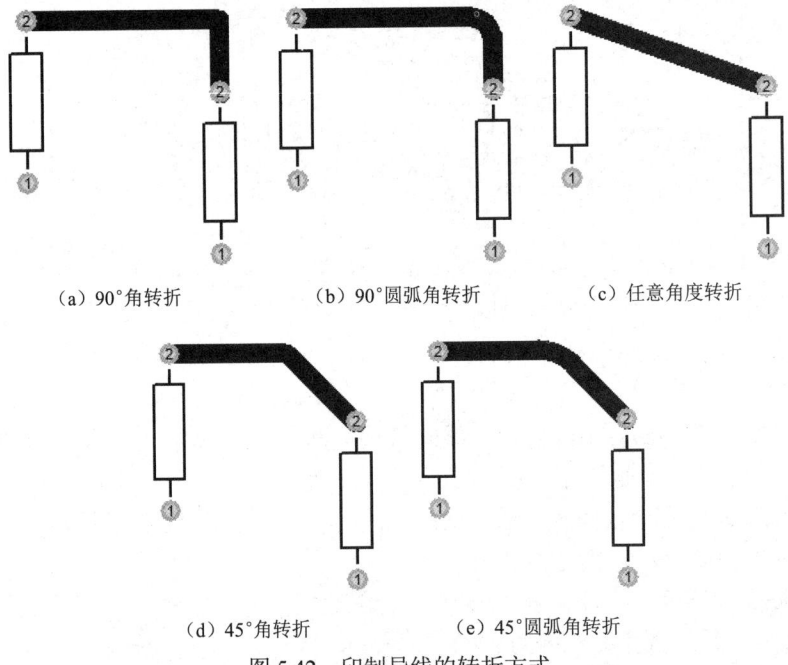

(a) 90°角转折　　　(b) 90°圆弧角转折　　　(c) 任意角度转折

(d) 45°角转折　　　(e) 45°圆弧角转折

图 5.42 印制导线的转折方式

在本例中,印制导线的转折方式均采用的 90°角转折,手动布线后的 PCB 如图 5.43 所示。

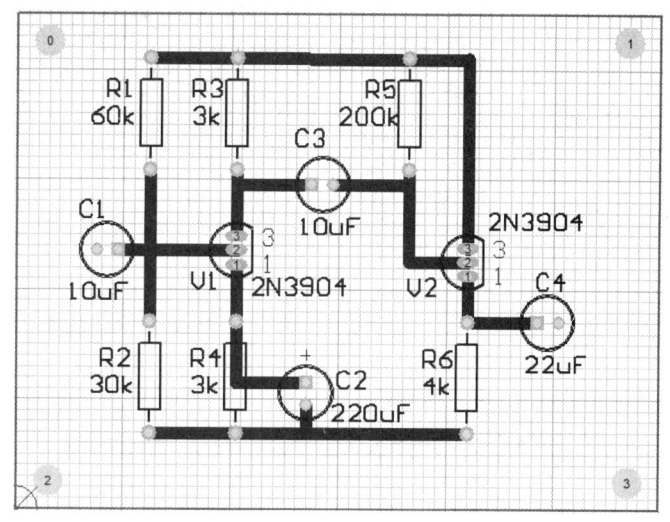

图 5.43　手动布线后的 PCB

5.4.7　添加信号和电源端口

在本例中，由于电路的信号输入、信号输出和电源没有使用专用的端口，需要添加焊盘与外电路的连接。

步骤 27▶ 执行菜单"放置"→"焊盘"命令，在 PCB 的合适位置放置 6 个焊盘，将焊盘的"X-尺寸"和"Y-尺寸"都设置为 2 mm，"孔径"设置为 1 mm。

步骤 28▶ 执行菜单"放置"→"直线"命令，将放置的焊盘与对应的端口连接，连接好的 PCB 如图 5.44 所示。

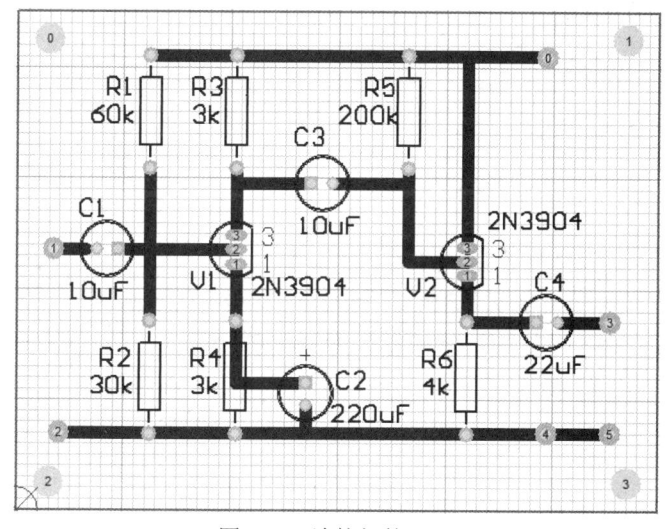

图 5.44　连接好的 PCB

在 PCB 中，由于地线是信号源和电源的公共端，所以电流比较大，在设计中，一般将地线进行加宽处理。

步骤 29▶ 双击地线，在弹出的"导线"对话框中，将"线宽"修改为 2.5 mm。

至此，三极管放大电路的 PCB 设计完毕，完成后的 PCB 如图 5.45 所示。

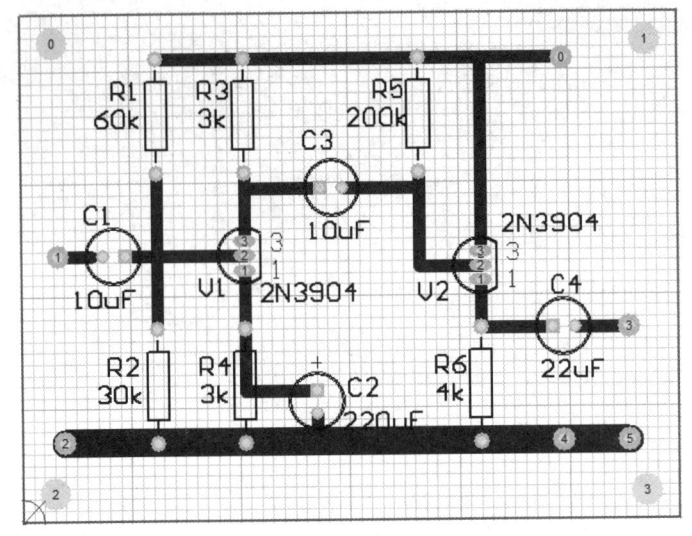

图 5.45　完成后的 PCB

项目小结

通过本项目的学习，读者可以了解 PCB 设计中的基本概念、常见的封装类型、PCB 编辑器的工作环境等 PCB 设计的基本知识，熟悉 PCB 设计环境设置、创建 PCB 文件的方法和 PCB 的电气规划。本项目以简单的三极管放大电路为例，介绍在简单的 PCB 设计中，直接手工放置元器件封装和焊盘，并进行电路连接的设计方法。

思考与练习

1. PCB 包含哪些类型的层？
2. 焊盘和过孔有何区别？
3. 飞线是否具有电气特性？为什么？
4. 如何设置网格尺寸？如何设置板层颜色？
5. PCB 的电气边界设置在哪一层？如何对 PCB 进行尺寸规划？
6. 根据图 5.46 所示电源电路绘制简单 PCB，其中稳压芯片 L7805CV 的封装为 TO-220，电解电容 C1 和 C3 的封装采用 CAPPR2-5x6.8，无极性电容 C2 和 C4 的封装采用 CAPR2.54-5.1x3.2，电阻 R1 的封装采用 AXIAL-0.4，LED 指示灯的封装采用 LED-0。

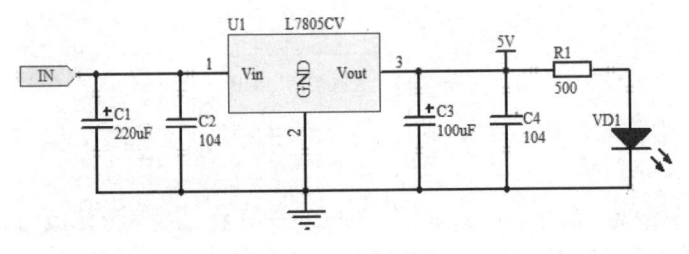

图 5.46　电源电路

项目 6

元器件封装制作

项目描述

随着电子技术的不断发展，元器件的种类越来越多，元器件的封装种类也很多。同时，新型元器件的不断推出使元器件的封装也在推陈出新。在设计电子产品的过程中，采用的元器件封装是否正确不仅能反映出设计是否科学合理，也可能决定设计的成败。

尽管 Protel DXP 2004 SP2 自带的元器件库相当完整，但用户总会遇到在已有的元器件库中找不到合适的元器件封装，或根本就不存在某元器件封装。对于这种情况，一方面需要用户对已有的元器件封装进行改造，另一方面需要用户自行创建新的元器件封装。Protel DXP 2004 SP2 提供了一个功能强大的 PCB 库编辑器，以实现元器件封装的编辑和管理工作。本项目将介绍如何创建元器件封装库。

学习目标

- 了解 PCB 库编辑器的使用方法和参数设置方法。
- 掌握使用设计向导绘制元器件封装的方法。
- 掌握手工绘制方式设计元器件封装的方法。
- 掌握特殊阵列式粘贴的方法。

项目实施

任务 6.1 PCB 元器件库的创建与设置

元器件封装就是元器件在 PCB 设计中采用的与其物理尺寸相对应的包含了封装名称、外形尺寸、引脚定义、焊盘和钻孔位置等信息的组合图形。其中，外形尺寸、引脚定义和焊盘是元器件封装中不可缺少的组成元素。

在 PCB 中，元器件封装的作用就是指示实际元器件焊接到电路板时所处的位置，并提供焊接点。元器件封装通常具有多样性，并且符合特定的封装标准。元器件封装与元器件本身并非一一对应。也就是说，不同的元器件可以采用同一种封装，而同一种元器件也可以采用不同的封装。

在 PCB 设计过程中，不仅要考虑需要哪些元器件，还要了解所使用的元器件有哪些封装。只有这样，才能设计出合理的产品。元器件封装是多样化的，没有统一的分类标准，就算是同一种产品，不同的厂家提供的封装也有可能不一样。

PCB 元器件库的文件名后缀为".PcbLib"。PCB 元器件库是用于定义元器件外形和引脚分布信息的重要信息库。在 Protel DXP 2004 SP2 中，自带的元器件库位于软件的安装目录下。如果软件安装在 C 盘，元器件库路径通常为"C:\Program Files\Altium2004\Library\Pcb"。设计 PCB 时，系统没有或找不到所需的元器件封装，用户可以根据需要建立自己的元器件库。

6.1.1 PCB 元器件库的创建

步骤 1▶启动 Protel DXP 2004 SP2，建立 PCB 项目。执行菜单"文件"→"创建"→"库"→"PCB 库"命令，打开 PCB 库编辑器，如图 6.1 所示，工作面板中自动生成一个名为"PcbLib1.PcbLib"的元器件库。

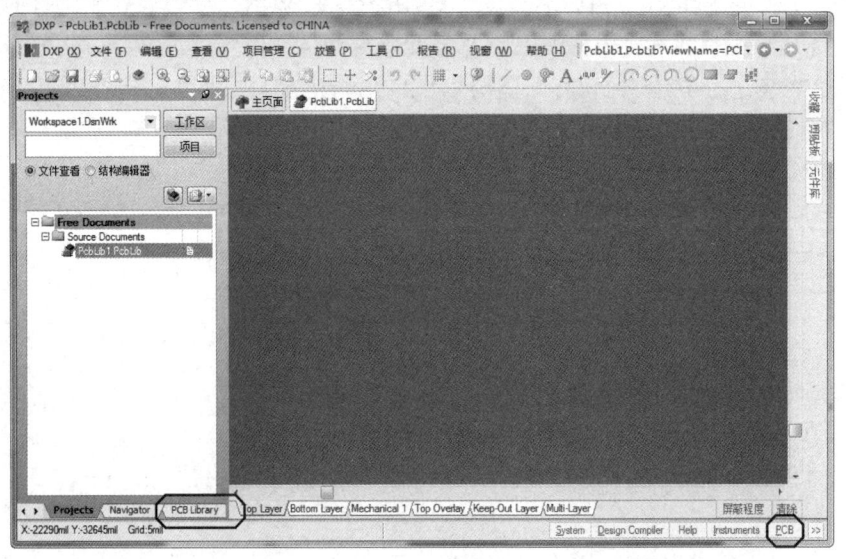

图 6.1 PCB 库编辑器

项目 6　元器件封装制作

步骤 2▶执行菜单"文件"→"保存"命令，将新建的元器件库命名为"My PCB PcbLib"，选择合适的路径保存。

步骤 3▶在图 6.1 中，选中工作面板区的"PCB Library"标签或单击"PCB"→"PCB Library"，打开"PCB Library"面板，如图 6.2 所示，从图中可以看到，系统默认新建了一个名为"PCBCOMPONENT_1"的元器件封装。

步骤 4▶选中图 6.2 中的元器件 PCBCOMPONENT_1，双击或执行菜单"工具"→"元件属性"命令，弹出如图 6.3 所示的"PCB 库元件"对话框，可以修改元器件封装的名称。本任务中，名称不用修改。

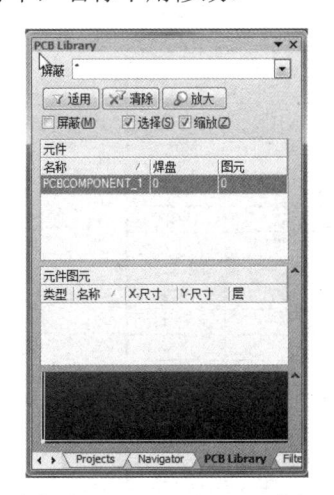

图 6.2　"PCB Library"面板　　　　图 6.3　"PCB 库元件"对话框

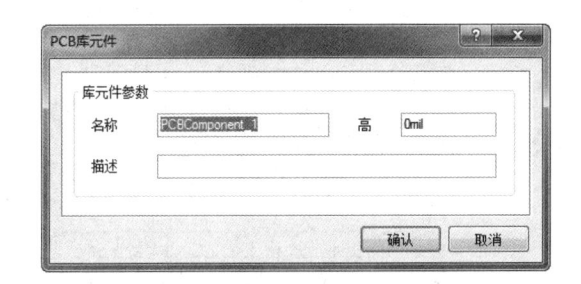

6.1.2　PCB 元器件库的设置

步骤 5▶在 PCB 库编辑器中，执行菜单"工具"→"优先设定"命令，弹出"优先设定"对话框。在对话框左侧选择"Protel PCB"→"General"，在右侧的"屏幕自动移动选项"选项区的"风格"下拉列表框中选中"Disable"，关闭自动滚屏功能。

步骤 6▶在"优先设定"对话框左侧选择"Protel PCB"→"Display"，然后选中右侧"显示选项"选项区的"原点标记"复选框，使工作区显示原点。

任务 6.2　SO16 封装设计

在元器件封装设计中，封装的焊盘分为通孔式和贴片式两种。通孔式焊盘放置在 Multi Layer（多层）；贴片式元器件又称表面贴片元器件，焊盘一般情况下放置在 Top Layer（顶层）；元器件封装的外部轮廓在 Top Overlay（顶层丝印层）放置。

Protel DXP 2004 SP2 中提供了封装设计向导，常见的标准封装都可以通过这个向导来设计。下面以芯片 74HC595 的封装 SO16 为例，介绍采用设计向导制作封装的方法。

6.2.1　查找 74HC595 的封装信息

元器件封装信息可以通过元器件手册查找，也可以通过网络进行搜索。搜索到元器件

74HC595 的引脚信息后，打开文档可以看到该元器件的引脚定义，如图 6.4 所示。该元器件有两种封装形式，即双列直插式 DIP16 和双列贴片式 SO16。

6.2.2 使用设计向导绘制 SO16 封装

74HC595 贴片式封装信息如图 6.5 所示，从图中可以了解到元器件封装的具体尺寸，设计时要根据图中的参数和实际情况选择尺寸。

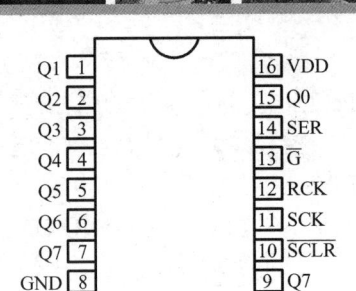

图 6.4 芯片 74HC595 引脚定义

SO16(Narrow)MECHANICAL DAIA

dim.	mm			in		
	min.	typ.	max.	min.	typ.	max.
A			1.75			0.068
a_1	0.1		0.2	0.004		0.007
a_2			1.65			0.064
b	0.35		0.46	0.013		0.018
b_1	0.19		0.25	0.007		0.010
C		0.5			0.019	
c_1			45°(typ.)			
D	9.8		10			0.393
E	5.8		6.2			0.244
d		1.27				
e_3		8.89				
F	3.8		4.0			0.157
G	5.8		5.3			0.208
L	0.5		1.27			0.005
M			0.62			0.024
S			8°(max.)			

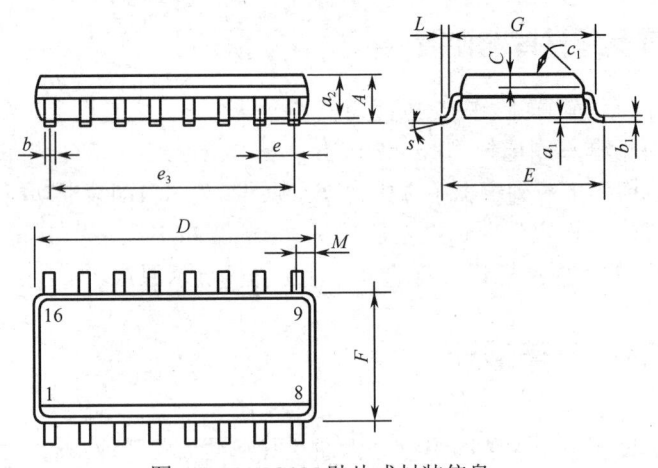

图 6.5 74HC595 贴片式封装信息

本例中，贴片式封装的焊盘形状为矩形，焊盘尺寸选择 2.2 mm×0.55 mm，略大于图中的 0.46 mm，主要是为了元器件更易贴放，相邻焊盘间距为 1.27 mm，两排焊盘中心间距为 5.2 mm。

步骤 1 ▶ 打开 Protel DXP 2004 SP2 命令后，启动 PCB 库编辑器，执行菜单"工具"→"新元件"命令，弹出"元件封装向导"对话框，如图 6.6 所示，单击"下一步"按钮；若单击"取消"按钮则进入手工设计状态，并自动生成一个新元器件。

项目 6　元器件封装制作

步骤 2 ▶ 弹出如图 6.7 所示的对话框,用于选择元器件封装类型,共有 12 种,包括电阻、电容、二极管、连接器及集成电路常用封装等,图中选中的为双列贴片式元器件 SOP,"选择单位"下拉列表框用于设置单位制,图中设置为 Metric(公制,单位为 mm)。

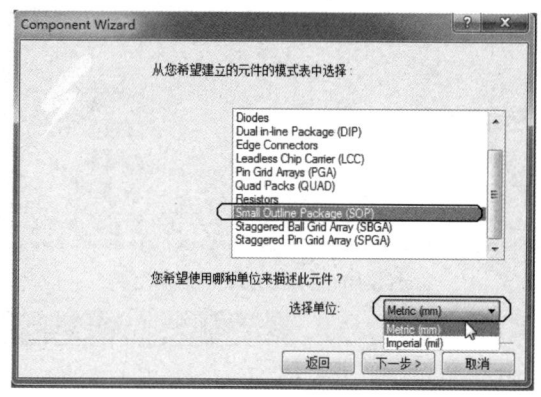

图 6.6　"元件封装向导"对话框　　　　图 6.7　封装类型和单位选择

步骤 3 ▶ 选好元器件封装类型后,单击"下一步"按钮,弹出如图 6.8 所示的对话框,用于设置焊盘的尺寸,修改焊盘尺寸为 2.2 mm×0.55 mm。

步骤 4 ▶ 单击"下一步"按钮,弹出如图 6.9 所示的对话框,用于设置相邻焊盘的间距和两排焊盘中心之间的距离,分别设置为 1.27 mm 和 5.2 mm。

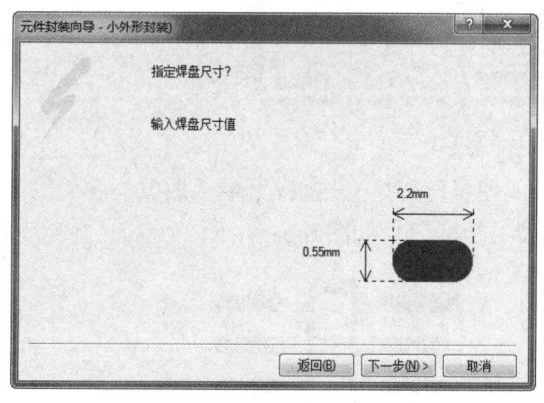

图 6.8　焊盘尺寸设置　　　　图 6.9　焊盘间距设置

步骤 5 ▶ 单击"下一步"按钮,弹出如图 6.10 所示的对话框,用于设置元器件封装轮廓宽度值,系统默认值为 0.2 mm,本例中不做修改。

步骤 6 ▶ 单击"下一步"按钮,弹出如图 6.11 所示的对话框,用于设置引脚数,本例中设置为 16。

步骤 7 ▶ 单击"下一步"按钮,弹出如图 6.12 所示的对话框,用于设置元器件封装名,本例设置为 SO16。单击"Next"按钮,弹出"设计结束"对话框,单击"Finish"按钮结束元器件封装设计,设计好的元器件封装如图 6.13 所示。

图 6.13 中,引脚 1 的焊盘为矩形,其他焊盘为圆矩形,便于装配时把握方向。

有些芯片在制作封装时焊盘全部用矩形,为了分辨引脚 1 的焊盘,要在 Top Overlay(顶层丝印层)上为引脚 1 做标记。

113

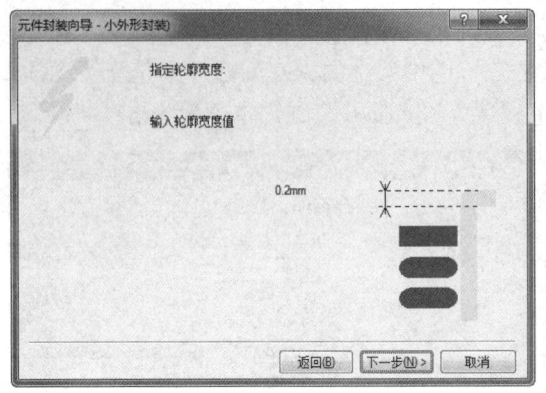

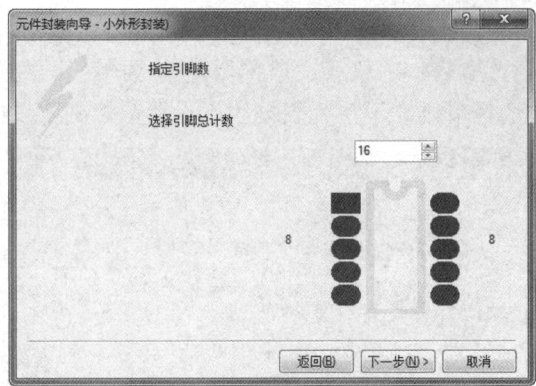

图 6.10　封装轮廓宽度值设置

图 6.11　引脚数设置

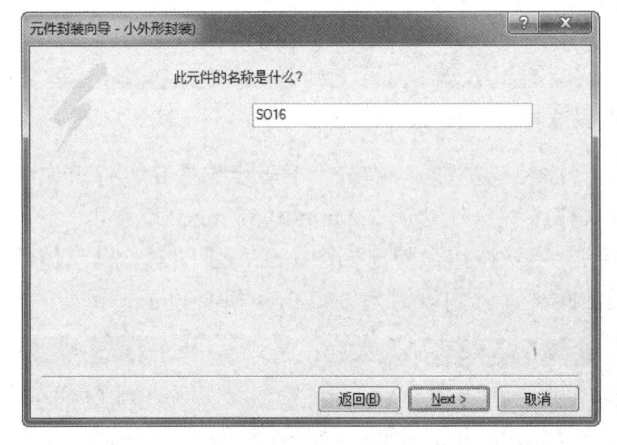

图 6.12　封装名设置

步骤 8▶将当前工作层切换至 Top Overlay（顶层丝印层），执行菜单"放置"→"圆"命令，在引脚 1 附近放置一个小的圆点作为引脚 1 的标记，如图 6.14 所示。

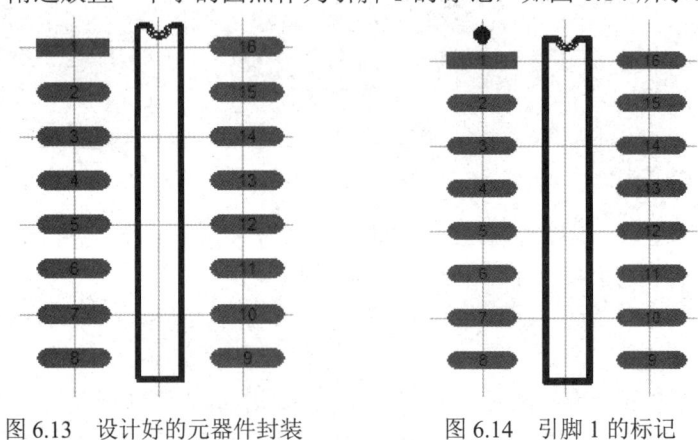

图 6.13　设计好的元器件封装

图 6.14　引脚 1 的标记

任务 6.3　DIP16 封装设计

74HC595 双列直插式封装信息如图 6.15 所示，从图中可以了解到元器件封装相邻焊盘

间距为 2.54 mm，两排焊盘间距为 8.5 mm。

Plastic DIP16(0.25)MECHANICAL DAIA

dim.	mm			in		
	min.	typ.	max.	min.	typ.	max.
a_1	0.51			0.020		
B	0.77		1.65	0.030		0.065
b		0.5			0.020	
b_1		0.25			0.010	
D			20			0.787
E		8.5			0.335	
e		2.54			0.100	
e_3		17.78			0.700	
F			7.1			0.280
I			5.1			0.201
L		3.3			0.130	
Z			1.27			0.050

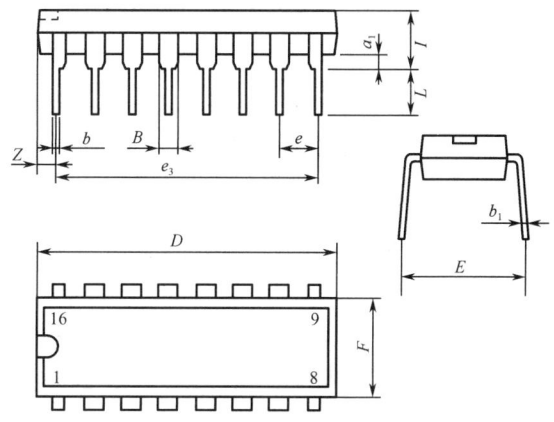

图 6.15　74HC595 双列直插式封装信息

采用设计向导绘制双列直插式封装 DIP16 的方法与任务 6.2 中的方法基本相似。

步骤 1▶ 在当前元器件库下，执行菜单"工具"→"新元件"命令，弹出"元件封装向导"对话框，单击"下一步"按钮。

步骤 2▶ 如图 6.16 所示，选择"Dual in-line Package（DIP）"，在"选择单位"下拉列表框中设置单位制为 Metric（公制，单位为 mm）。

步骤 3▶ 单击"下一步"按钮，弹出如图 6.17 所示的对话框，用于设置焊盘的尺寸和孔径，设置焊盘尺寸为 1.5 mm×1.5 mm，孔径为 0.9 mm。

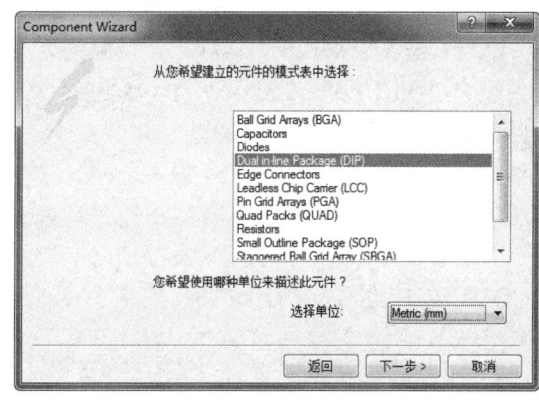

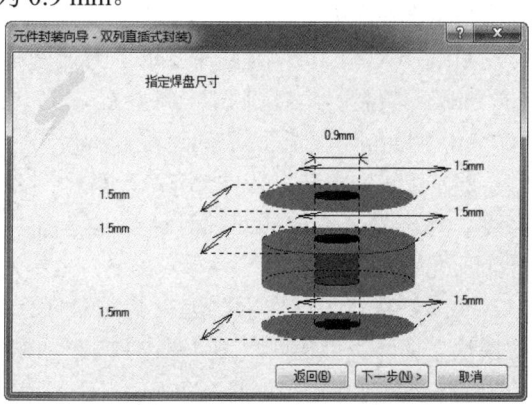

图 6.16　封装类型选择　　　　图 6.17　焊盘的尺寸和孔径设置

步骤 4▶单击"下一步"按钮，设置相邻焊盘的间距和两排焊盘中心之间的距离，分别设置为 2.54 mm 和 8.5 mm，如图 6.18 所示。

步骤 5▶单击"下一步"按钮，设置轮廓宽度为 0.2 mm；单击"下一步"按钮，设置引脚数为 16。

步骤 6▶单击"下一步"按钮，设置元器件封装名为 DIP16，单击"Next"按钮，单击"Finish"按钮结束元器件封装设计，设计完成的封装 DIP16 如图 6.19 所示。

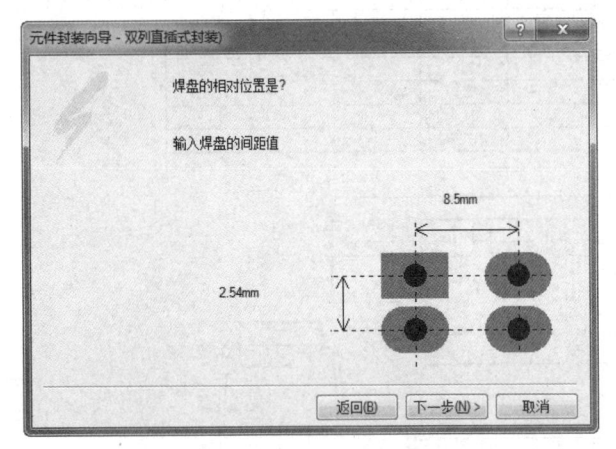

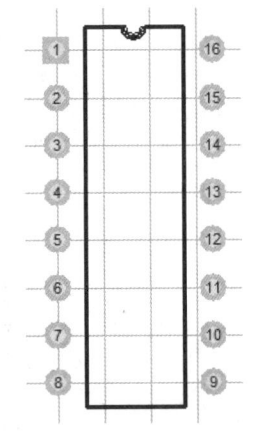

图 6.18　焊盘间距设置　　　　图 6.19　设计完成的封装 DIP16

注意：采用设计向导可以快速绘制元器件的封装，绘制时一般要先了解元器件的外形尺寸，并合理选用基本封装。对于集成电路应特别注意引脚间距和相邻两排引脚的间距，并根据引脚大小设置焊盘尺寸及孔径。

任务 6.4　AXIAL-0.5 封装设计

在元器件封装设计过程中，有的封装是不规则的，无法通过向导快速绘制封装，需要通过手工的方式进行绘制。

手工设计元器件封装，实际就是利用 PCB 库编辑器的放置工具，在工作区按照元器件的实际尺寸放置焊盘、轮廓等各种图形。下面以电阻封装 AXIAL-0.5 为例介绍手工设计元器件封装的具体方法。

封装 AXIAL-0.5 的设计要求：封装名称为 AXIAL-0.5，采用通孔式焊盘，焊盘间距为 500 mil，焊盘形状为圆形，焊盘直径为 60 mil，焊盘孔径为 30 mil，中间方框轮廓为 300 mil×100 mil，方框两边的直线长 60 mil，元器件封装设计过程如图 6.20 所示。

步骤 1▶创建新元器件 AXIAL-0.5。在当前元器件库下，执行菜单"工具"→"新元件"命令，弹出元器件设计向导对话框，单击"取消"按钮进入手工设计状态，系统自动创建一个新元器件。

步骤 2▶在工作面板区选中新元器件 PCBCOMPONENT_1，执行菜单"工具"→"元件属性"命令，弹出"PCB 库元件"对话框，如图 6.21 所示。在该对话框中将"名称"修改为 AXIAL-0.5。

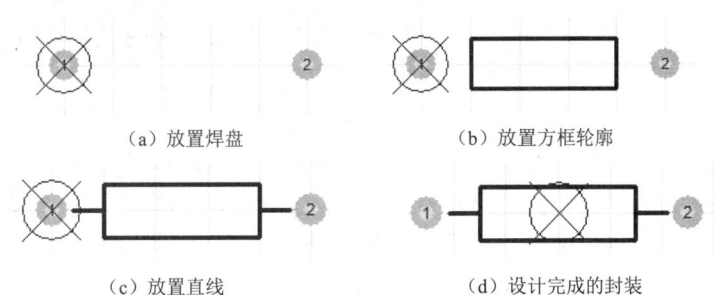

项目 6　元器件封装制作

(a) 放置焊盘　　　　　　　　(b) 放置方框轮廓

(c) 放置直线　　　　　　　　(d) 设计完成的封装

图 6.20　封装 AXIAL-0.5 的设计过程

步骤 3▶执行菜单"设计"→"PCB 选择项"命令，弹出如图 6.22 所示的"PCB 选择项"对话框。在该对话框中将"单位"设置为 Imperial，将"可视网格"的"网格 1"设置为 20 mil，"网格 2"设置为 100 mil，将"捕获网格"的"X""Y"均设置为 20 mil。

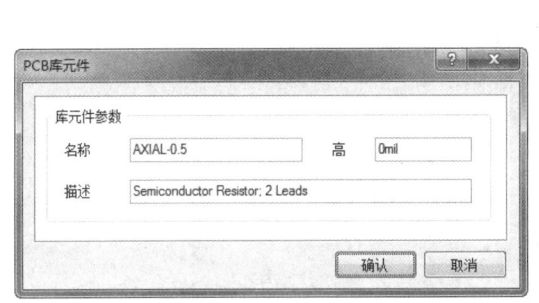

图 6.21　"PCB 库元件"对话框 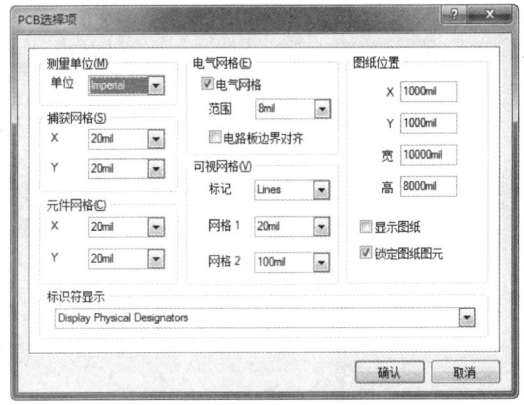　　　　图 6.22　"PCB 选择项"对话框

步骤 4▶执行菜单"设计"→"PCB 层次颜色"命令，弹出如图 6.23 所示的"板层和颜色"对话框，将"系统颜色"栏"Visible Grid 1"后面的复选框选中后，单击"确认"按钮。

图 6.23　"板层和颜色"对话框

117

步骤 5▶执行菜单"工具"→"优先设定"命令，在弹出的对话框中选择"Display"选项，选中"原点标记"复选框，设置坐标原点标记为显示状态。

步骤 6▶执行菜单"编辑"→"跳转到"→"参考"命令，光标跳回原点（0,0）。

步骤 7▶放置焊盘。执行菜单"放置"→"焊盘"命令，按 Tab 键，弹出"焊盘"对话框，如图 6.24 所示。将"X-尺寸"和"Y-尺寸"设置为 60 mil，"孔径"设置为 30 mil，焊盘的"标识符"设置为 1，单击"确认"按钮，将光标移动到坐标原点单击，将焊盘 1 放下，以 500 mil 为间距再放置焊盘 2。放置完成后右击退出焊盘放置状态。放置完成后如图 6.20（a）所示。

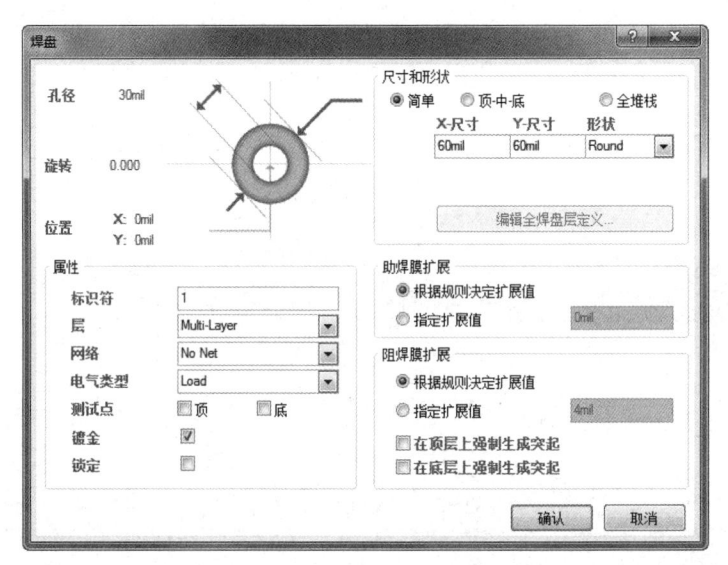

图 6.24 "焊盘"对话框

步骤 8▶绘制元器件轮廓。将工作层切换到 Top Overlay，执行菜单"放置"→"直线"命令，在两个焊盘中间的位置绘制一个 300 mil×100 mil 的方框轮廓，绘制完成后如图 6.20（b）所示。

步骤 9▶执行菜单"放置"→"直线"命令，在方框两端各放置一根 60 mil 长的直线，放置完成后如图 6.20（c）所示。

步骤 10▶执行菜单"编辑"→"设定参考点"→"中心"命令，将元器件的参考点设置在整个封装的中心位置。绘制完成后的封装如图 6.20（d）所示。

步骤 11▶执行菜单"文件"→"保存"命令，保存当前元器件，至此电阻封装 AXIAL-0.5 设计完成。

任务 6.5　CAN-8 封装设计

OPA128LM 是一款超低失调电流介质隔离 FET 输入单片运算放大器，用于离子检测、光电检测和传感器检测等要求精度非常高的场合。OPA128LM 采用圆形铁壳封装，其外形如图 6.25 所示。

OPA128LM 采用的封装为 CAN-8。该封装共有 8 个引脚。这 8 个引脚处于同一个圆弧

上，圆弧半径为 140 mil，每个引脚之间的角度为 45°，引脚焊盘直径为 60 mil，孔径为 30 mil，焊盘编号逆时钟依次为 1~8，其中焊盘 1 为方形焊盘。外形圆弧轮廓的半径为 200 mil，圆弧在第 8 个焊盘处有一个突出标志，如图 6.26 所示。

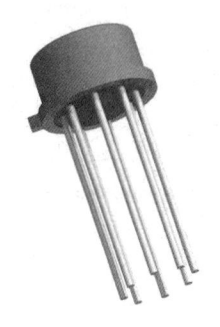

图 6.25　OPA128LM 外形 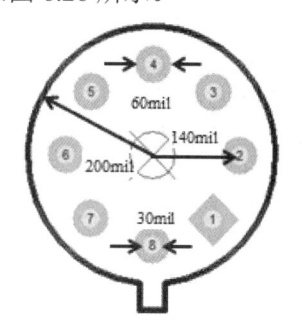　　　　图 6.26　OPA128LM 封装信息

步骤 1▶创建新元器件 CAN-8。在当前元器件库下，执行菜单"工具"→"新元件"命令，弹出元件封装向导对话框，单击"取消"按钮进入手工设计状态，系统自动创建一个名为"PCBCOMPONENT_1"的新元器件。

步骤 2▶在工作面板区选中新元器件 PCBCOMPONENT_1，双击或执行菜单"工具"→"元件属性"命令，弹出"PCB 库元件"对话框，在对话框中将"名称"修改为 CAN-8。

步骤 3▶执行菜单"查看"→"切换单位"命令，将当前单位制切换为英制单位。

步骤 4▶执行菜单"工具"→"库选择项"命令，弹出"PCB 选择项"对话框，在对话框中将"单位"设置为 Imperial，将"可视网格"的"网格 1"设置为 20 mil，"网格 2"设置为 100 mil，将"捕获网格"的"X""Y"均设置为 20 mil，"元件网格"的"X""Y"均设置为 20 mil。

步骤 5▶执行菜单"工具"→"层次颜色"命令，弹出"板层和颜色"对话框，将"系统颜色"栏的"Visible Grid 1"后面的复选框选中，单击"确认"按钮。

步骤 6▶执行菜单"工具"→"优先设定"命令，在弹出的对话框中选择"Display"选项，选中"原点标记"复选框，设置坐标原点标记为显示状态。

步骤 7▶执行菜单"编辑"→"跳转到"→"参考"命令，光标跳回原点（0,0）。

步骤 8▶放置焊盘。执行菜单"放置"→"焊盘"命令，按 Tab 键，弹出"焊盘"对话框。将"X-尺寸"和"Y-尺寸"设置为 60 mil，"孔径"设置为 30 mil，焊盘的"标识符"设置为 1，单击"确认"按钮，将光标移动到距离坐标原点 140 mil 的正下方，单击放置焊盘 1，放置完成后如图 6.27 所示。

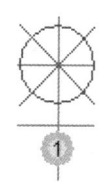

图 6.27　放置焊盘 1

步骤 9▶单击焊盘 1，然后执行菜单"编辑"→"复制"命令，此时光标呈十字形。单击焊盘 1，完成对焊盘 1 的复制。

步骤 10▶执行菜单"编辑"→"特殊粘贴"命令，弹出如图 6.28 所示的"特殊粘贴"对话框，单击对话框下方的"粘贴队列"按钮，弹出如图 6.29 所示的"设定粘贴队列"对话框，在对话框中将"项目数"设置为 8，表示需要放置 8 个焊盘；"文本增量"设置为 1，表示焊盘标识符编号依次增加 1；"间距（角度）"设置为 45.000，表示相邻焊盘之间旋转角度为 45°。"队列类型"设置为"圆形"，表示所复制的焊盘队列按圆形排列。

119

图 6.28 "特殊粘贴"对话框　　　　图 6.29 "设定粘贴队列"对话框

步骤 11 设置完成后单击"确认"按钮。此时光标呈十字形，移动光标至坐标原点，单击确定焊盘所在圆的圆心。然后移动光标至焊盘 1 中心处，再次单击，放置如图 6.30 所示的 8 个焊盘。从图中可以看出，8 个焊盘在同一个圆弧上以 45°为间隔进行放置。由于在设计过程中，复制了 8 个焊盘，在焊盘 1 处有两个相同的焊盘重叠放置，需要删除其中任意一个。

步骤 12 绘制元器件轮廓。将工作层切换到 Top Overlay，执行菜单"放置"→"圆弧（中心）"命令，在原点附近任意放置一段圆弧，如图 6.31 所示。

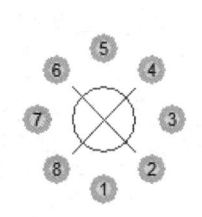

图 6.30 特殊粘贴 8 个焊盘　　　　图 6.31 放置圆弧

步骤 13 双击绘制的圆弧，弹出"圆弧"对话框，如图 6.32 所示。在对话框中将"半径"设置为 200 mil，将"起始角"设置为 230.000，将"结束角"设置为 220.000，将"中心"的"X"和"Y"均设置为 0 mil，设置完成后单击"确认"按钮，修改参数后的圆弧如图 6.33 所示。

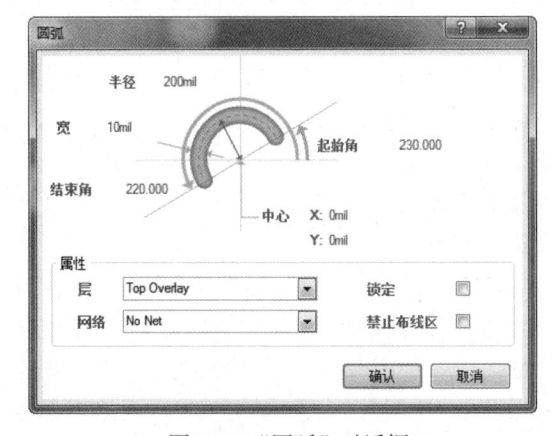

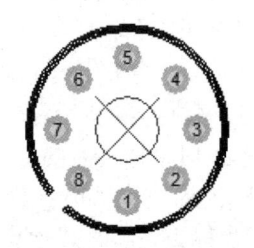

图 6.32 "圆弧"对话框　　　　图 6.33 修改参数后的圆弧

项目 6 元器件封装制作

步骤 14 ▶ 执行菜单"放置"→"直线"命令,在圆弧缺口处绘制突出标志,如图 6.34 所示。

步骤 15 ▶ 双击焊盘 1,在弹出的"焊盘"对话框中,将该焊盘的形状修改为方形。修改完成后退出对话框,如图 6.35 所示。

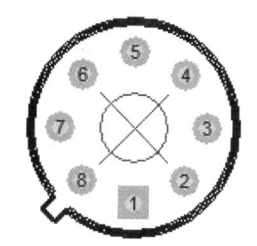

图 6.34　绘制突出标志　　　图 6.35　修改焊盘 1 的形状

至此,OPA128LM 的封装 CAN-8 基本设计完毕,在电路设计中完全可以使用,但是与图 6.26 提供的封装信息相差 45°,只需要将整个封装图形逆时针旋转 45°即可。

步骤 16 ▶ 执行菜单"工具"→"优先设定"命令,弹出"优先设定"对话框。在对话框左侧选择"Protel PCB"→"General",在右侧"其他"选项区中将"旋转角度"设置为 45.000,如图 6.36 所示。

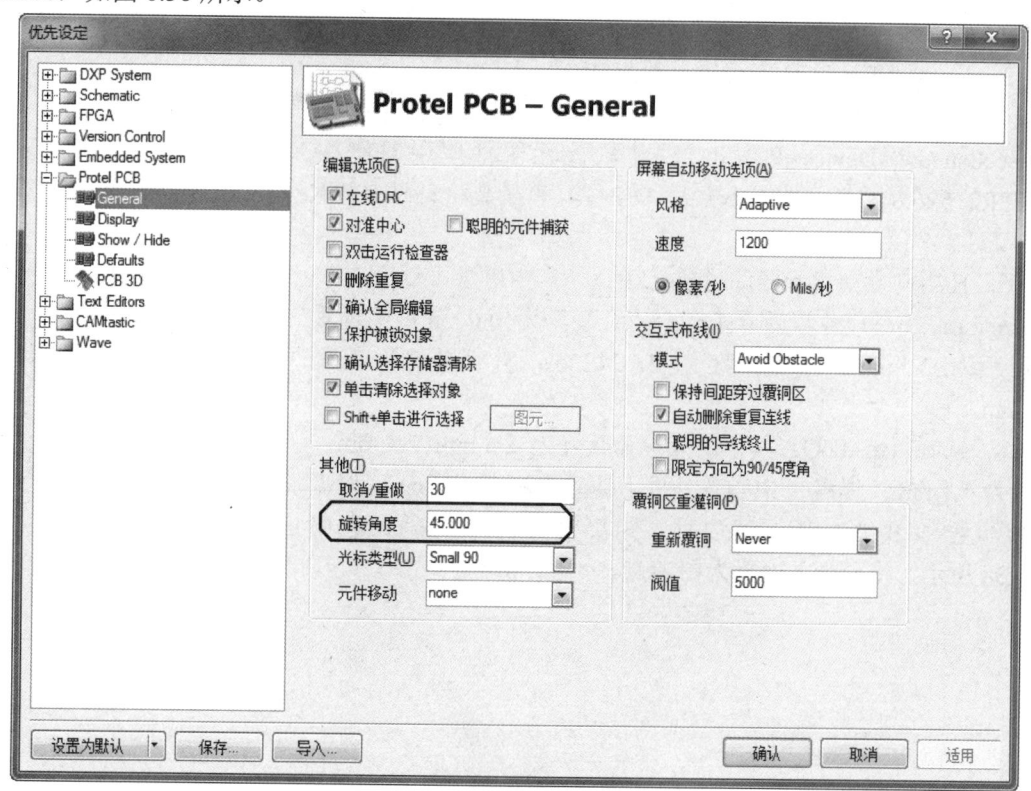

图 6.36　设置旋转角度

步骤 17 ▶ 选中所有的封装图元,将光标移动至圆心处后按住鼠标左键不放,按空格键,将封装整体逆时针旋转 45°。

步骤 18 ▶ 执行菜单"文件"→"保存"命令，保存当前元器件，至此封装 CAN-8 设计完成。设计好的封装 CAN-8 如图 6.37 所示。

项目小结

本项目主要介绍了元器件封装的基本知识和设计方法，其中利用封装向导制作元器件封装和手工绘制元器件封装是本项目的重点，前者方法比较方便快捷，但只适合制作一些标准的元器件封装。对于其他缺少的元器件封装，则需要手工绘制，绘制前需要了解元器件封装的安装方法、精确尺寸和引脚排序等。通过学习，读者可以掌握创建 PCB 库文件的方法，掌握利用封装向导制作元器件封装的方法，熟悉手工绘制元器件封装的一般过程和要点，了解为元器件封装设置参考点的意义。

图 6.37　设计好的封装 CAN-8

思考与练习

1. 集成电路的主要封装形式有哪些？
2. 怎么利用向导创建封装？什么情况下采用向导创建？
3. 试说明进入 PCB 库编辑器的方法。
4. 新建一个名为"New PcbLib.PcbLib"的元器件库，打开系统自带的元器件库"Miscellaneous Devices.PcbLib"，并从该元器件库中复制 AXIAL-0.4、BCY-W3/E4、CAPPR2-5x6.8、DIO7.1-3.9x1.9、DIP-14 等封装，粘贴至"New PcbLib.PcbLib"元器件库中。
5. 使用向导创建元器件封装 DIP18，其中焊盘"X-尺寸"为 2.6 mm，"Y-尺寸"为 1.4 mm，"孔径"为 0.6 mm；焊盘垂直间距为 2.5 mm，水平间距为 16.24 mm；外形轮廓宽度为 0.3 mm。
6. 绘制封装 JDQ，其中所有焊盘尺寸为 2.5 mm×2.5 mm，孔径为 1.2 mm，焊盘 1 中心与外框上边垂直距离为 2 cm，焊盘 2 和焊盘 3 中心与外框下边垂直距离为 2 cm，其他尺寸如图 6.38 所示，将引脚 1 设置为参考点。

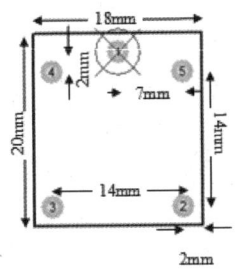

图 6.38　JDQ 封装信息

项目 7

红外感应开关电路仿制

项目描述

红外感应开关电路通过检测发射的红外线信号是否被反射来判断前方是否有物体，从而控制继电器的开关动作，感应距离参考值为 12 cm。该电路原理图由电源电路、红外感应电路、延时电路和开关控制电路 4 部分构成，如图 7.1 所示。

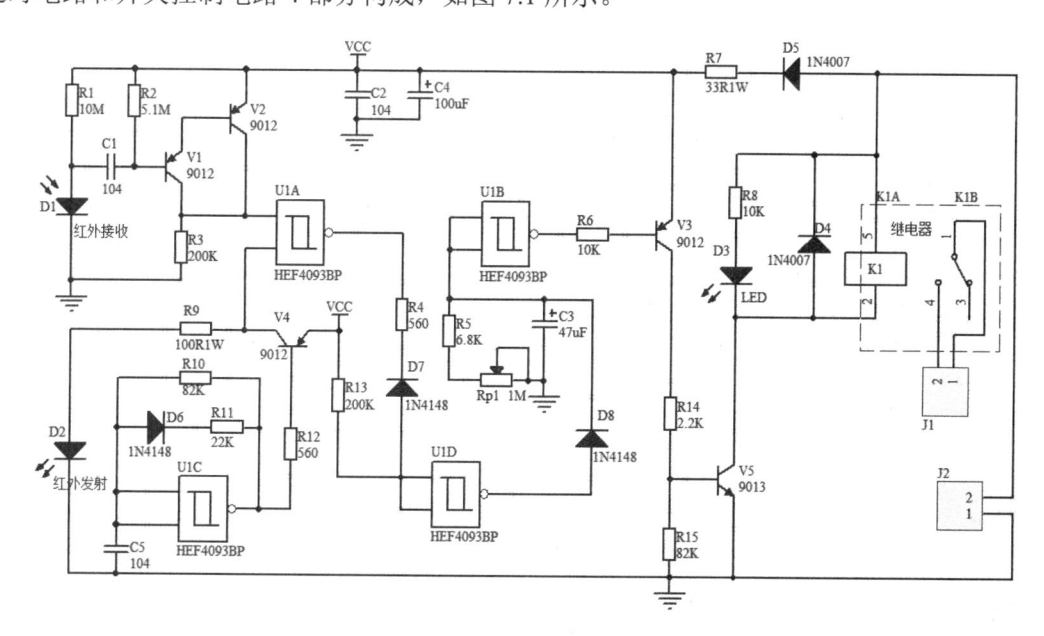

图 7.1　红外感应开关电路原理图

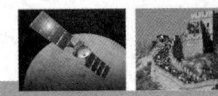

（1）电源电路：J2 输入 12 V 电源；D5 防止电源极性接反；R7 为限流电阻；C2 和 C4 完成滤波功能。

（2）红外感应电路：U1C、R10、R11、D6、C5 构成振荡器，从 U1 的引脚 10 输出脉冲信号，经 V4 放大后驱动红外发射管 D2 向空间发射红外信号。此信号如果没有被障碍物反射回来，就会被 D1 接收到。接收到的信号经 V1、V2 放大，最后在 R3 端放大输出红外信号，再由 U1A 进行选频、U1D 进行整形，最后在 U1 的引脚 11 输出。

（3）延时电路：由 U1B、R5、Rp1、C3 构成。调节 Rp1 可以调节每次动作后的延时时间。本电路设计延时时间在 0~40 s 可调。由于元器件参数有一定的误差，故本电路实际延时时间会略有差别。

（4）开关控制电路：由 V3、V5、K1 构成。若 D1 接收到信号，最后会在 U1 的引脚 4 输出经延时后的低电平控制信号，使 V3、V5 导通，K1 吸合。D3 为继电器工作状态指示灯。

学习目标

- 了解 PCB 的布局与布线原则。
- 掌握单面 PCB 的规划方法。
- 掌握网络表的加载方法。
- 掌握单面 PCB 布局和交互式布线的设计方法。
- 掌握交互式布线的线宽规则设置方法。
- 掌握 PCB 覆铜的方法。
- 掌握电子产品单面 PCB 的仿制方法。

项目实施

任务 7.1 准备工作

7.1.1 元器件的制作

在图 7.1 所示的红外感应开关电路原理图中，集成芯片 U1、继电器 K1、电位器 Rp1 这 3 个元器件在软件自带的元器件库中找不到，需要用户自行设计，设计方法参考项目 3。

（1）集成芯片 U1 为施密特触发器 HEF4093BP，它是四 2 输入端施密特触发器，即在一个元器件封装中有 4 个相互独立工作的 2 输入端施密特触发器。在绘制元器件时，该元器件包含 4 个子元器件，其结构如图 7.2 所示，其子元器件的元器件符号如图 7.3 所示。这款芯片有 14 个引脚。其中，子元器件 A 中，引脚 1 和引脚 2 为输入端，引脚 3 为输出端；子元器件 B 中，引脚 5 和引脚 6 为输入端，引脚 4 为输出端；子元器件 C 中，引脚 8 和引脚 9 为输入端，引脚 10 为输出端；子元器件 D 中，引脚 12 和引脚 13 为输入端，引脚 11 为输出端；所有输出端引脚属性的"符号"的"外部边沿"选择 Dot；引脚 7 为接地端，放置该引脚时选择隐藏并连接到"GND"；引脚 14 为电源端，放置该引脚时选择隐藏并连接

到"VCC"。

（2）继电器 K1 的型号为 HK4100F-DC12V-SHG，在同一个元器件封装下有两个完全不同功能的子元器件，其结构如图 7.4 所示。子元器件 A 为继电器线圈，其引脚标识符分别为 5 和 2，如图 7.5（a）所示。子元器件 B 为继电器的开关端，如图 7.5（b）所示。其中，引脚 1 为继电器的动触点；引脚 3 为继电器的常闭触点；引脚 4 为继电器的常开触点。

（3）电位器 Rp1 的元器件符号如图 7.6 所示。其中，中间滑动端引脚标识符为 3。

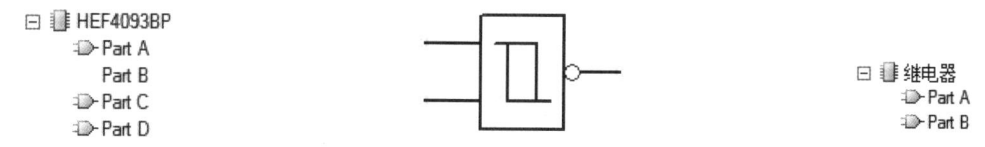

图 7.2　HEF4093BP 的结构　　图 7.3　HEF4093BP 子元器件的元器件符号　　图 7.4　继电器 K1 的结构

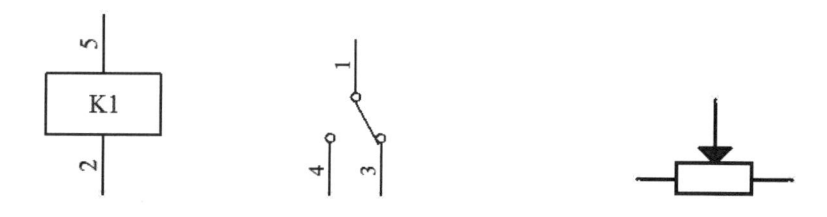

（a）子元器件 A 的元器件　　（b）子元器件 B 的元器件

图 7.5　继电器 HK4100F 的元器件符号　　图 7.6　电位器 Rp1 的元器件符号

7.1.2　元器件封装设计

红外感应开关电路中所使用的元器件封装在系统自带的元器件库中找不到，必须用户自行设计，并在设计中根据需要调整捕获网格。

（1）电解电容 C3、C4 封装。

电解电容 C3、C4 封装如图 7.7 所示，其封装名称为 RB.08-.17。其中，封装的焊盘尺寸为 60 mil，焊盘中心间距为 80 mil，外框轮廓的圆半径为 85 mil，焊盘 2 所在的半圆用横线标注，表示电容负极。

（2）瓷片电容 C1、C2、C5 封装。

瓷片电容 C1、C2、C5 封装如图 7.8 所示，其封装名称为 RAD-0.1-A。其中，焊盘尺寸为 78.74 mil，焊盘中心间距为 100 mil，外框轮廓为 180 mil×80 mil。

（3）二极管 D1、D2、D3 封装。

二极管 D1、D2、D3 封装如图 7.9 所示，其封装名称为 VD。其中，焊盘尺寸为 78.74 mil，焊盘中心间距为 100 mil，外框轮廓的圆半径为 100 mil。

图 7.7　电解电容 C3、C4 封装　　图 7.8　瓷片电容 C1、C2、C5 封装　　图 7.9　二极管 D1、D2、D3 封装

（4）电位器 Rp1 封装。

电位器 Rp1 封装如图 7.10 所示，其封装名称为 DWQ。其中，焊盘尺寸为 78.74 mil，底部两个焊盘的中心间距为 200 mil，标识符分别为"1"和"2"；上方的焊盘的标识符为"3"，该焊盘距离下排焊盘的垂直距离为 160 mil；封装外框轮廓左右距离为 290 mil，上边与下边的垂直距离为 250 mil，外框上部边角适当修改为斜角；焊盘 1 的中心距离外框左垂直边和下水平边均为 30 mil；中心放置圆弧的起始角和结束角分别为 320°和 220°，半径为 103 mil，中间合适位置放置一个矩形填充，表示电位器调节端口。

（5）接线端子 J1 封装。

接线端子 J1 封装如图 7.11 所示，其封装名称为 KF301-2。其中，焊盘直径为 100 mil，焊盘间距为 200 mil，焊盘中心距边框上沿 120 mil，外框轮廓尺寸为 400 mil×300 mil。

（6）接线端子 J2 封装。

接线端子 J2 封装如图 7.12 所示，其封装名称为 SIP-2。其中，焊盘直径为 78.74 mil，焊盘间距为 100 mil，焊盘中心距离外部轮廓上边缘 120 mil，外框轮廓尺寸为 300 mil×220 mil，下方轮廓的两个凹陷标志的尺寸为 60 mil×40 mil，位置为焊盘正下方。

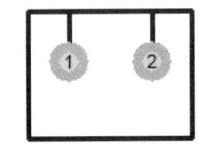

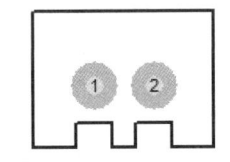

图 7.10　电位器 Rp1 封装　　　图 7.11　接线端子 J1 封装　　　图 7.12　接线端子 J2 封装

（7）三极管 9012、9013 封装。

三极管 9012、9013 封装如图 7.13 所示，其封装名称为 TO-92-A。该封装可以在系统自带的元器件库 Miscellaneous Devices.PcbLib 中复制 BCY-W3/E4 后进行修改。将封装 BCY-W3/E4 的名称改为 TO-92-A，焊盘标识符顺序由 3、2、1 修改为 1、2、3，焊盘中心间距设置为 2.286 mm，将焊盘"X-尺寸"修改为 2 mm，"Y-尺寸"修改为 1.5 mm，同时将图形外的字符串文本"1"和"3"删除。

（8）二极管 D4、D5 封装。

二极管 D4、D5 封装如图 7.14 所示，其封装名称为 DIO8.6-6.0x2.2。其中，焊盘尺寸为 2 mm，焊盘中心间距为 8.6 mm，外框轮廓尺寸为 6.0 mm×2.2 mm。

（9）二极管 D6、D7、D8 封装。

二极管 D6、D7、D8 封装如图 7.15 所示，其封装名称为 DIO5.6-3.2x1.8。其中，焊盘尺寸为 2 mm，焊盘中心间距为 5.6 mm，外框轮廓尺寸为 3.2 mm×1.8 mm。

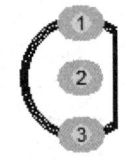

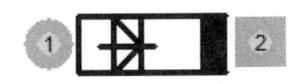

图 7.13　三极管 9012、9013 封装　　　图 7.14　二极管 D4、D5 封装　　　图 7.15　二极管 D6、D7、D8 封装

（10）继电器 K1 封装。

继电器 K1 封装如图 7.16 所示，其封装名称为 JDQ。其中，焊盘直径为 2 mm；从右上方开始，焊盘标识符沿顺时针方向分别为"1"～"6"；左右焊盘中心间距为 8 mm，第一行与第二行的焊盘中心间距为 10.5 mm，第二行与第三行的焊盘中心间距为 2.5 mm，封装外框轮廓为 11 mm×16 mm，焊盘"1"设置为 Rectangle（方形），其余焊盘设置为 Round（圆形）。

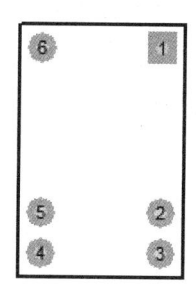

图 7.16 继电器 K1 封装

任务 7.2 红外感应开关电路原理图设计

7.2.1 绘制红外感应开关电路原理图

步骤 1▶ 根据任务 7.1 提供的封装图元和数据制作相关元器件和元器件封装。

步骤 2▶ 新建项目文件。执行菜单"文件"→"创建"→"项目"→"PCB 项目"命令，将新建的项目文件选择合适的路径另存为"红外感应开关.PrjPcb"。

步骤 3▶ 新建原理图文件。执行菜单"文件"→"创建"→"原理图"命令，将新建的原理图文件选择合适的路径另存为"红外感应开关.SchDoc"。

步骤 4▶ 原理图设计。根据图 7.1 所示电路绘制红外感应开关电路原理图。红外感应开关电路中各元器件的参数见表 7.1。

表 7.1 红外感应开关电路中各元器件的参数

元 器 件	标 识 符	元器件库中的名称	封 装 名 称	封装所在元器件库
1/8W 电阻	R1～R6、R8、R10～R15	Res2	AXIAL-0.3	Miscellaneous Devices.IntLib
1W 电阻	R7、R9	Res2	AXIAL-0.5	Miscellaneous Devices.IntLib
电位器	Rp1	Rp（自制）	DWQ	自制
集成芯片	U1	HEF4093BP（自制）	DIP14	Dallas Logic Delay Line.IntLib
接线端子	J1	Header 2	KF301-2	自制
接线端子	J2	Header 2	SIP-2	自制
瓷片电容	C1、C2、C5	Cap	RAD-0.1-A	自制
电解电容	C3、C4	Cap Pol2	RB.08-.17	自制
PNP 三极管	V1～V4	PNP	TO-92-A	自制
NPN 三极管	V5	NPN	TO-92-A	自制
整流二极管	D4、D5	Diode 1N4007	DIO8.6-6.0x2.2	自制
检波二极管	D6～D8	Diode 1N4148	DIO5.6-3.2x1.8	自制
红外接收二极管	D1	Photo Sen	VD	自制
红外发射二极管	D2	LED0	VD	自制
发光二极管	D3	LED1	VD	自制
继电器	K1	K（自制）	JDQ	自制

如果某个元器件由多个相同功能的子元器件组成，即在一个封装里有多个功能相同、工作相互独立的子元器件，在进行元器件属性设置时要按实际元器件中的功能单元数合理

设置元器件标识符。

本例中集成芯片 U1 为施密特触发器 HEF4093BP，内含 4 个相同功能的施密特触发器。在绘制原理图时，需要将使用的 4 个触发器的标识符分别设置为 U1A、U1B、U1C 和 U1D，即这 4 个触发器都属于 U1 这个芯片，在 PCB 设置时只需要添加同一个元器件封装即可。如果 4 个触发器的标识符分别设置为 U1A、U2A、U3A 和 U4A，则需要使用 4 个元器件封装，将造成不必要的浪费。

标识符中的 U1 是指 U1 这个芯片，A 表示芯片中的第一个单元电路，B 表示第二个单元电路，C 表示第三个单元电路，D 表示第四个单元电路。

设置元器件 U1 时，双击元器件，弹出"元件属性"对话框，如图 7.17 所示。其中"标识符"设置为 U1；"注释"属性下方的"<"">"等按钮是用来选择第几套功能单元的，具体显示在后面的"Part3/4"中，"4"表示芯片共有 4 个相同的功能单元，"3"表示当前选择第 3 个功能单元，即元器件标识符为 U1，显示的标号为 U1C，如图 7.18 所示。

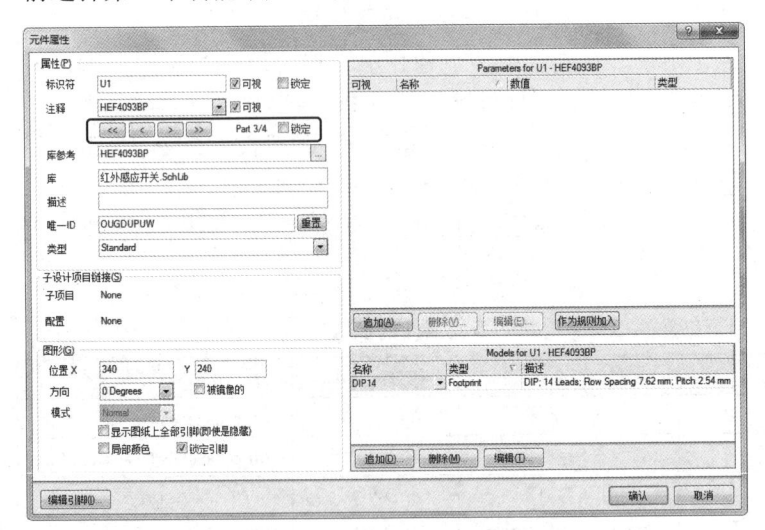

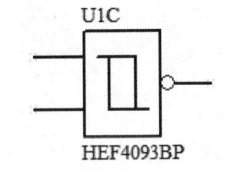

图 7.17 "元件属性"对话框　　　　图 7.18 U1 中的第 3 个功能单元

需要注意的是，原理图中显示的标识符中的 A、B、C、D 不是在"标识符"文本框中输入的。

7.2.2 原理图文件错误检查

原理图设计完成后，需要对其进行编译检查，根据"Messages"窗口中的错误和警告信息进行相应的修改，对布线无影响的警告可以忽略，最后将原理图保存。

步骤 5 在原理图界面中，执行菜单"项目管理"→"Compile Document 红外感应开关.SchDoc"命令，对原理图文件进行编译，然后根据"Messages"窗口中的错误和警告信息进行相应的修改。"Messages"窗口可以执行"查看"→"工作区面板"→"System"→"Messages"命令进行查看。

本例的"Messages"窗口如图 7.19 所示，只有两个警告信息，原因是电路中包含隐藏的元器件引脚，如果将隐藏的引脚设置成不隐藏，然后直接连接到 VCC 和 GND，警告信息即可消失。由于该警告信息对 PCB 布线不造成影响，可以忽略。

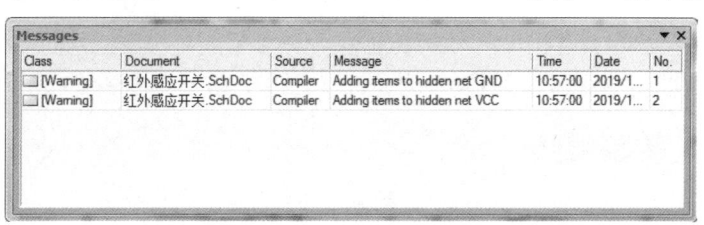

图 7.19 "Messages" 窗口

任务 7.3　PCB 文件的创建与封装导入

7.3.1　PCB 文件的创建

步骤 6▶新建 PCB 文件。执行菜单"文件"→"创建"→"PCB 文件"命令，将新建的 PCB 文件选择合适的路径另存为"红外感应开关.PcbDoc"。

系统默认的单位为英制单位，本项目设计过程中使用公制单位，需要进行单位切换。

步骤 7▶执行菜单"查看"→"切换单位"命令或按 Q 键，完成单位切换。

步骤 8▶执行菜单"设计"→"PCB 选择项"命令，弹出"PCB 选择项"对话框。将对话框中"捕获网格"的"X""Y"设置为 0.5 mm，"元件网格"的"X""Y"设置为 0.5 mm，"可视网格"的"网格 1"设置为 1 mm，"网格 2"设置为 10 mm。

步骤 9▶执行菜单"设计"→"PCB 层次颜色"命令，弹出"板层和颜色"对话框，选中"系统颜色"栏中"Visible Grid1"后的复选框，然后单击"确认"按钮。

步骤 10▶执行菜单"工具"→"优先设定"命令，弹出"优先设定"对话框。选中左侧的"Display"选项后，在右侧的"表示"选项区中选中"原点标记"复选框，然后单击"确认"按钮，此时界面显示坐标原点。

步骤 11▶执行菜单"编辑"→"原点"→"设定"命令，在左下方的位置设定原点。

7.3.2　绘制 PCB 电气边框

步骤 12▶选中 Keep-out Layer（禁止布线层）为当前工作层。执行菜单"放置"→"直线"命令，从坐标原点开始绘制一个 77 mm×45 mm 的方框。

在禁止布线层中绘制的方框为粉色，此方框为 PCB 的电气边框，方框的尺寸即 PCB 的实际大小，后期的元器件布局与布线均在此方框中进行。

步骤 13▶放置螺钉孔。在 PCB 设计制作中，需要采用放置焊盘的方式制作螺钉孔。在合适的位置放置 4 个焊盘，焊盘的"X-尺寸""Y-尺寸""孔径"均设置为 3 mm，"标识符"均设置为 0，放置好螺钉孔的 PCB 如图 7.20 所示。

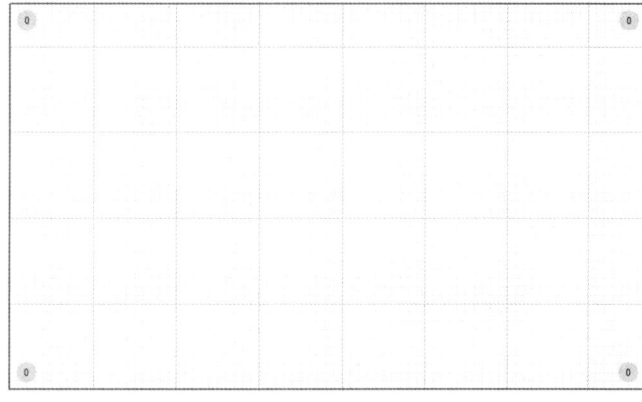

图 7.20　放置好螺钉孔的 PCB

步骤 14▶ 执行菜单"设计"→"PCB 形状"→"重新定义 PCB 形状"命令，根据电气边框重新定义与电气边框相同的 PCB 形状。

7.3.3 导入元器件封装

步骤 15▶ 回到已设计好的原理图界面，在原理图界面中，执行菜单"设计"→"Update PCB Document 红外感应开关.PcbDoc"命令，弹出"工程变化订单（ECO）"对话框，单击"使变化生效"按钮，系统将自动检测即将加载到 PCB 库编辑器中的文件中的网络和元器件封装是否正确。如果网络和元器件封装检查正确，在"状态"栏的"检查"栏内显示"√"，不正确则显示"×"，如图 7.21 所示。

图 7.21 "工程变化订单（ECO）"对话框

如果出现有"×"的情况，一般是没有找到正确的元器件封装，大多是因为没有装载正确的元器件库，只要仔细对照原理图设计时引用的各个元器件库，基本上是可以将错误改正的。

如果检查没有错误，那么单击"执行变化"按钮，系统将元器件封装和网络加载到 PCB 文件中。这时，PCB 库编辑器将会一项一项地执行网络和元器件封装的加载操作。如果加载过程正确，"状态"栏的"完成"栏将出现"√"；如果错误则显示"×"。如果网络和元器件封装的加载操作没有出现错误，那么就实现了从原理图向 PCB 的更新。

步骤 16▶ 如果没有出现错误，则单击"关闭"按钮，这时可以看到网络和元器件封装已经加载到当前文件中了，如图 7.22 所示。

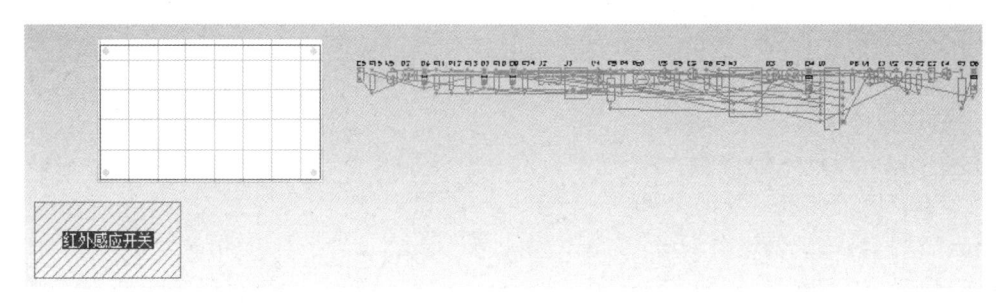

图 7.22 加载网络和元器件封装后的 PCB

任务 7.4　PCB 手工布局及修改焊盘属性

7.4.1　PCB 手工布局

从原理图加载过来的元器件封装和网络都处在一个系统自带的网状 Room 空间中,元器件封装呈一字形排列。移动 Room 空间,元器件封装也跟随着一起移动。在 Room 空间中,许多焊盘之间都有一条灰色的直线相连,这些直线称为网络飞线,网络飞线仅仅是用来表示各焊盘之间的连接关系的,不具备电气连接作用。

步骤 17▶执行菜单"工具"→"放置元件"→"Room 内部排列"命令后,将光标移动至 Room 空间内单击,元器件将自动按封装类型整齐排列在 Room 空间内,右击退出操作,此时元器件封装信息可能显示不完全。

步骤 18▶执行菜单"查看"→"更新"命令,信息刷新后重新显示,如图 7.23 所示。移动 Room 空间至电气边框附近。

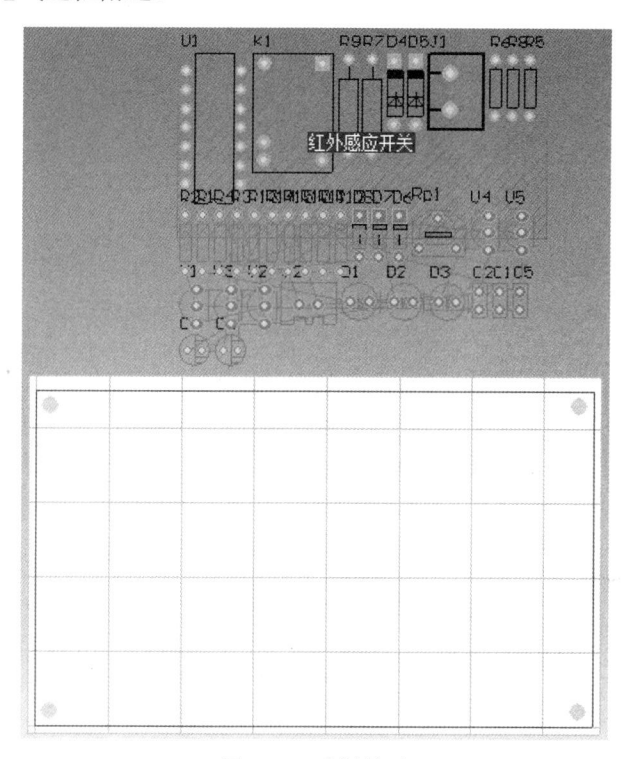

图 7.23　重新显示

步骤 19▶单击 Room 空间,按 Delete 键进行删除。

步骤 20▶根据信号流程和布局原则将元器件封装放置在合适的位置,同时尽量减少元器件网络飞线交叉。在移动过程中,根据需要可以按空格键使元器件封装旋转。

在布局时,一般情况下不能对元器件进行翻转,否则元器件封装镜像后不符合 PCB 设计要求。

手工布局后的 PCB 如图 7.24 所示。

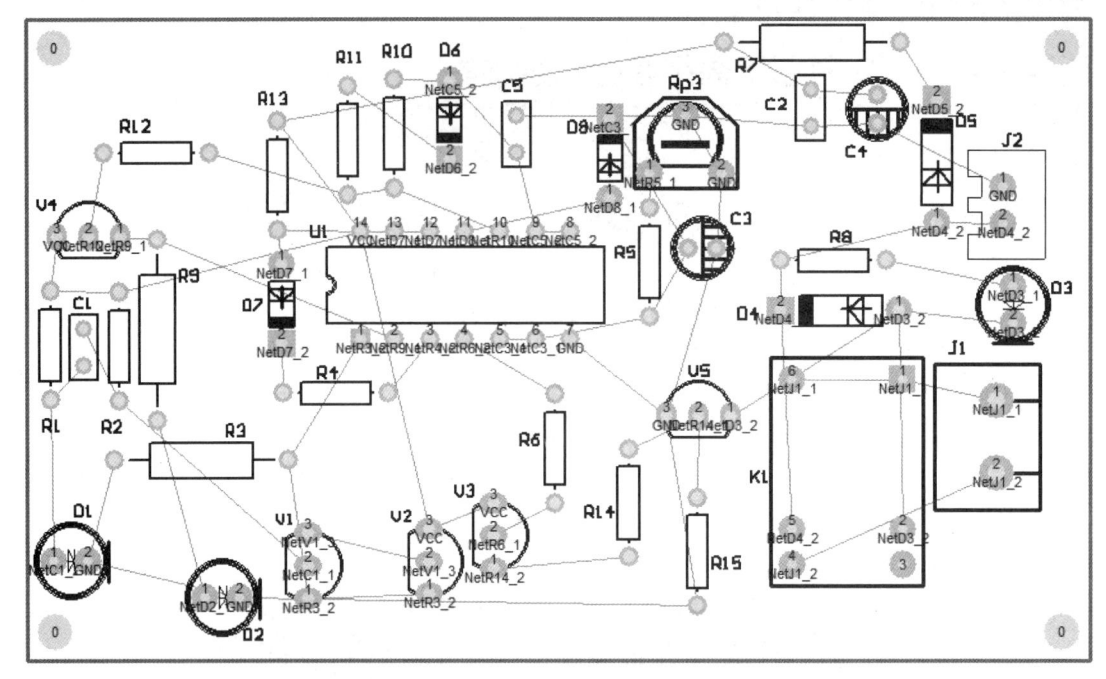

图 7.24 手工布局后的 PCB

7.4.2 修改焊盘属性

在完成布局的 PCB 中，由于部分封装的焊盘尺寸较小，在后期的电路焊接中不容易焊接，需要修改部分封装的焊盘尺寸。本例中，电阻封装 AXIAL-0.3 和 AXIAL-0.5 的焊盘尺寸均由 1.4 mm 修改为 2 mm，集成芯片封装 DIP14 的焊盘尺寸由 1.5 mm 修改为 2 mm。

由于需要修改的焊盘数量较多，可以采用全局修改功能对同一尺寸的焊盘直径进行统一修改。下面以修改电阻的焊盘为例进行讲解。

步骤 21▶右击需要修改尺寸的任意电阻焊盘，弹出快捷菜单，选择"查找相似对象"命令，弹出"查找相似对象"对话框，如图 7.25 所示。"Object Specific"中的"Pad X Size（All Layers）"和"Pad Y Size（All Layers）"为"1.4 mm"，单击与其对应的"Any"后面的 ▼ 按钮，选择"Same"，然后选中对话框下方的"选择匹配"复选框。设置完成后，单击"确认"按钮，弹出"检查器"对话框，如图 7.26 所示。此时，可以看到 PCB 中所有电阻的焊盘都呈高亮显示。

步骤 22▶将"Pad X Size（All Layers）"和"Pad Y Size（All Layers）"后的尺寸均修改为"2mm"，然后单击"确定"按钮。此时所有电阻的焊盘尺寸都已修改为 2 mm，且都呈高亮显示，PCB 其他区域显示为灰色。

步骤 23▶在任意空白区域右击，在弹出的菜单中执行"过滤器"→"清除过滤器"命令，PCB 恢复正常显示。

步骤 24▶用相同的方法将集成芯片封装 DIP14 的焊盘尺寸由 1.5 mm 修改为 2 mm，瓷片电容封装 RAD-0.1-A 的焊盘尺寸由 1.2 mm 修改为 2 mm。焊盘尺寸修改完成后的 PCB 如图 7.27 所示。

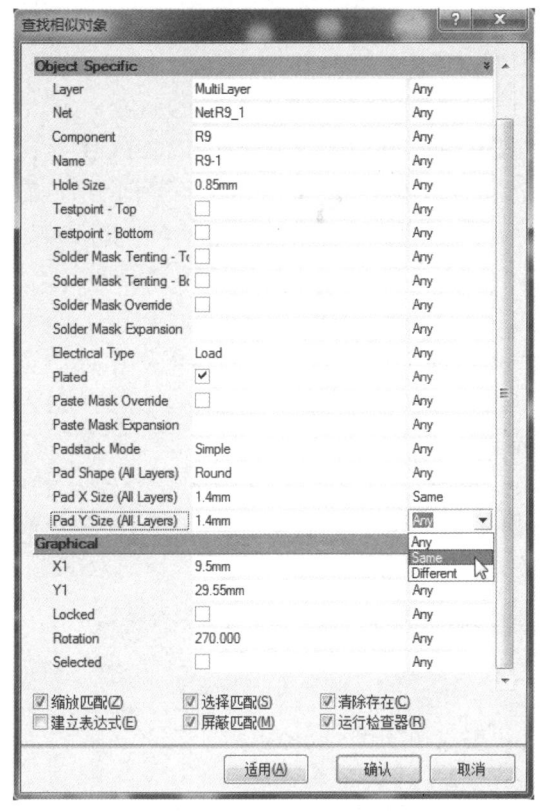

图 7.25 "查找相似对象"对话框

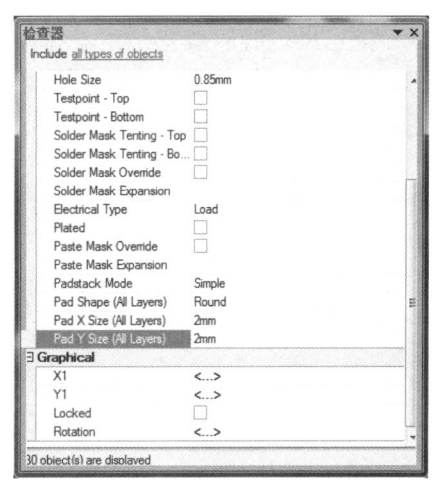

图 7.26 "检查器"对话框

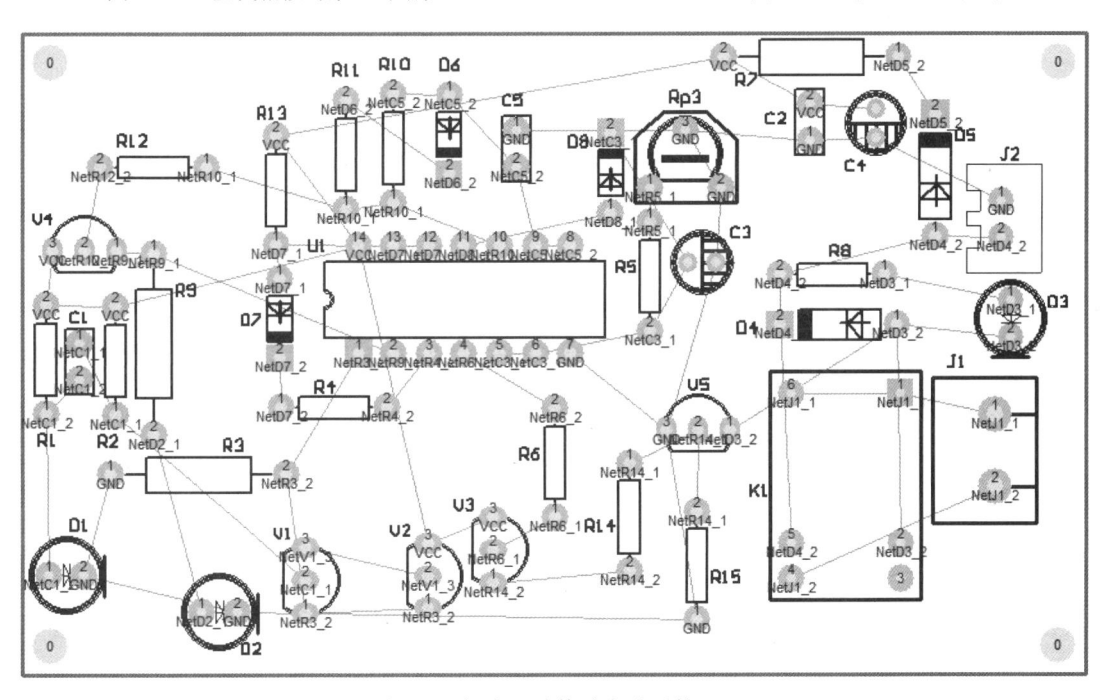

图 7.27 焊盘尺寸修改完成后的 PCB

任务 7.5　PCB 手工布线

将元器件封装进行合适的布局后，就可以对 PCB 进行布线了。在项目 6 的 PCB 设计中，没有加载网络，采用放置"直线"的方式进行布线。本项目中的 PCB 加载了网络，需要采用"交互式布线"的方式进行 PCB 布线。

7.5.1　线宽规则和最小间隙规则设置

交互式布线的线宽是由系统的线宽限制规则设定的，可以设置不同布线层中最小宽度、优选尺寸和最大宽度。设置好线宽规则后，交互式布线的线宽只能在最小宽度和最大宽度之间，超过此范围，系统则高亮显示并提示错误。

步骤 25▶ 执行菜单"设计"→"规则"命令，弹出"PCB 规则和约束编辑器"对话框，在对话框左侧选中"Routing"→"Width"，如图 7.28 所示。设置 Bottom Layer 的"最小宽度"为 1.2 mm，"优选尺寸"为 1.5 mm，"最大宽度"为 2 mm。

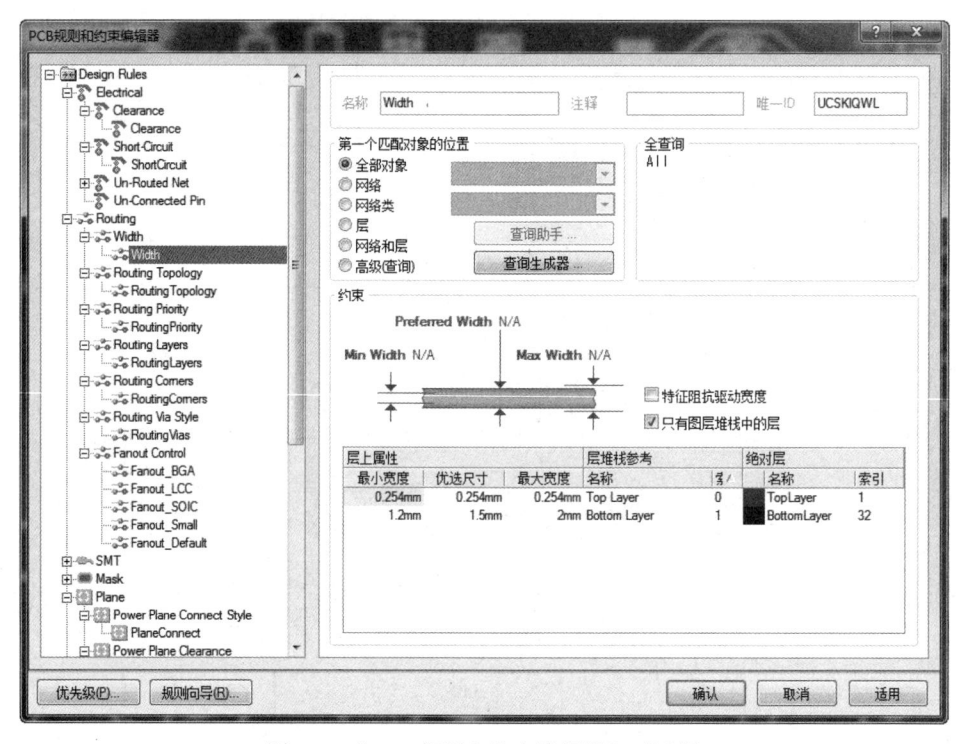

图 7.28　"PCB 规则和约束编辑器"对话框

在图 7.28 中，需要在对应的工作层设置布线的最小宽度、优选尺寸和最大宽度，在使用交互式布线时，系统默认的宽度为优选尺寸。系统默认的 Top Layer 和 Bottom Layer 的最小宽度、优选尺寸和最大宽度均为 0.254 mm。由于本例中使用的是单面板，只需要对 Bottom Layer 进行设置即可。

步骤 26▶ 在图 7.28 左侧选中"Electrical"→"Clearance"，设置最小间隙规则，如图 7.29 所示。将"约束"选项区的"最小间隙"设置为 0.5 mm。

图 7.29 设置最小间隙规则

7.5.2 布线

步骤 27 手工布线前应检查各封装焊盘之间的网络飞线是否正确。检查结束后将工作层切换至 Bottom Layer，准备进行手工布线。

步骤 28 执行菜单"放置"→"交互式布线"命令或单击工具栏的 按钮，此时光标变成十字形，单击需要布线的某个焊盘，移动光标根据网络飞线将线路连通，布线后，对应的网络飞线将消失。

在交互式布线的过程中，如果需要修改布线的宽度，可以在布线状态下，按 Tab 键，弹出如图 7.30 所示的"交互式布线"对话框，在对话框中的"Trace Width"选项中修改布线宽度。

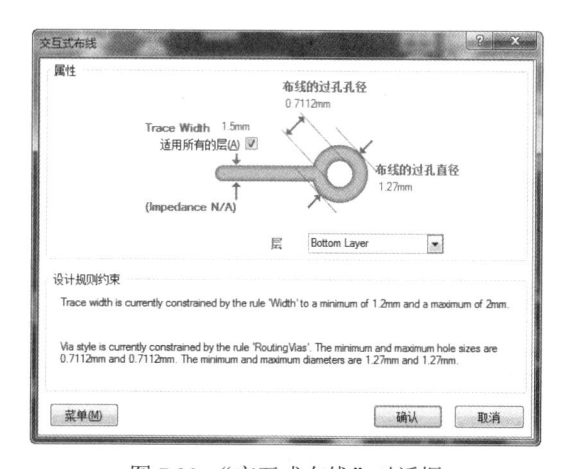

图 7.30 "交互式布线"对话框

在布线过程中，有时会出现连线无法通过的情况，一般是元器件封装的间隙不够，需要适当调整封装位置。在布线过程中，有时会出现连线无法从焊盘中央开始或者印制导线无法放置到想要放置的位置的情况，这时可以将捕获网格修改为 0.25 mm 或 0.1 mm。

手工布线后的 PCB 如图 7.31 所示。

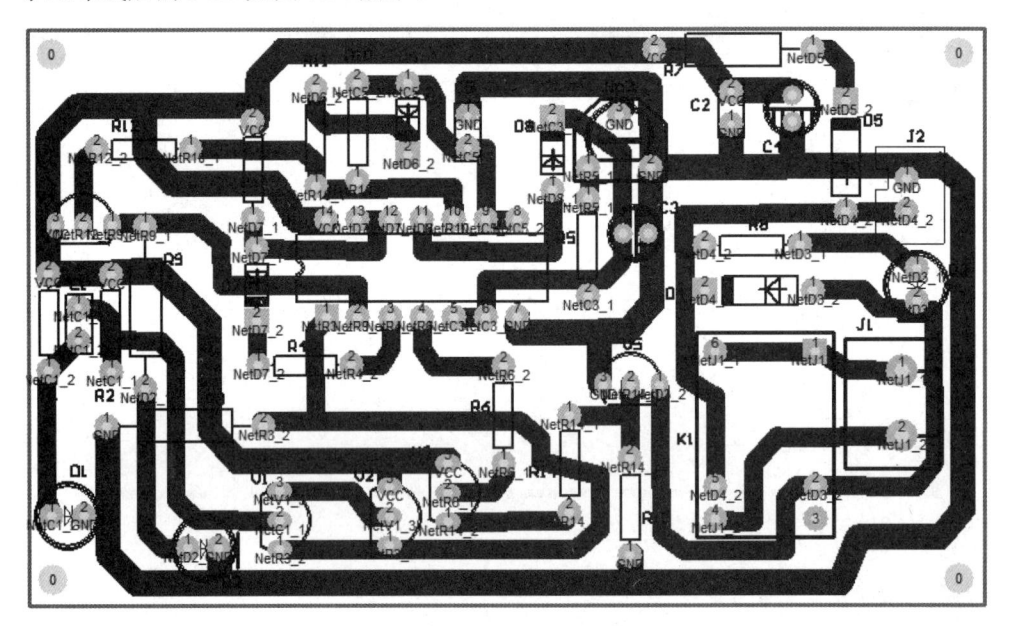

图 7.31 手工布线后的 PCB

在图 7.31 中，所有的"VCC"和"GND"的布线宽度均为 2 mm，其他网络布线宽度为 1.5mm。

任务 7.6　PCB 覆铜设计

在 PCB 设计中，有时部分线路的电流比较大，需要使用大面积铜箔。若是规则的矩形铜箔，可以在布线的区域采用放置"矩形填充"实现，若不是规则的矩形铜箔，则必须使用覆铜来实现。

下面以 PCB 右上角的网络"GND"放置覆铜为例来介绍覆铜的使用方法。

7.6.1　设置覆铜连接方式

步骤 29▶ 执行菜单"设计"→"规则"命令，弹出"PCB 规则和约束编辑器"对话框，在该对话框中进行覆铜方式设置。选中"Plane"→"PolygonConnect"进入规则设置，如图 7.32 所示。在"连接方式"下拉列表框中选中"Direct Connect"，设置连接方式为直接连接，单击"确认"按钮。

7.6.2　放置覆铜

步骤 30▶ 将当前工作层切换至底层（Bottom Layer）。

项目 7　红外感应开关电路仿制

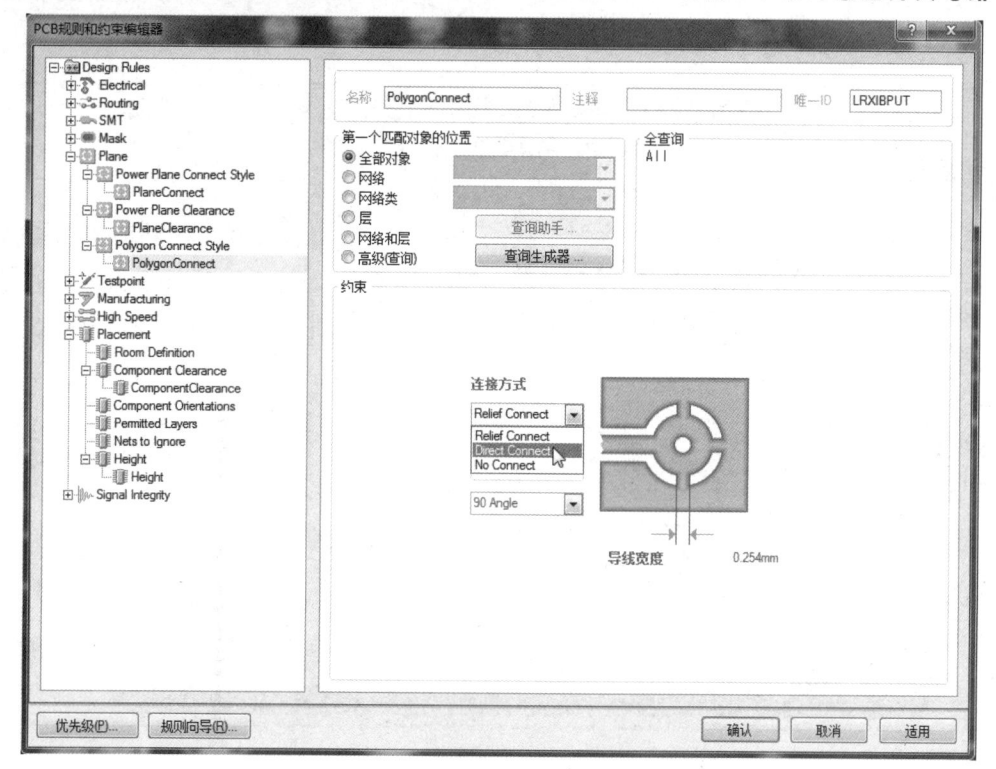

图 7.32　"PCB 规则和约束编辑器"对话框

步骤 31 ▶ 执行菜单"放置"→"覆铜"命令，或单击工具栏　按钮，弹出如图 7.33 所示的"覆铜"对话框。在对话框中，将覆铜的"填充模式"设置为"实心填充（铜区）"，"层"设置为"Bottom Layer"，"连接到网络"设置为"GND"，连接方式设置为"Pour Over All Same Net Objects"。

步骤 32 ▶ 设置完毕后单击"确认"按钮进入放置覆铜状态，移动光标到适当的位置，单击确定覆铜区域的第一个起点位置，然后根据需要移动光标并单击，直至绘制完一个封闭的覆铜区间，覆铜放置完毕后在空白处右击退出放置覆铜状态，覆铜放置效果如图 7.34 所示。

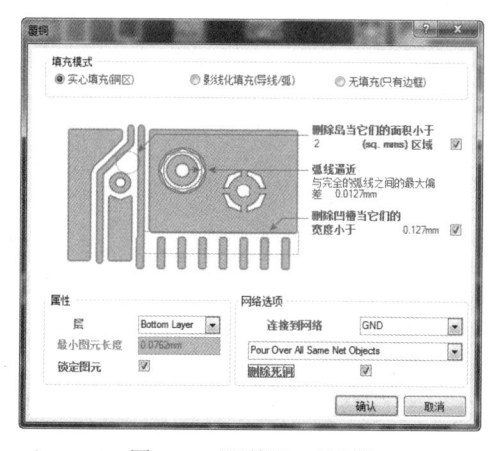

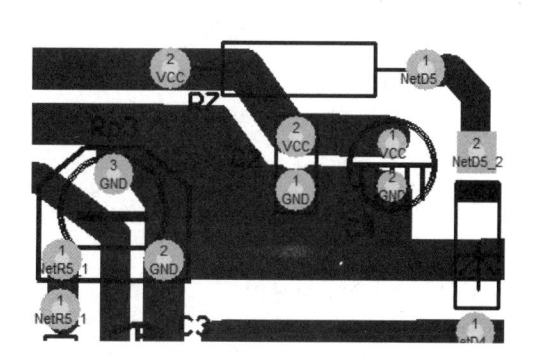

图 7.33　"覆铜"对话框　　　　　图 7.34　覆铜放置效果

137

设计完成的红外感应开关电路 PCB 如图 7.35 所示。

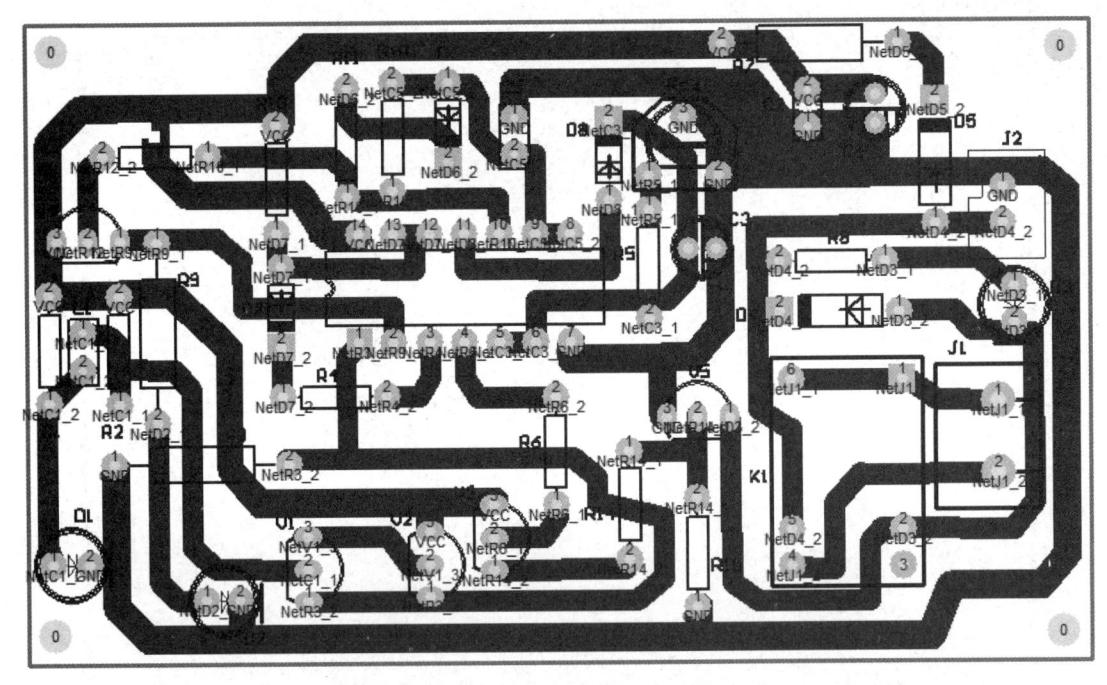

图 7.35 设计完成的红外感应开关电路 PCB

项目小结

本项目以红外感应开关电路的仿制为例,详细介绍了利用 Protel DXP 2004 SP2 进行电路设计的一般过程。设计 PCB 一般包括创建项目文件、设计电路原理图、PCB 的布局与布线原则、PCB 的规划、网络和元器件封装的载入、元器件封装的布局、PCB 线宽规则设置、单面板 PCB 的手工布线和覆铜方法等知识,读者通过以上知识的学习,能快速掌握普通 PCB 的设计过程和方法,能独立完成一个简单 PCB 项目的设计。

思考与练习

1. PCB 布局应遵循哪些原则?
2. PCB 布线应遵循哪些原则?
3. PCB 覆铜的填充模式有哪几种?
4. 交互式布线和放置直线布线有何区别?
5. 如何从原理图加载网络和元器件封装到 PCB 中?
6. 根据图 7.36 所示 RC 正弦信号发生器电路绘制 PCB,设计要求:采用单面板进行设计,PCB 尺寸为 2 200 mil×1 500 mil,四个角放置螺钉孔,螺钉孔直径为 120 mil,布线宽度为 50 mil,电源和地线的线宽为 60 mil,地线加粗。

项目 7　红外感应开关电路仿制

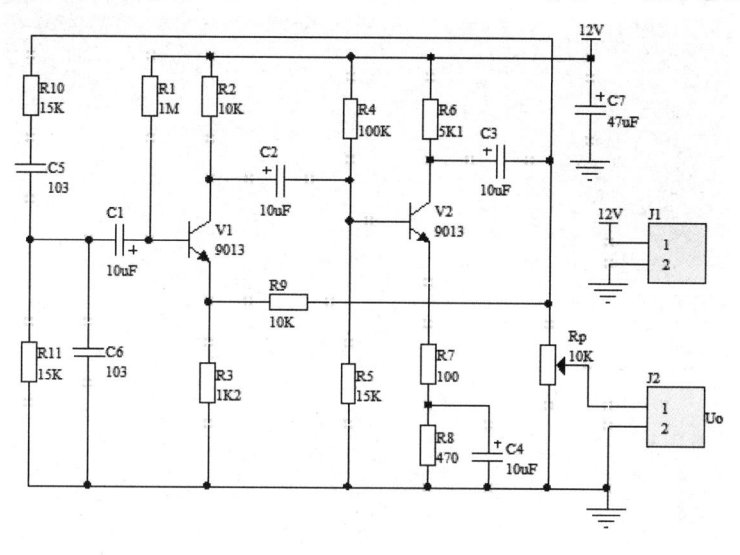

图 7.36　RC 正弦信号发生器电路

项目 8

LED 节能灯驱动电路仿制

项目描述

本项目通过对 LED 节能灯驱动电路的设计，介绍低频矩形 PCB 单面板采用双面放置元器件的方法，从而减小 PCB 的元器件密度，提高 PCB 布线效率、降低布线难度。本例中，有部分元器件封装与元器件库中自带的元器件封装不相同，必须自行设计元器件封装。

LED 节能灯驱动电路由一款专用于 LED 照明的恒流驱动芯片 MC5832D 及其附属电路构成，适用于 85～265 V，是小功率非隔离降压型 LED 照明应用电路。LED 节能灯驱动电路原理图如图 8.1 所示。

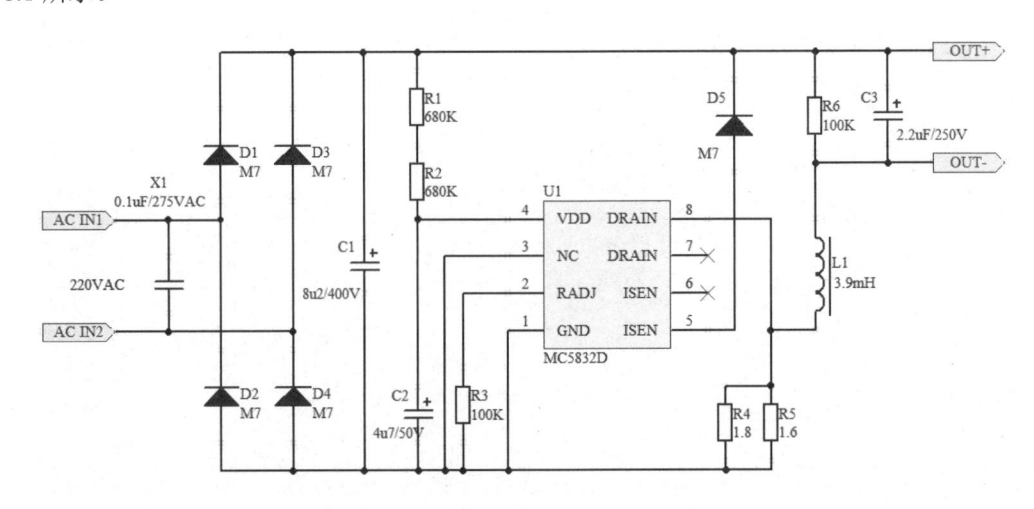

图 8.1 LED 节能灯驱动电路原理图

MC5832D 芯片内部集成 500V 高压 MOSFET，工作在 CRM 模式，可在全电压范围下工作，具有良好的线性调整率、负载调整率及优异的恒流特性，只需很少的外围元器件就能实现其功能。它是低成本、高效率的 LED 恒流控制器。

在设计 PCB 时，需要遵循以下规则。

（1）VCC 的旁路电容需要紧靠 VCC 和 GND 引脚。

（2）RADJ 引脚需要接地。

（3）电流采样电阻的功率地线尽可能短，且要和芯片的地线及其他小信号的地线分头接到母线电容的地端。

（4）减小功率环路的面积，如功率电感、功率管、母线电容的环路面积，以及功率电感、续流二极管、输出电容的环路面积，以减小电磁干扰辐射。

（5）NC 引脚内部无连接，可以悬空或接地。

（6）增加 DRAIN 引脚的覆铜面积以提高芯片散热能力。

学习目标

- 掌握原理图错误的检查方法。
- 了解 PCB 的布局与布线原则。
- 掌握元器件在单面板底层的放置方法和技巧。
- 进一步熟悉交互式布线和覆铜的使用方法。
- 掌握 PCB 露铜的方法。
- 掌握 PCB 元器件报表的生成方法。

项目实施

任务 8.1　准备工作

8.1.1　绘制元器件符号

在 LED 节能灯驱动电路原理图中，驱动芯片 MC5832D 和功率电感 L1 在元器件库中没有对应的元器件封装，必须自行设计。MC5832D 和功率电感的元器件符号如图 8.2 所示。

8.1.2　设计元器件封装

（1）方块电容 X1 封装信息：左、右焊盘中心间距为 10 mm，焊盘直径为 2 mm，焊盘孔径为 0.8 mm，元器件外框尺寸为 13 mm×6 mm，封装名称为 RAD-0.5，如图 8.3 所示。

（a）MC5832D 的元器件符号　　（b）功率电感的元器件符号

图 8.2　MC5832D 和功率电感的元器件符号

（2）大电解电容 C1 封装信息：外形虽然为圆柱形，但是由于圆柱高度太大，所以采用卧式封装；焊盘中心间距为 4.5 mm，焊盘直径为 2 mm，焊盘孔径为 0.8 mm，元器件外框尺寸为 10.5 mm×18 mm，靠近焊盘 2 的方向放置矩形填充（表示电容负极），封装名称为 RAD-0.6，如图 8.4 所示。

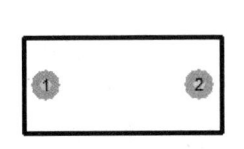

图 8.3　方块电容 X1 封装　　　　　图 8.4　大电解电容 C1 封装

（3）小电解电容 C2 封装信息：左、右焊盘中心间距为 2 mm，焊盘直径为 1.4 mm，焊盘孔径为 0.8 mm，元器件外框圆半径为 2.6 mm，封装名称为 RB2-2.6，如图 8.5 所示。

（4）小电解电容 C3 封装信息：左、右焊盘中心间距为 3 mm，焊盘直径为 1.4 mm，焊盘孔径为 0.8 mm，元器件外框圆半径为 3.5 mm，封装名称为 RB3-3.5，如图 8.5 所示。

（5）功率电感封装信息：相邻焊盘左、右中心间距为 10 mm，上、下中心间距为 9 mm，焊盘直径为 2 mm，焊盘孔径为 0.8 mm，元器件外框尺寸为 14 mm×13 mm，上排焊盘标识符为 1、3，下排焊盘标识符为 2、4，封装名称为 GLL，如图 8.6 所示。

图 8.5　小电解电容 C2、C3 封装　　　　　图 8.6　功率电感封装

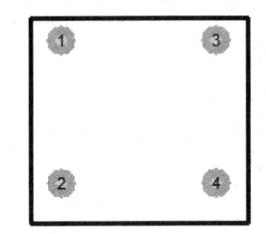

任务 8.2　LED 节能灯驱动电路原理图设计和文件检查

8.2.1　LED 节能灯驱动电路原理图设计

步骤 1▶ 新建项目文件。执行菜单"文件"→"创建"→"项目"→"PCB 项目"命令，将新建的项目文件选择合适的路径另存为"LED 节能灯驱动电路.PrjPcb"。

步骤 2▶ 新建原理图文件。执行菜单"文件"→"创建"→"原理图"命令，将新建的原理图文件选择合适的路径另存为"LED 节能灯驱动电路.SchDoc"。

步骤 3▶ 原理图设计。根据图 8.1 绘制 LED 节能灯驱动电路原理图。LED 节能灯驱动电路原理图中各元器件的参数和封装信息见表 8.1。在绘制 LED 节能灯驱动电路原理图时，由于 U1 的第 6 和 7 引脚为悬空状态，可以放置忽略 ERC 检查指示符，防止在检查时报错。原理图设计完成后，需要对其进行编译检查，如果有错误则修改错误，最后保存原理图。

项目 8　LED 节能灯驱动电路仿制

表 8.1　LED 节能灯驱动电路原理图中各元器件的参数和封装信息

元器件类别	标识符	元器件符号名称	元器件所在元器件库	元器件封装名
集成芯片	U1	MC5832D（自制）	自制	DIP8
方块电容	X1	Cap	Miscellaneous Devices.IntLib	RAD-0.5（自制）
贴片二极管	D1~D5	Diode 1N4007	Miscellaneous Devices.IntLib	SMA
贴片电阻	R1~R6	Res2	Miscellaneous Devices.IntLib	CR3218-1206
大电解电容	C1	Cap Pol2	Miscellaneous Devices.IntLib	RAD-0.6（自制）
小电解电容	C2	Cap Pol2	Miscellaneous Devices.IntLib	RB2-2.6（自制）
小电解电容	C3	Cap Pol2	Miscellaneous Devices.IntLib	RB3-3.5（自制）
功率电感	L1	GLL（自制）	自制	GLL（自制）

8.2.2　LED 节能灯驱动电路原理图文件的检查

步骤 4▶ LED 节能灯驱动电路原理图文件的检查。在原理图界面中，执行菜单"项目管理"→"Compile Document LED 节能灯驱动电路.SchDoc"命令，对 LED 节能灯驱动电路原理图文件进行编译，然后根据"Messages"窗口中的错误和警告信息进行相应的修改，对布线不造成影响的警告信息可以忽略。"Messages"窗口可以执行"查看"→"工作区面板"→"System"→"Messages"命令来查看。

本例中，"Messages"窗口如图 8.7 所示。其中，有两个警告信息。出现这两个警告信息的原因是电路的输出端使用了电路端口。在 PCB 设计时，在相应的位置放置焊盘作为输出接口端，然后设置焊盘网络与对应的电路端口网络一致即可。这两个警告信息对 PCB 布线不造成影响，可以忽略。

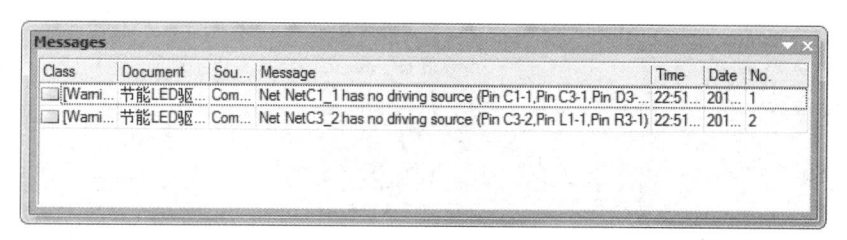

图 8.7　"Messages"窗口

任务 8.3　PCB 文件的创建与元器件封装的导入

8.3.1　PCB 文件的创建

步骤 5▶ 新建 PCB 文件。执行菜单"文件"→"创建"→"PCB 文件"命令，将新建的 PCB 文件选择合适的路径另存为"LED 节能灯驱动电路.PcbDoc"。

步骤 6▶ 执行菜单"设计"→"PCB 选择项"命令，弹出"PCB 选择项"对话框，将对话框中"捕获网格"的"X""Y"设置为 20 mil，"元件网格"的"X""Y"设置为 20 mil，"可视网格"的"网格 1"设置为 20 mil，"网格 2"设置为 100 mil。

步骤 7▶ 执行菜单"设计"→"PCB 层次颜色"命令，在弹出的"板层和颜色"对话框

143

中，设置"Visible Grid1"为显示状态。

步骤 8▶ 执行菜单"工具"→"优先设定"命令，在弹出的"优先设定"对话框中选中左侧的"Display"选项，设置坐标原点为显示状态。

步骤 9▶ 执行菜单"编辑"→"原点"→"设定"命令，在左下方的位置设定原点。

步骤 10▶ 单击工作区下方的 Keep-Out Layer 标签，将当前工作层设置为 Keep-Out Layer（禁止布线层）。

步骤 11▶ 执行菜单"放置"→"直线"命令，绘制一个 2 300 mil×960 mil 的电气边框。

在禁止布线层中绘制的方框为粉色，此方框为 PCB 的边框，方框的尺寸即 PCB 的实际大小，后期的元器件布局与布线均在此方框中进行。

8.3.2 导入元器件封装

步骤 12▶ 在原理图界面中，执行菜单"设计"→"Update PCB Document LED 节能灯驱动电路.PcbDoc"命令，弹出"工程变化订单（ECO）"对话框，单击"使变化生效"按钮，系统将自动检测即将加载到 PCB 库编辑器中的文件"LED 节能灯驱动电路.PcbDoc"中的网络和元器件封装是否正确。如果网络和元器件封装检查正确，在"状态"栏的"检查"栏内显示"√"，不正确的显示"×"，如图 8.8 所示。

图 8.8 "工程变化订单（ECO）"对话框

步骤 13▶ 若图 8.8 中所有网络和元器件封装全部正确，则单击"执行变化"按钮，系统将元器件封装和网络添加至 PCB 库编辑器中，单击"关闭"按钮关闭"工程变化订单（ECO）"对话框，加载的元器件封装和网络如图 8.9 所示。

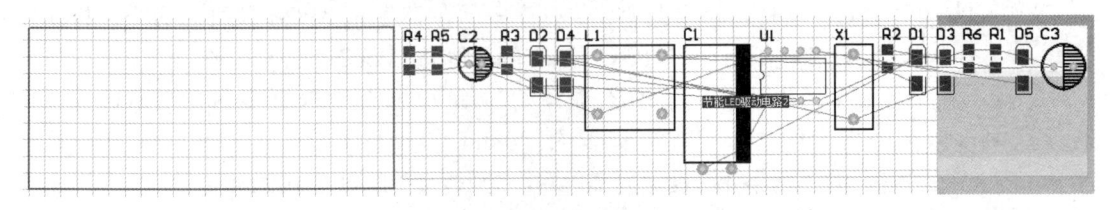

图 8.9 加载的元器件封装和网络

任务 8.4　PCB 手工布局

步骤 14▶在 PCB 库编辑器中，执行菜单"工具"→"放置元件"→"Room 内部排列"命令，移动光标至 Room 空间内单击，元器件将自动按类型整齐排列在 Room 空间内，右击结束操作。元器件封装移动后，有时会有些飞线没有及时更新，画面出现残缺，可以执行菜单"查看"→"更新"命令来刷新画面。移动后的元器件布局如图 8.10 所示。

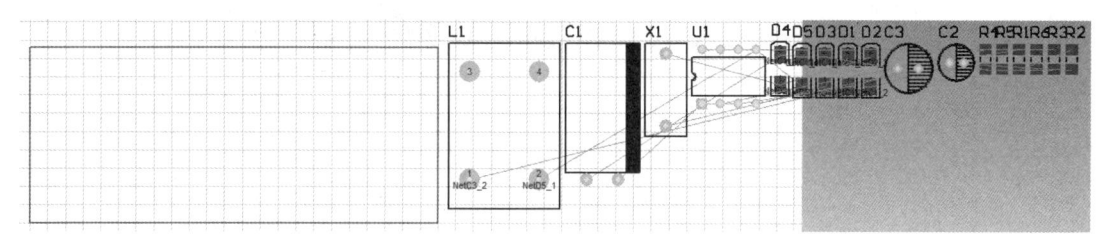

图 8.10　移动后的元器件布局

在图 8.10 中，由于元器件是按类型排列的，不能满足实际的布局要求，必须通过手工布局的方式对元器件封装进行布局。

本例中，PCB 采用单面板，由于元器件封装有通孔式和贴片式两种，考虑到元器件封装的放置与电路布线的方便，在布局时应将所有贴片元器件放置在 PCB 的底层。由于所有贴片元器件的封装默认都在 Top Layer，只能放置在 PCB 的顶层，设计 PCB 时需要将其所在层修改为 Bottom Layer。

步骤 15▶双击贴片元器件二极管封装 D1，弹出"元件 D1"对话框，如图 8.11 所示。在对话框的"元件属性"选项区中，在"层"下拉列表框中选中"Bottom Layer"，然后单击"确认"按钮。

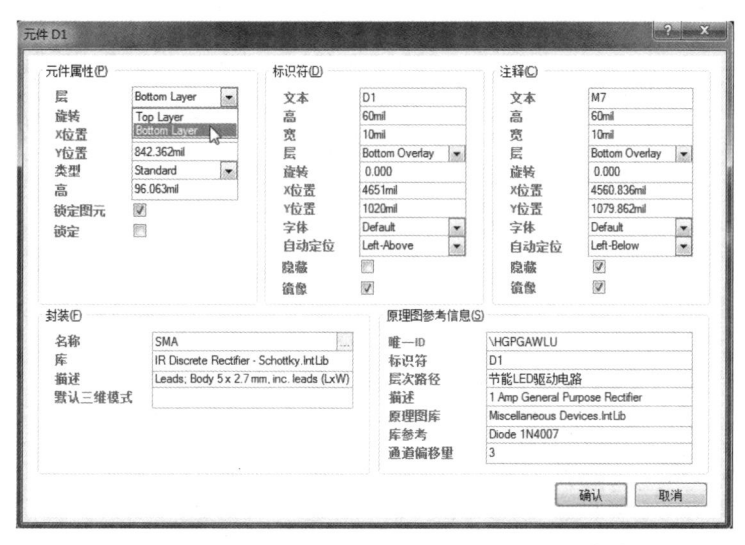

图 8.11　"元件 D1"对话框

步骤 16▶用相同的方法将所有贴片元器件封装所在层修改为 Bottom Layer。

贴片元器件封装所在层修改为 Bottom Layer 后，所有封装的轮廓不再在 Top Overlay 上，而变为 Bottom Overlay。由于 PCB 库编辑器默认不显示 Bottom Overlay，需要设置 Bottom Overlay 显示才能看得见。

步骤 17▶ 执行菜单"设计"→"PCB 层次颜色"命令，弹出"板层和颜色"对话框，将"丝印层"栏的"Bottom Overlay"后的复选框选中，如图 8.12 所示，单击"确认"按钮。此时，PCB 中的贴片元器件焊盘全部由红色变为蓝色，贴片元器件的标识符由黄色变为金色，如图 8.13 所示。

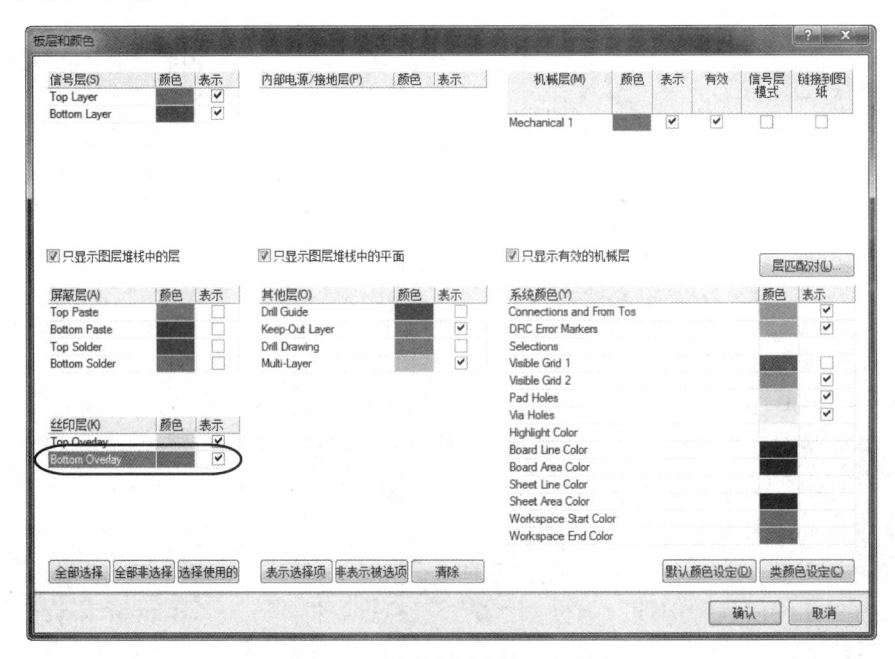

图 8.12 "板层和颜色"对话框

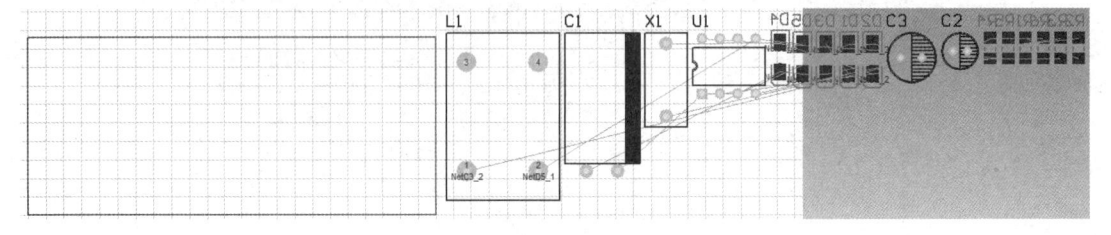

图 8.13 Bottom Overlay 显示效果

在进行手工布局前，还需要对元器件间距限制规则进行设置，否则，当 Bottom Layer 的贴片元器件封装与 Top Layer 的封装重叠时，系统将高亮显示并提示警告或错误。

步骤 18▶ 执行菜单"设计"→"规则"命令，弹出"PCB 规则和约束编辑器"对话框，在对话框左侧选中"Placement"→"Component Clearance"，如图 8.14 所示。右侧的"间隙"用于设置元器件之间的最小间距值；在"约束"选项区中，选中"检查模式"下拉列表框中的"Multi Layer Check"即可。

在"检查模式"下拉列表框中，有 3 种检查模式，其中"Quick Check"为快速检查模式，只根据元器件的外形尺寸来限制布局；"Multi Layer Check"为多层检查模式，根据元

器件的外形尺寸以及焊盘分布来限制布局;"Full Check"为完全检查模式,根据元器件的真实形状来限制布局。

图 8.14 "PCB 规则和约束编辑器"对话框

步骤 19▶ 在"PCB 规则和约束编辑器"对话框中,选中"Routing"→"Width",设置 Bottom Layer 的"最小宽度"为 0.5 mm,"优选尺寸"为 2 mm,"最大宽度"为 3 mm,如图 8.15 所示。设置完成后单击"确认"按钮。

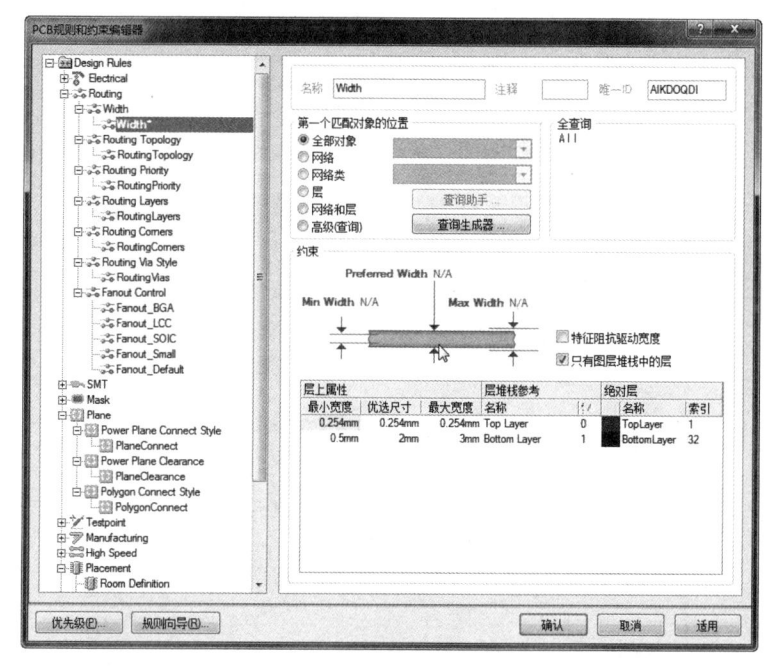

图 8.15 设置布线线宽

步骤 20▶ 单击网状 Room 空间，按 Delete 键进行删除。

步骤 21▶ 根据信号流程和布局原则将元器件封装放置在合适的位置，同时尽量减少元器件网络飞线交叉。用鼠标拖动元器件放置在合适的位置。在手工布局过程中，根据需要可以按空格键使元器件封装旋转，但是不能翻转。在移动过程中，底层封装的标识符文本是反的，标识符文本同样可以按空格键进行旋转，但是不能翻转，否则在后期制作出来的 PCB 上，Bottom Overlay（底层丝印层）的标识符都是翻转显示的，不利于电路的安装与检修工作。手工布局后的 PCB 如图 8.16 所示。

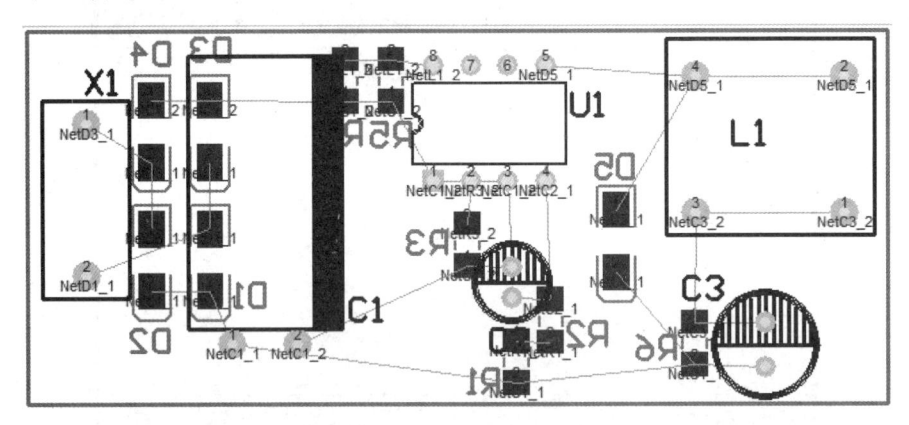

图 8.16 手工布局后的 PCB

本例中，电路连接交流电源和 LED 是以独立焊盘的方式完成的。为了顺利连接电路，必须放置 4 个独立的焊盘，焊盘的网络设置成与之相连的元器件封装焊盘的网络。由于用户在绘制原理图时连接的方式不同，同一个元器件封装的同一个焊盘的网络有可能不同，在设置网络时需要参考实际的原理图或网络进行设置。

步骤 22▶ 执行菜单"放置"→"焊盘"命令，在电源输入端的合适位置放置两个焊盘，在输出端的合适位置放置另外两个焊盘。

步骤 23▶ 双击电源端的某个独立焊盘，弹出"焊盘"对话框，如图 8.17 所示。将"标识符"修改为 0，在"网络"下拉列表框中选择"NetD3_1"，单击"确认"按钮。

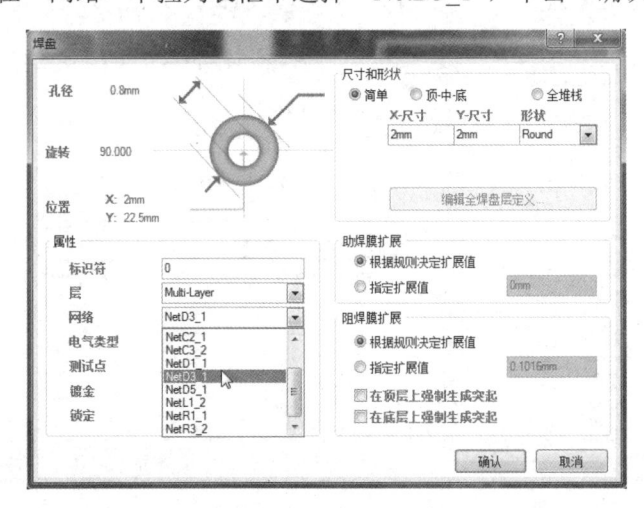

图 8.17 "焊盘"对话框

项目 8 LED 节能灯驱动电路仿制

步骤 24▶用相同的方法对另外 3 个独立焊盘进行设置。电源端的另外一个独立焊盘的网络为"NetD1_1",输出端的两个焊盘的网络分别为"NetC3_2"和"NetC1_1"。网络修改完成后,独立焊盘与其相连的元器件封装焊盘之间出现了飞线。设置好独立焊盘的 PCB 如图 8.18 所示。

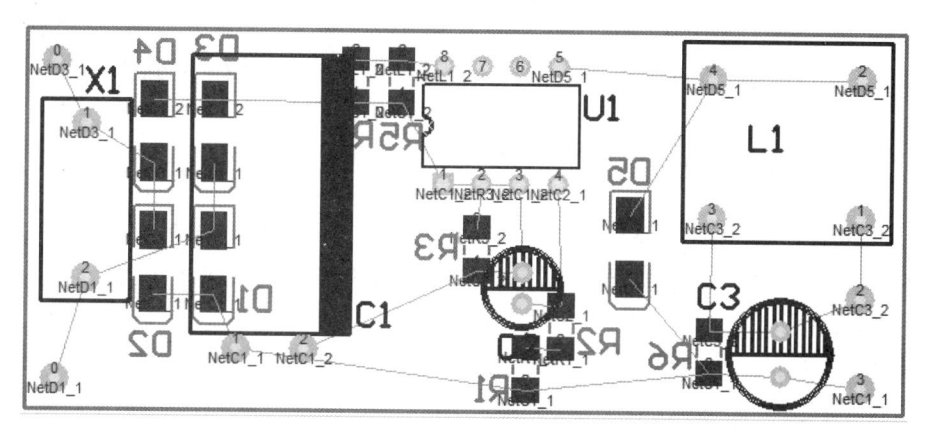

图 8.18 设置好独立焊盘的 PCB

步骤 25▶执行菜单"设计"→"PCB 形状"→"重新定义 PCB 形状"命令,根据电气边框重新定义与电气边框相同的 PCB 形状。

任务 8.5 PCB 手工布线

步骤 26▶手工布线前应检查各封装焊盘之间的网络飞线是否正确。检查结束后将工作层切换至 Bottom Layer,准备进行手工布线。

步骤 27▶执行菜单"放置"→"交互式布线"命令或单击工具栏的 按钮,对 PCB 进行手工布线。在电源输入端的独立焊盘与电容 X1 之间采用蛇形走线的方式进行布线,印制导线采用 0.5 mm 的布线宽度,蛇形布线效果如图 8.19 所示。X1 与 D1 负极之间的印制导线采用 1 mm 的线宽,其他部分采用 1.8 mm 的线宽进行布线,布线完成后的 PCB 如图 8.20 所示。

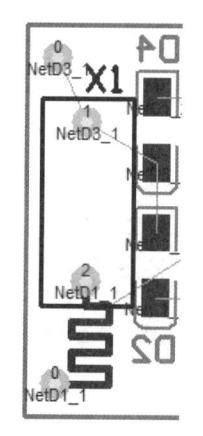

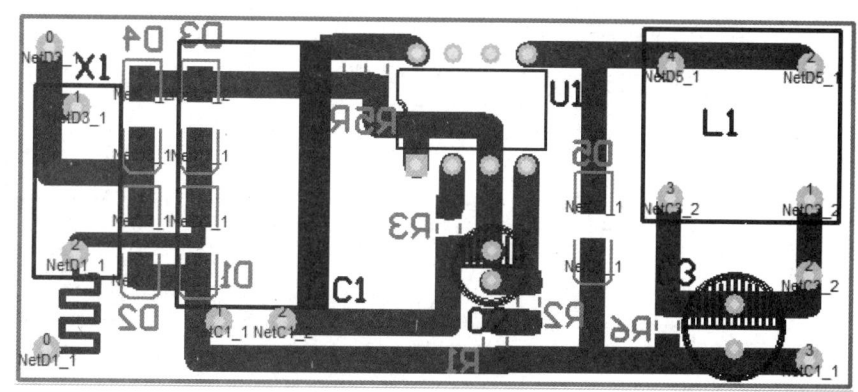

图 8.19 蛇形布线效果   图 8.20 布线完成后的 PCB

149

蛇形走线在 PCB 设计中经常使用。应用场合不同，作用也不同，如果蛇形走线在计算机主机板中出现，其主要起到滤波电感的作用，提高电路的抗干扰能力，计算机主机板中的蛇形走线主要用在一些时钟信号中，如 PCI Clk、AGP Clk，它的作用是阻抗匹配、滤波电感。一般来讲，蛇形走线的线距大于或等于两倍线宽。PCI 板上的蛇行走线是为了适应 PCI 33MHz Clock 的线长要求。

本例中的蛇形走线形成的电感与电容 X1 组成电源端的滤波器，起到滤波的效果，同时还可以充当电路的熔丝。

步骤 28▶ 执行菜单"设计"→"PCB 形状"→"重定义 PCB 形状"命令，根据电气边框重新定义 PCB 形状。

在 PCB 的设计中，有时需要增强 PCB 的抗干扰能力和增大线路的过电流能力，通常对布线完成的 PCB 的某一网络进行覆铜。覆铜区域一般情况下与 GND 网络相连，与其他网络自动保持安全间距。

步骤 29▶ 执行菜单"设计"→"规则"命令，弹出"设计规则"对话框，选中"Plane"→"Polygon Connect"，在"约束"选项区的"连接方式"下拉列表框中，选中"Direct Connect"，设置连接方式为直接连接，单击"确认"按钮。

步骤 30▶ 执行菜单"放置"→"覆铜"命令或单击工具栏的▇按钮，弹出"覆铜"对话框，如图 8.21 所示。在对话框中可以设置覆铜的相关参数。本例中，"填充模式"设置为"实心填充（铜区）"，"属性"选项区的"层"设置为"Bottom Layer"，"连接到网络"设置为"NetC1_1"，连接方式设置为"Pour Over All Same Net Objects"。

设置完成后单击"确认"按钮进入放置覆铜状态，移动光标至适当的位置，单击确定覆铜的第一个顶点位置，然后根据需要移动光标并单击，绘制一个封闭的覆铜区域，覆铜放置完毕在空白处右击退出放置覆铜状态，覆铜放置效果如图 8.22 所示。

大面积的覆铜一般采用"放置"菜单中的"覆铜"命令实现，如果覆铜区域是规则矩形，也可以采用"放置"菜单中的"矩形填充"命令来完成。

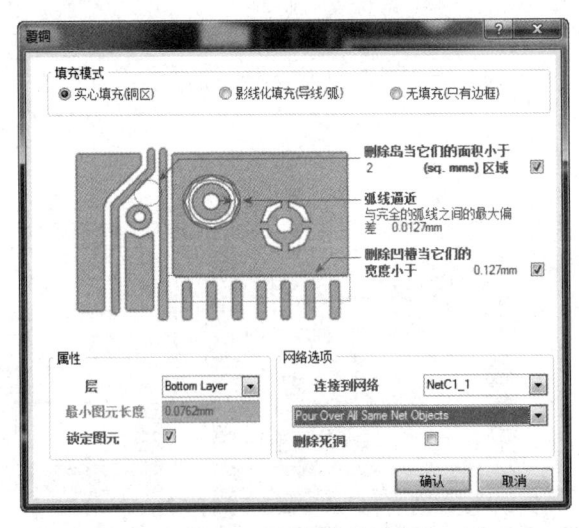

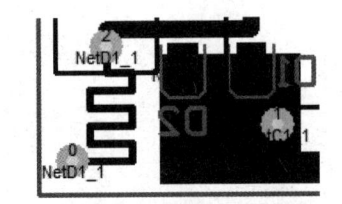

图 8.21 "覆铜"对话框　　　　图 8.22 覆铜放置效果

步骤 31▶ 根据 PCB 设计的需要，用相同的方法对其他区域放置覆铜，如图 8.23 所示。

项目 8　LED 节能灯驱动电路仿制

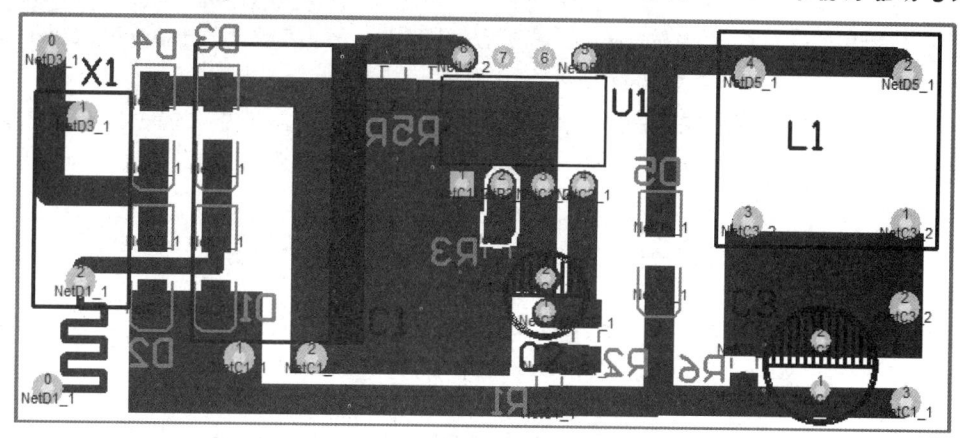

图 8.23　放置覆铜完成后的 PCB

任务 8.6　PCB 露铜设计

PCB 露铜设计主要是为了增加 PCB 的带电流能力，PCB 在过锡过程中能上锡，增加铜箔厚度。露铜通常应用于电流比较大的场合。

本例中，由于露铜的操作在底层阻焊层上进行，所以需要将底层阻焊层（Bottom Solder）设置为显示状态。

步骤 32▶执行菜单"设计"→"PCB 层次颜色"命令，弹出"板层和颜色"对话框，选中"屏蔽层"栏的"Bottom Solder"后的复选框，如图 8.24 所示，单击"确认"按钮。

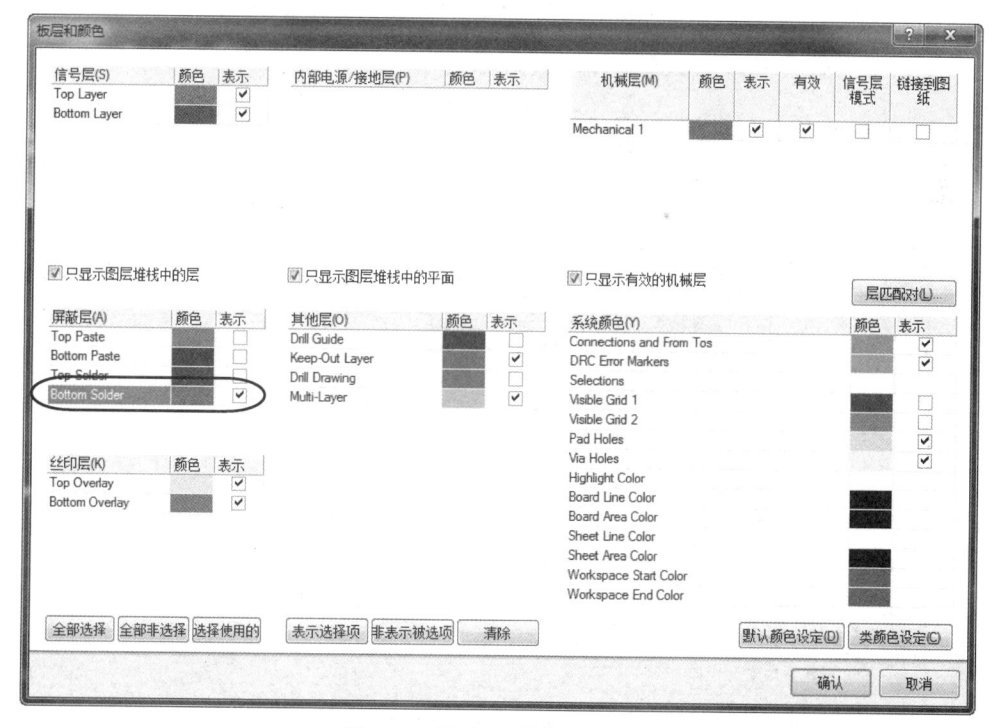

图 8.24　"板层和颜色"对话框

步骤33▶ 单击工作区下方的 Bottom Solder 标签，将当前工作层设置为 Bottom Solder（底层阻焊层）。

此时 PCB 中的所有贴片焊盘将显示粉色的阻焊层，所有通孔式焊盘也显示粉色的阻焊层。

步骤34▶ 执行菜单"放置"→"直线"命令，呈环状放置直线，直线宽度设置为 1 mm，如图 8.25 所示。

需要注意的是，为了方便露铜效果的观察，图 8.25 是关闭了底层（Bottom Layer）的效果图。

至此，设计完成的 LED 节能灯驱动电路 PCB 如图 8.26 所示，此图为 PCB 切换至 Bottom Solder（底层阻焊层）的效果图。

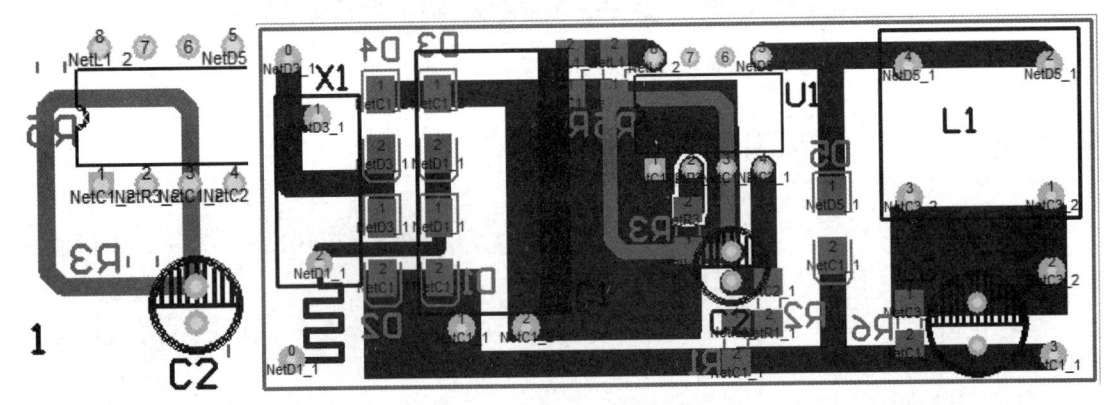

图 8.25　放置直线

图 8.26　设计完成的 LED 节能灯驱动电路 PCB

任务 8.7　PCB 元器件报表的生成

在 PCB 设计结束后，用户可以方便地生成 PCB 中使用的元器件报表。

步骤35▶ 执行菜单"报告"→"Bill of Materials"命令，弹出如图 8.27 所示的 PCB 元器件报表对话框。

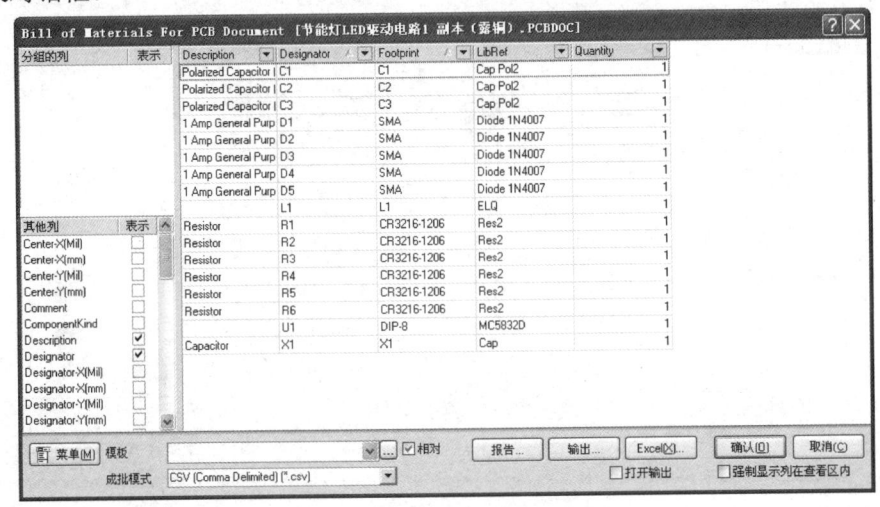

图 8.27　PCB 元器件报表对话框

在对话框中，可以在左侧"其他列"中选择要输出的内容，并显示在右侧的列表中。单击"报告"按钮，弹出报告预览对话框，可以设定预览的比例等参数，单击其中的"打印"按钮，可以打印输出该报表，单击"输出"按钮，可以导出电子表格形式的报表文档。

项目小结

本项目以 LED 节能灯驱动电路仿制为例，介绍了 PCB 设计的过程，并重点介绍了单面板在底层放置元器件的方法和技巧，还介绍了 PCB 露铜设计。PCB 露铜设计主要是为了增加 PCB 的带电流能力。另外，本项目介绍了 PCB 元器件报表的生成方法，以便于统计元器件。

思考与练习

1. 露铜在电路中有何作用？
2. 如何设置元器件间距限制规则？
3. 在单面板设计中，如何将贴片元器件放置在 Bottom Layer？
4. 蛇形布线有何作用？
5. 如何输出元器件报表？
6. 根据图 8.28 所示红外感应报警器电路绘制 PCB，设计要求：采用单面板进行设计，PCB 尺寸为 35 mm×45 mm，中间两侧放置螺钉孔，螺钉孔直径为 120 mil；放置两个焊盘用于电源端的连接，焊盘直径为 1.5 mm，孔径为 1 mm；布局时红外发射二极管 D1 和红外接收二极管 D2 要靠近；布线宽度为 1 mm，电源和地线线宽为 1.2 mm。

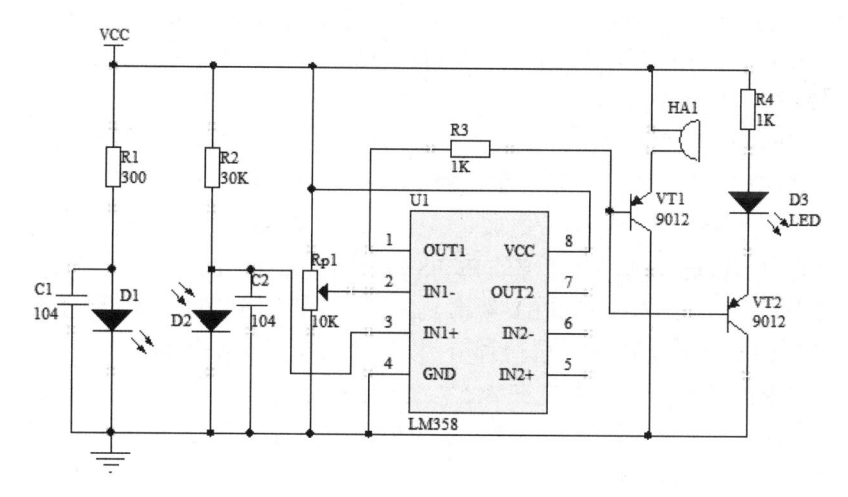

图 8.28 红外感应报警器电路

项目 9

充电宝移动电源电路仿制

项目描述

充电宝移动电源是一个高性能移动电源。充电宝移动电源电路原理图由充电电路、升压电路、MCU 控制电路、保护电路、LED 显示电路等组成,如图 9.1 所示。

每个电路的主要功能如下所述。

(1) 充电电路:J1 是输入端口,可以接 USB 接口或 5 V 适配器,给移动电源内部电池充电;TP4056 是将 5 V 电压转换成电池充电电压的充电管理芯片。

TP4056 是一款完整的单节锂离子电池充电器充电管理芯片,带电池正/负极反接保护,采用恒定电流/恒定电压线性控制。其底部的 SOP8 封装带有散热片。

TP4056 由于采用了内部 PMOSFET 架构,加上防倒充电路,所以不需要外部隔离二极管。TP4056 采用热反馈对充电电流进行自动调节,以便在大功率操作或高环境温度条件下对芯片温度加以限制。TP4056 充电电压固定在 4.2 V,精度可达±1.0%;充电电流可通过一个电阻器进行外部设置,且最大充电电流可达 1.5 A。TP4056 当充电电流达到最终浮充电压之后降至设定值 1/10 时,自动终止充电循环。

TP4056 当输入电压(交流适配器或 USB 电源)被拿掉时,自动进入一个低电流状态,将电池漏电流降至 2 μA 以下;在有电源时也可置于停机模式,进而将供电电流降至 55 μA。TP4056 的特点有电池温度检测、欠压闭锁、自动再充电、2.9 V 涓流充电和两个用于指示充电结束的 LED 状态引脚等。

(2) 升压电路:USB 接口输入电压为 5 V,可以给手机、Pad、MP3、MP4、GPS 等数码产品供电;FR2109 是升压芯片,将 3.7 V 转换成 5 V。

项目 9　充电宝移动电源电路仿制

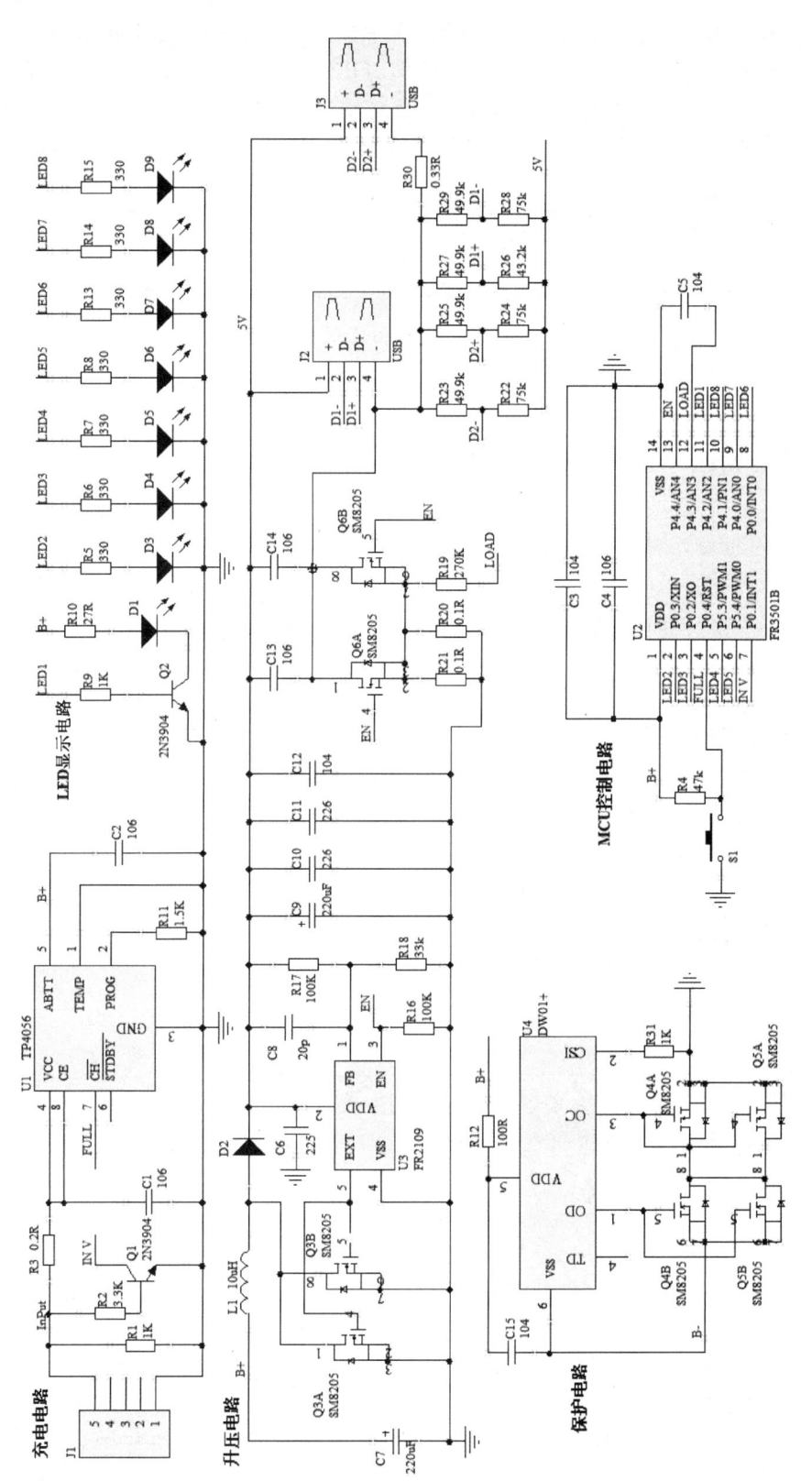

图 9.1　充电宝移动电源电路原理图

FR2109 是一种由基准电压源、振荡电路、误差放大器、相位补偿电路、PWM/PFM 切换控制电路等构成的 CMOS 升压 DC/DC 控制器。FR2109 通过使用外接低通态电阻 N 沟道功率 MOS，即可应用在需要高效率、高输出电流的电路上。FR2109 通过 PWM/PFM 切换控制电路，在负载较轻时将工作状态切换为占空系数为 15%的 PFM 控制电路，以防止因 IC 的工作电流引起的效率降低。

（3）MCU 控制电路：FR3501B 是微机控制芯片，并提供人机接口显示及开关控制。

（4）保护电路：DW01+是一个锂电池保护芯片，可避免过充电、过放电、电流过大导致锂电池寿命缩短或被损坏。它具有高精确度的电压检测与时间延迟电路。

（5）LED 显示电路：充电时，LED 采用跑马灯形式显示；放电时，LED 显示电量，10 s 后熄灭。

学习目标

- 掌握双面板设计的基本方法。
- 掌握异形板的规划和裁板方法。
- 掌握双面板布局的方法。
- 掌握封装的定位与锁定方法。
- 掌握 PCB 规则的设置方法。
- 掌握预布线的使用方法。
- 掌握 PCB 自动布线参数设置和布线方法。
- 掌握泪滴的使用方法。
- 学会双面板电子产品 PCB 的仿制方法。

项目实施

任务 9.1　准备工作

设计充电宝移动电源电路之前，必须先绘制元器件库中找不到或没有的元器件及其封装，并根据实际情况为元器件重新定义封装。

9.1.1　绘制元器件符号

充电管理芯片 TP4056、升压芯片 FR2109、微机控制芯片 FR3501B、锂电池保护芯片 DW01+、USB 接口 J2、J3 等元器件在元器件库中没有，需要自行设计这些元器件。

（1）TP4056 的元器件符号如图 9.2 所示。其中，引脚 1（TEMP）为电池温度检测输入端；引脚 2（PROG）为恒流充电电流设置和充电电流监测端；引脚 3（GND）为电源接地端；引脚 4（VCC）为电源正极输入端；引脚 5（ABTT）为电池连接端；引脚 6（$\overline{\text{STDBY}}$）为电池充电完成指示端；引脚 7（$\overline{\text{CH}}$）为漏极开路输出的充电状态指示端；引脚 8（CE）为芯片始能输入端。

（2）FR2109 的元器件符号如图 9.3 所示。其中，引脚 1（FB）为电压反馈端；引脚 2（VDD）为电源端；引脚 3（EN）为使能端；引脚 4（GND）为电源接地端；引脚 5（EXT）为外接三极管端。

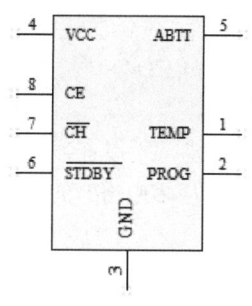

图 9.2　TP4056 的元器件符号 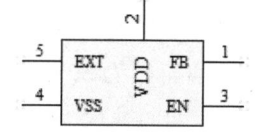　　　　图 9.3　FR2109 的元器件符号

（3）FR3501B 是一款微机控制芯片，有 14 个引脚，其元器件符号如图 9.4 所示。

（4）DW01+的元器件符号如图 9.5 所示。其中，引脚 1（OD）为放电控制 FET 门限连接端；引脚 2（CSI）为电流感应输入端；引脚 3（OC）为充电控制 FEL 门限连接端；引脚 4（TD）为延迟时间测试端；引脚 5（VDD）为正电源输入端；引脚 6（VSS）为负电源输入端。

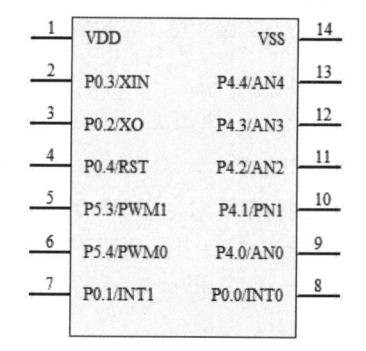

图 9.4　FR3501B 的元器件符号 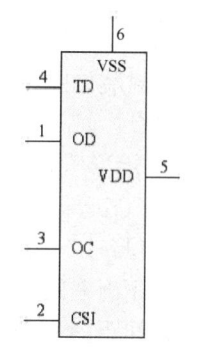　　　　图 9.5　DW01+的元器件符号

（5）USB 接口的元器件符号如图 9.6 所示。其中，引脚 1 和引脚 4 为电源端；引脚 2 和引脚 3 为信号传输端。

（6）充电宝移动电源电路原理图中的 SM8205 是共漏极 N 沟道增强型功率场效应管，内部集成了两个完全一样的场效应管。在同一个封装中，SM8205 的结构如图 9.7 所示。SM8205 的子元器件 A 和子元器件 B 的元器件符号如图 9.8 所示。其中，子元器件 A 的漏极引脚标识符为 1，源极的引脚标识符为 2 和 3，栅极的引脚标识符为 4；子元器件 B 的漏极引脚标识符为 8，源极的引脚标识符为 6 和 7，栅极的引脚标识符为 5。

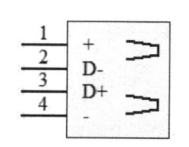

图 9.6　USB 接口的元器件符号 　　图 9.7　SM8205 的结构　　图 9.8　SM8205 的子元器件 A 和子元器件 B 的元器件符号

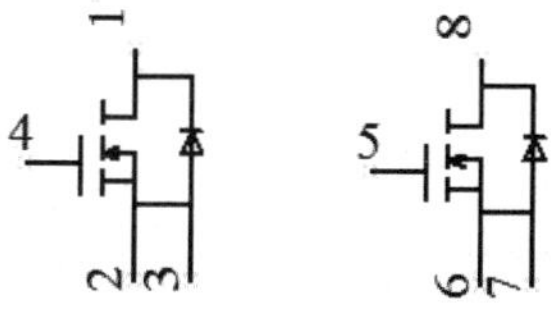

9.1.2 元器件封装设计

充电宝移动电源电路中所使用的元器件封装在系统自带的元器件库中找不到，需要自行设计。

（1）发光二极管 D1 封装如图 9.9 所示，其封装名称为 LED4。发光二极管 D1 作为电路工作的指示灯，需要将发光的部分贴近充电宝移动电源的外壳。发光二极管 D1 在安装时，其引脚弯曲 90°后，灯帽与 PCB 的距离为 7 mm，平行安装。所以在发光二极管 D1 PCB 设计时不能使用原来的发光二极管 D1 封装，采用两个间距为 100 mil 的焊盘代替即可。焊盘采用通孔式焊盘，焊盘直径为 50 mil。

（2）电感 L1 封装如图 9.10 所示，其封装名称为 INDC-1。其中，焊盘的"X-尺寸"为 4.5 mm，"Y-尺寸"为 6 mm，两个焊盘的中心间距为 12 mm，外框轮廓为 12 mm×12 mm。

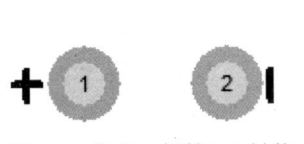

图 9.9　发光二极管 D1 封装　　　　图 9.10　电感 L1 封装

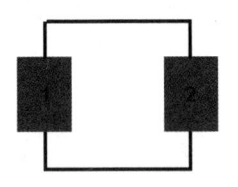

（3）二极管 D2 封装如图 9.11 所示，其封装名称为 SMC-2.4×4。其中，焊盘的"X-尺寸"为 2.4 mm，"Y-尺寸"为 4 mm，两个焊盘的中心间距为 7 mm，外框轮廓为 6 mm×7 mm，轮廓右侧放置矩形填充标识（表示二极管的负极）。

（4）三极管 Q1、Q2 封装如图 9.12 所示，其封装名称为 SOT-23。其中，焊盘的"X-尺寸"为 1 mm，"Y-尺寸"为 1 mm，上方焊盘标识符为 3（位于上方中间位置），下方左边焊盘标识符为 2，下方右边焊盘标识符为 1，下方两个焊盘的中心间距为 2 mm，上方焊盘与下方焊盘的垂直间距为 2.5 mm，方框轮廓为 3 mm×1.4 mm。

（5）贴片轻触开关 S1 封装如图 9.13 所示，其封装名称为 DPST-04。其中，焊盘的"X-尺寸"为 1.5 mm，"Y-尺寸"为 1 mm，焊盘的上下中心间距为 4 mm，左右中心间距为 5.2 mm。上方焊盘标识符为 1 和 3，下方焊盘标识符为 2 和 4。封装的内部轮廓尺寸为 5 mm×5 mm，内部圆形的半径为 1 mm。

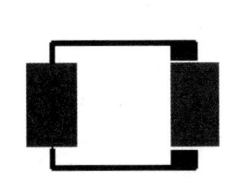

图 9.11　二极管 D2 封装　　　　图 9.12　三极管 Q1、Q2 封装

（6）USB 接口 J1 封装如图 9.14 所示，其封装名称为 MICRO-USB。其中，上方 5 个焊盘的"X-尺寸"为 0.4 mm，"Y-尺寸"为 2.2 mm，焊盘中心间距为 0.65 mm，焊盘标识符从左至右分别为 1、2、3、4、5。

焊盘的左右各有 1 个 USB 接口的定位孔。焊盘采用通孔式。焊盘标识符都设置为 0。焊盘的尺寸和孔径均为 0.5 mm。定位孔的中心点与相邻焊盘中心点所在的垂直线的水平距

离为 0.7 mm；定位孔的中心点与焊盘中心点所在的水平线垂直距离为 0.55 mm。下方放置 4 个接口的固定焊盘，焊盘标识符都设置为 6。其中，两边的焊盘为通孔式的，中间两个焊盘为贴片式的。贴片式焊盘与通孔式焊盘的中心间距为 1.8 mm；贴片式焊盘之间的中心间距为 3.6 mm。下方的固定焊盘与上方的信号焊盘的中心间距为 3.5 mm。外部轮廓的尺寸为 2.5 mm×5 mm。封装 MICRO-USB 具体尺寸如图 9.15 所示。

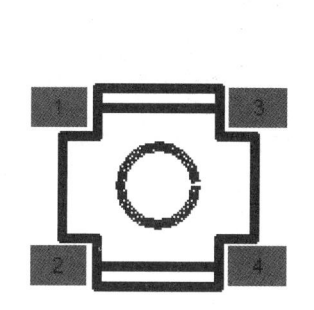

图 9.13　贴片轻触开关 S1 封装 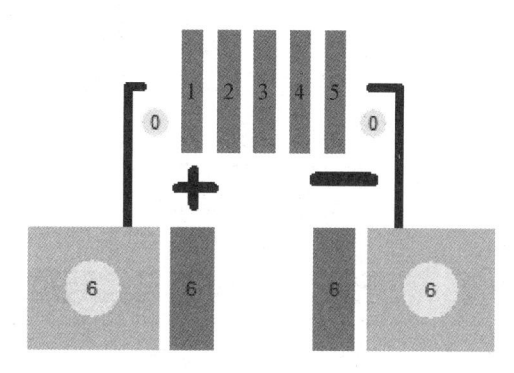　　　　图 9.14　USB 接口 J1 封装

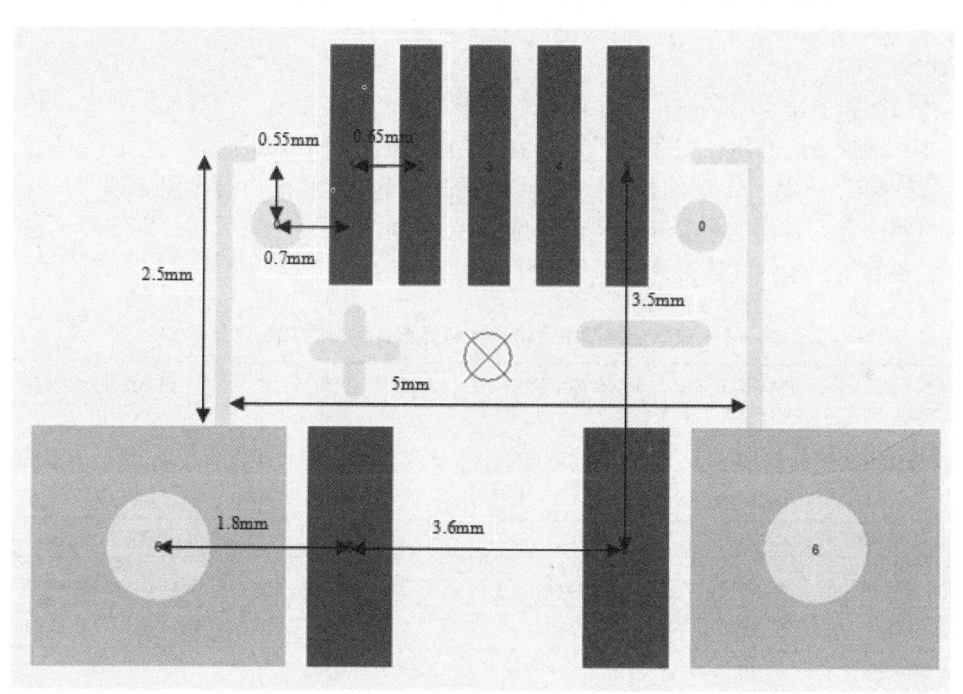

图 9.15　封装 MICRO-USB 具体尺寸

（7）USB 接口 J2、J3 封装如图 9.16 所示，其封装名称为 USB-AF-T。其中，下方 4 个通孔式焊盘标识符从左至右分别为 1、2、3、4，焊盘的"X-尺寸"为 1.6 mm，"Y-尺寸"为 1.8 mm。焊盘 1 与焊盘 2 的中心间距为 2.5 mm；焊盘 2 与焊盘 3 的中心间距为 2 mm；焊盘 3 与焊盘 4 的中心间距为 2.5 mm。该封装两边放置两个用于固定 USB 接口的通孔式焊盘。该焊盘"X-尺寸"为 2.5 mm，"Y-尺寸"为 3.5 mm。该焊盘的中心与下方焊盘中心所在水平线的垂直间距为 3.5 mm。该焊盘外部轮廓的尺寸为 13.5 mm×11 mm。

（8）电容 C7、C9 封装如图 9.17 所示，其封装名称为 CC0706-0203。其中，焊盘的"X-尺寸"为 2 mm，"Y-尺寸"为 3.75 mm；两个焊盘的中心间距为 5.5 mm，外框轮廓为 7 mm×6.5 mm，轮廓下方的两个角适当修改为斜角。

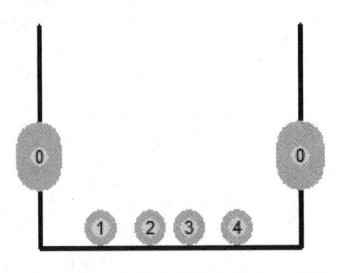

图9.16　USB 接口 J2、J3 封装

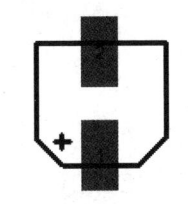

图9.17　电容 C7、C9 封装

任务9.2　充电宝移动电源电路原理图设计

步骤 1▶新建项目文件。启动 Protel DXP 2004 SP2，执行菜单"文件"→"创建"→"项目"→"PCB 项目"命令，将新建的项目文件选择合适的路径另存为"充电宝移动电源电路.PrjPcb"。

步骤 2▶新建原理图文件。执行菜单"文件"→"创建"→"原理图"命令，将新建的原理图文件选择合适的路径另存为"充电宝移动电源电路.SchDoc"。

步骤 3▶原理图设计。根据图 9.1 所示电路绘制充电宝移动电源电路原理图。充电宝移动电源电路中各元器件的参数和封装信息见表 9.1。原理图设计完成后，需要对其进行编译检查，如果有错误则修改错误，最后保存原理图。

表9.1　充电宝移动电源电路中各元器件的参数和封装信息

元器件类别	元器件标识符	元器件库中的名称	封　装　名　称	封装所在元器件库
贴片电阻	R1、R2、R4～R19、R22～R29、R31	Rest2	CR1608-0603	Miscellaneous Devices.IntLib
贴片电阻	R3	Rest2	CR5025-2010	Miscellaneous Devices.IntLib
贴片电阻	R20、R21	Rest2	CR3216-1206	Miscellaneous Devices.IntLib
贴片电阻	R30	Rest2	CR6332-2512	Miscellaneous Devices.IntLib
贴片功率电感	L1	Inductor	INDC-1（自制）	自制
贴片电容	C1、C2、C4、C13、C14	Cap	CC2012-0805	Miscellaneous Devices.IntLib
贴片电容	C3、C5、C6、C8、C12、C15	Cap	CC1608-0603	Miscellaneous Devices.IntLib
贴片固态电容	C7、C9	Cap Pol2	CC0706-0203（自制）	自制
贴片电容	C10、C11	Cap	CC3216-1206	Miscellaneous Devices.IntLib
草帽发光二极管	D1	Diode	LED4（自制）	自制
贴片功率二极管	D2	Diode	SMC-2.4×4（自制）	自制

项目9 充电宝移动电源电路仿制

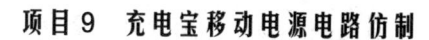

续表

元器件类别	元器件标识符	元器件库中的名称	封 装 名 称	封装所在元器件库
贴片发光二极管	D3～D9	Diode	INDC1608-0603	Miscellaneous Devices.IntLib
贴片三极管	Q1、Q2	2N3904	SOT-23（自制）	自制
功率场效应管	Q3～Q6	SM8205（自制）	TSSOP-8	IR Discrete MOSFET - Power.IntLib
贴片轻触开关	S1	SW-PB	DPST-04（自制）	自制
集成芯片	U1	TP4056（自制）	SO-8	Elantec Amplifier Buffer.IntLib
集成芯片	U2	FR3501B（自制）	SO-14	AD Audio Pre-Amplifier.IntLib
集成芯片	U3	FR2109（自制）	SOT23-5	Maxim Amplifier Buffer.IntLib
集成芯片	U4	DW01+（自制）	SOT23-6	Maxim Passive Potentiometer.IntLib
USB 接口	J1	Header 5	MICRO-USB（自制）	自制
A 型 USB 接口	J2、J3	USB（自制）	USB-AF-T（自制）	自制

任务9.3　PCB 文件的创建与封装导入

步骤 4▶ 新建 PCB 文件。执行菜单"文件"→"创建"→"PCB 文件"命令，将新建的 PCB 文件选择合适的路径另存为"充电宝移动电源电路.PcbDoc"。

系统默认的单位为英制单位，本项目设计过程中使用公制单位，需要进行单位切换。

步骤 5▶ 执行菜单"查看"→"切换单位"命令完成单位切换。

步骤 6▶ 执行菜单"设计"→"PCB 选择项"命令，弹出"PCB 选择项"对话框。将对话框"中捕获网格"的"X""Y"设置为 0.1 mm，"元件网格"的"X""Y"设置为 0.5 mm，"可视网格"的"网格 1"设置为 1 mm，"网格 2"设置为 10 mm，将网格 1、网格 2 和 Bottom Overlay 设置为显示状态。

步骤 7▶ 根据实际的充电宝移动电源外形要求，在 Keep-out Layer（禁止布线层）按图 9.18 所示的尺寸对 PCB 进行规划。同时在规划好的 PCB 的相应位置上放置两个螺钉孔，采用放置焊盘的方式，焊盘标识符设置为 0，焊盘的直径和孔径为 3 mm。

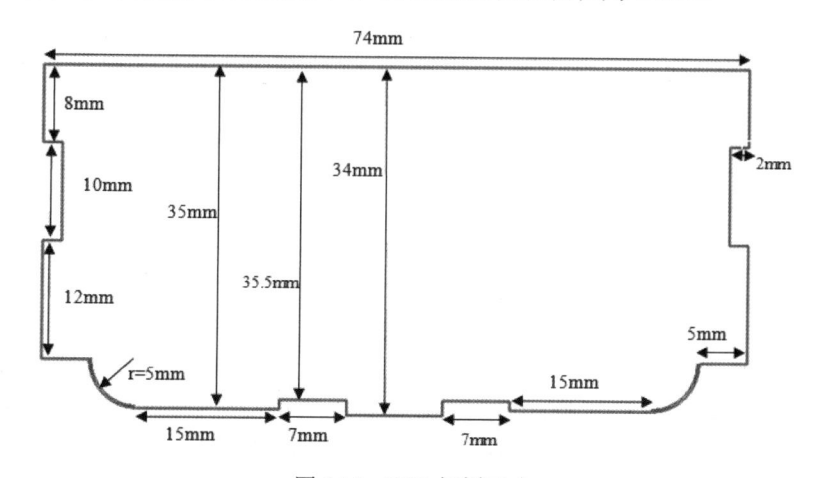

图 9.18　PCB 规划尺寸

步骤 8▶ 在规划好的 PCB 的相应位置上放置两个螺钉孔、两个锂电池连接焊盘，如图 9.19 所示。螺钉孔采用放置焊盘的方式，焊盘的标识符设置为 0，焊盘的尺寸和孔径为 3 mm，焊盘中心的上边距为 22 mm，左右边距为 3 mm。锂电池连接焊盘的形状为方形，"X-尺寸"为 4.6 mm，"Y-尺寸"为 3.6 mm，孔径为 1.5 mm，焊盘标识符设置为 0，焊盘外沿距离水平和垂直方向边框的距离均为 0.8 mm。

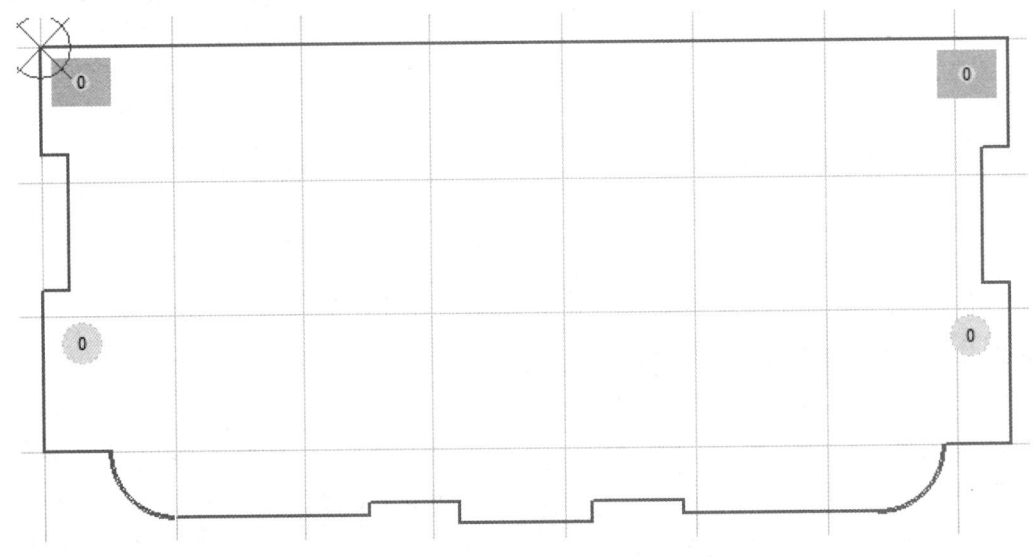

图 9.19 放置螺钉孔和锂电池连接焊盘

步骤 9▶ 回到原理图界面，执行菜单"设计"→"Update PCB Document 充电宝移动电源电路.PcbDoc"命令，弹出"工程变化订单（ECO）"对话框，显示本次更新对象和内容，单击"使变化生效"按钮，系统将自动检查各项变化是否正确，所有正确的更新对象在"检查"栏内显示"√"，不正确的显示"×"。根据实际情况检查更新的信息是否正确。检查完成后单击"执行变化"按钮，系统将元器件封装和网络加载到 PCB 库编辑器中，单击"关闭"按钮关闭对话框，系统将自动加载元器件封装，加载成功后的 PCB 如图 9.20 所示。

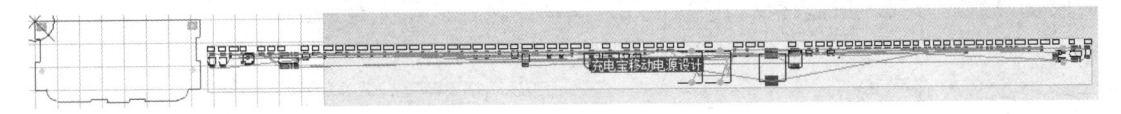

图 9.20 加载成功后的 PCB

任务 9.4 PCB 手工布局

本例的 PCB 采用双面布局，由于部分元器件的位置有特定要求，如电路中的按键、USB 接口、显示电路中的发光二极管等都需要安装在特定位置。

步骤 10▶ 选择 Mechanical1（机械层）为当前工作层。执行菜单"放置"→"圆弧（90度）"命令，在 PCB 的中心线位置放置一个圆弧。圆弧的起始角为 45°，结束角为 135°，半径为 18 mm，圆弧弧顶距离 PCB 顶部 3 mm。执行菜单"放置"→"矩形填充"命令，在圆弧上均匀放置 5 个 2.5 mm×2 mm 的矩形填充，用于放置 LED；在距离圆弧弧顶下方

11 mm 处放置一个 6.5 mm×5.5 mm 的矩形填充用于放置轻触开关；轻触开关下方放置一个 5.5 mm×2.5 mm 的矩形填充，用于放置 LED，LED 与轻触开关相邻距离为 0.6 mm；在 PCB 的中心线下方放置两个尺寸分别为 4 mm×1.2 mm 和 8.5 mm×5.5 mm 的矩形填充，用于放置 LED 和 USB 接口，两个矩形填充相邻距离为 0.9 mm；在 PCB 下方左右两边分别放置一个 13.5 mm×11 mm 的矩形填充，用于放置 A 型 USB 接口，放置好定位的 PCB 如图 9.21 所示。

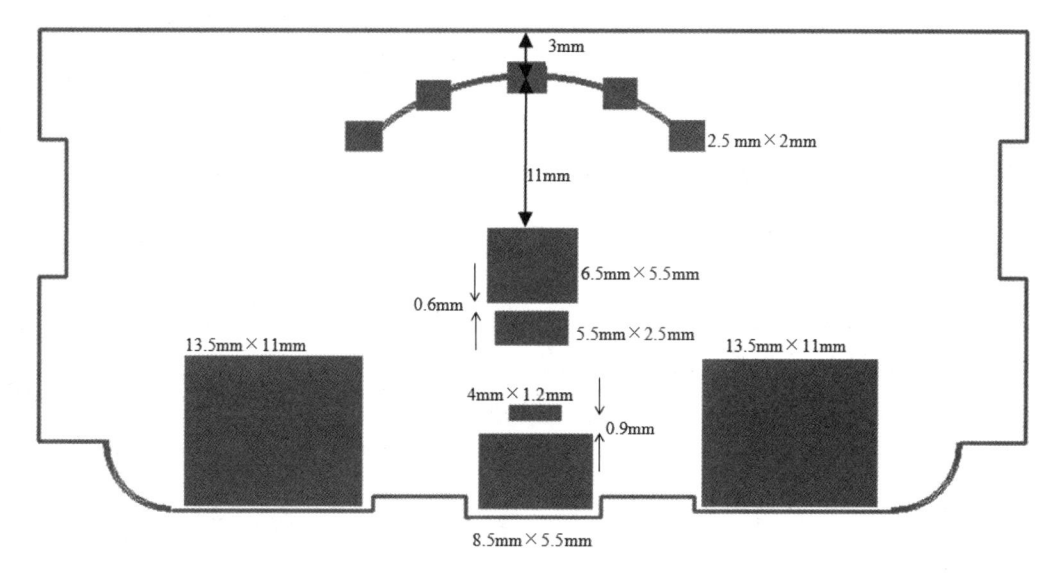

图 9.21 放置好定位的 PCB

在本例中，若采用自动布局的方式进行布局，布局效果不佳，手工布局才能符合电路设计的要求。

根据电路布局的基本原则，首先需要将已经确定位置的元器件封装放置在相应的位置。其中，USB 接口 J1、A 型 USB 接口 J2 和 J3、D1 这 4 个元器件封装放置在 PCB 的 Top Layer，轻触开关 S1、流水灯 D3～D9 以及限流电阻等元器件封装放置在 PCB 的 Bottom Layer。

步骤 11▶ 将 USB 接口 J1、A 型 USB 接口 J2 和 J3、D1 放置在 Top Layer 中相应的位置。

步骤 12▶ 修改封装所在的工作层。在元器件封装 S1 上按住鼠标左键，同时按 L 键，此时 S1 的工作层被修改成 Bottom Layer。然后将 S1 放置在定位好的位置上，同时将该封装的标识符文本进行水平方向翻转，调整标识符文本的方向和位置。用相同的方法将 D3、D4、D5、D6、D7、D8、D9、R5、R6、R7、R8、R13、R14、R15 等元器件封装切换至 Bottom Layer，同时调整封装的位置和标识符文本的方向和位置。放置好的封装如图 9.22 所示。

需要注意的是，元器件封装从 Top Layer 切换至 Bottom Layer 时，标识符也切换至 Bottom Overlay（底层丝印层），并且在图中的显示是反的。在调整标识符位置时，只能按空格键使元器件封装旋转，不能翻转，否则制作出来的 PCB 的 Bottom Overlay（底层丝印层）的标识符都是镜像显示的。

由于还有很多封装没有完成布局，在布局的过程中，难免会移动已经定位好的封装。所以在布局其他封装前，需要先锁定已经定位好的封装。

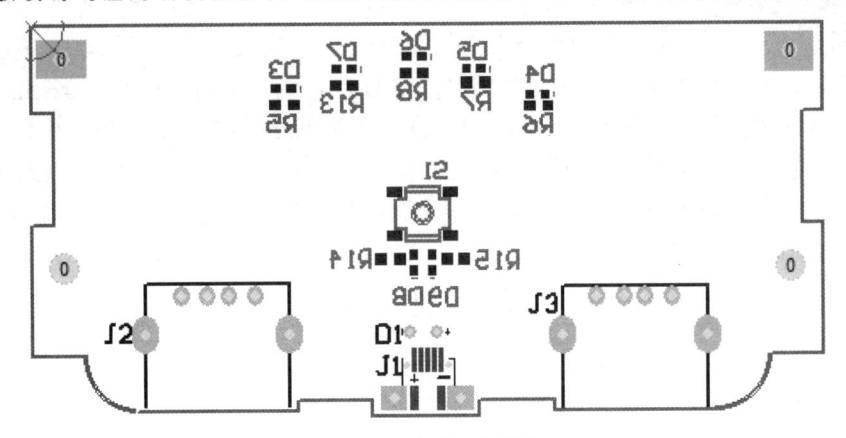

图 9.22　放置好的封装

步骤 13▶ 双击封装 S1，弹出"元件 S1"对话框，如图 9.23 所示。在对话框的"元件属性"选项区中，选中"锁定"复选框，单击"确认"按钮，此时封装 S1 将不能被移动。用相同的方法将其他已经定位的封装进行锁定。

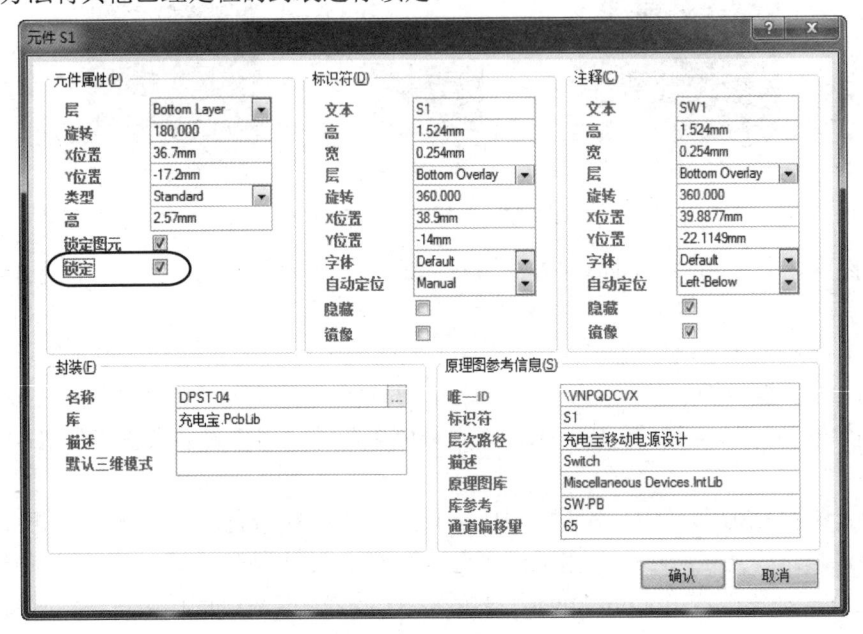

图 9.23　"元件 S1"对话框

步骤 14▶ 用上述方法将需要布局在 Bottom Layer 的其他元器件封装所在层修改为 Bottom Layer。需要布局在底层的元器件有 C3、C4、C5、C14、U2、Q2、R4、R9、R10、R16、R19、R22、R23、R24、R25、R26、R27、R28、R29、R30 等。

步骤 15▶ 执行菜单"设计"→"PCB 层次颜色"命令，在弹出的"板层和颜色"对话框中关闭 Bottom Layer（底层）和 Bottom Overlay（底层丝印层）。此时 PCB 上只显示 Top Layer（顶层）和 Top Overlay（顶层丝印层）的封装。

步骤 16▶ 将放置在顶层的元器件进行合理的手工布局，同时调整标识符文本位置，并将标识符文本属性中的"宽"和"高"分别修改为 0.1 mm 和 0.8 mm，保证布局的美观。同

时将 J1 的焊盘 6 的网络设置为 GND。顶层布局完成后的效果如图 9.24 所示。

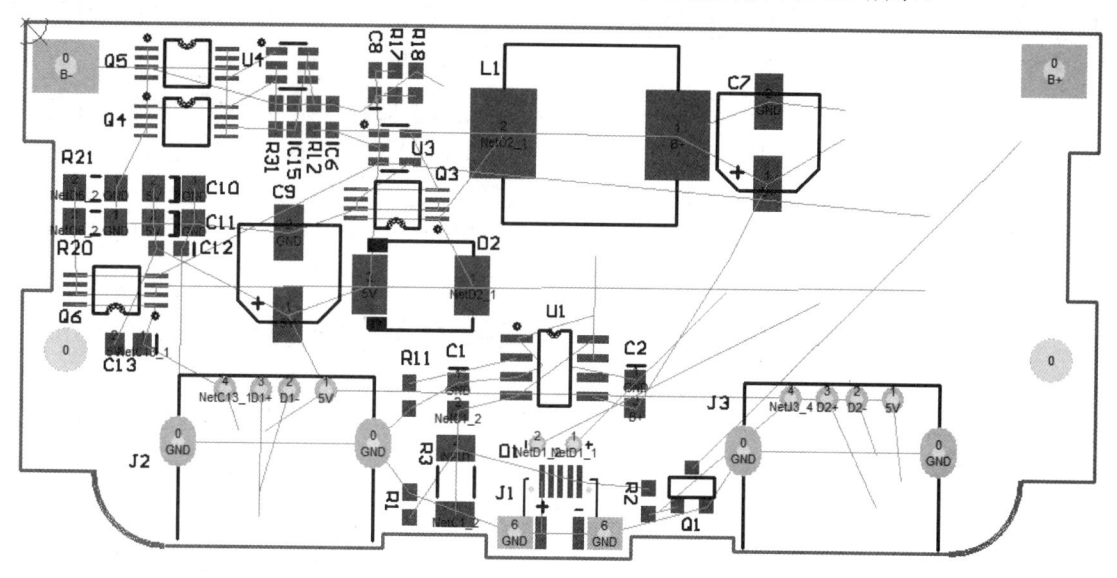

图 9.24 顶层布局完成后的效果

步骤 17▶ 执行菜单"设计"→"PCB 层次颜色"命令，在弹出的"板层和颜色"对话框中关闭 Top Layer（顶层）和 Top Overlay（顶层丝印层）。此时 PCB 上只显示 Bottom Layer（底层）和 Bottom Overlay（底层丝印层）的封装。

步骤 18▶ 将放置在底层的元器件进行合理的手工布局，同时调整标识符文本位置，并将标识符文本属性中的"宽"和"高"分别修改为 0.1 mm 和 0.8 mm，保证布局的美观。底层布局完成后的效果如图 9.25 所示。

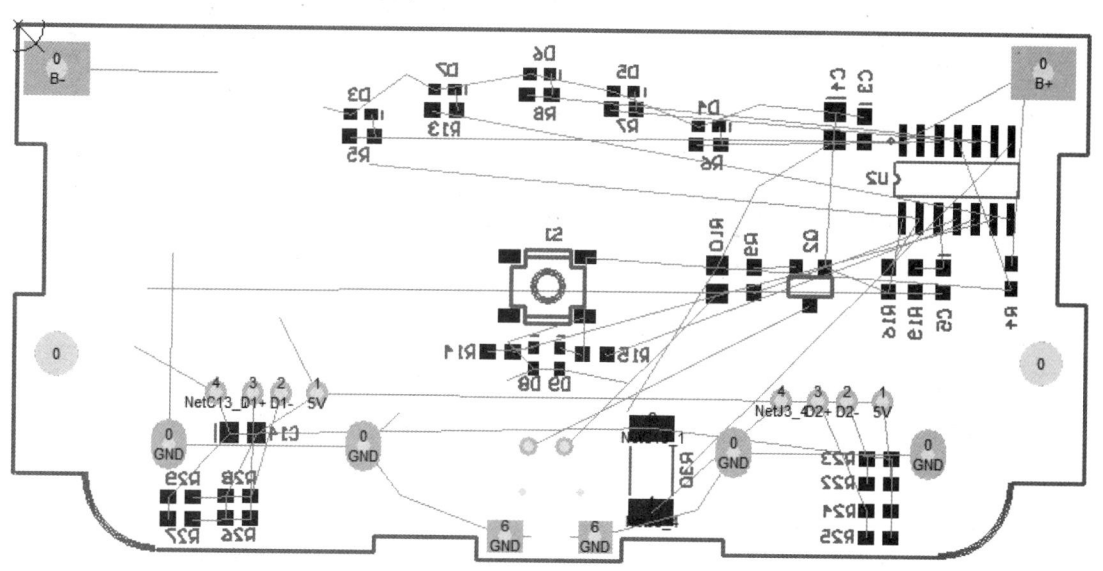

图 9.25 底层布局完成后的效果

步骤 19▶ 布局完成后，将 Top Layer（顶层）、Bottom Layer（底层）、Top Overlay（顶层丝印层）和 Bottom Overlay（底层丝印层）全部设置成显示状态，方便 PCB 布线。

任务 9.5　PCB 布线规则设置

在进行 PCB 布线前，首先需要对布线规则进行设置。布线规则设置的合理性将直接影响布线的质量和成功率。设计规则制定后，系统将自动监视 PCB，检查 PCB 的布线是否符合布线规则。若违反了布线规则，将高亮显示违规内容。

步骤 20▶执行菜单"设计"→"规则"命令，弹出"PCB 规则和约束编辑器"对话框，如图 9.26 所示。

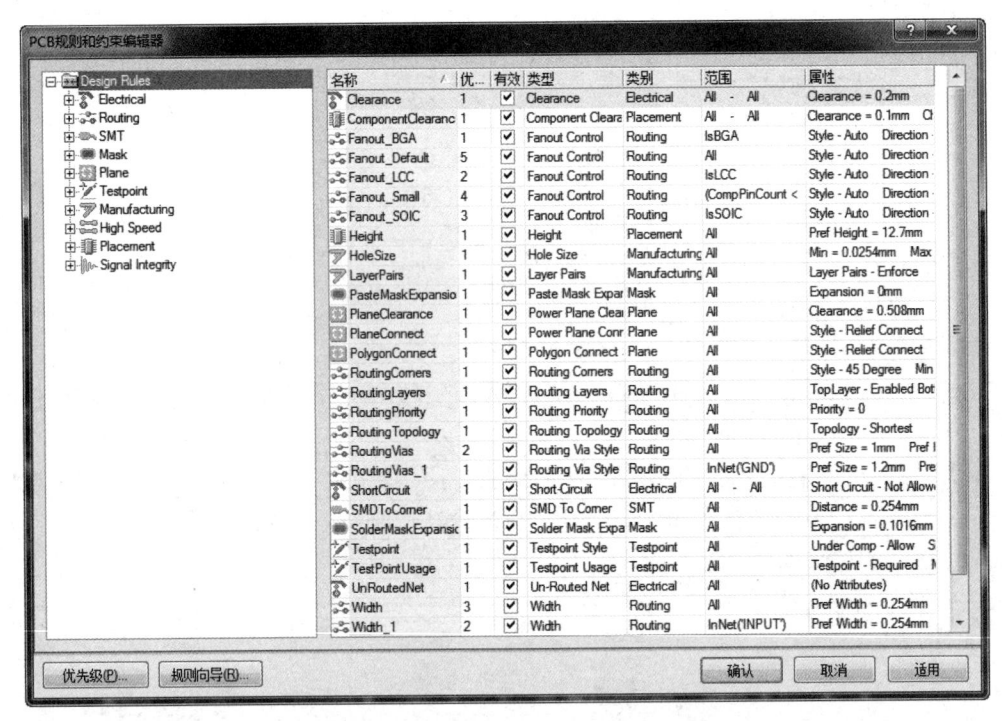

图 9.26　"PCB 规则和约束编辑器"对话框

该对话框左边列出了 PCB 规则和约束的 10 大类。每一大类规则还有子规则，可以通过各规则前的⊞或⊟按钮，展开或收起各规则的子规则。该对话框右边是规则的详细内容和选项。

9.5.1　Electrical（电气）规则

电气规则是 PCB 布线过程中需要遵循的电气方面的要求和规范，主要用于 DRC 电气校验。电气规则包括 Clearance（安全间距）规则、Short-Circuit（短路）规则、Un-Routed Net（未布线网络）规则和 Un-Connected Pin（未连接引脚）规则，如图 9.27 所示。

1）Clearance（安全间距）规则

安全间距规则用来限制 PCB 中不同网络的导线与导线、导线与焊盘等电气部件之间的最小安全距离。安全距离设置过大，PCB 布线不容易通过，给布线带来困难，同时还将造成 PCB 布局不够紧凑，增加 PCB 的尺寸，提高成本。若安全距离设置过小，则对 PCB 的制作工艺提出更高的要求。

项目 9　充电宝移动电源电路仿制

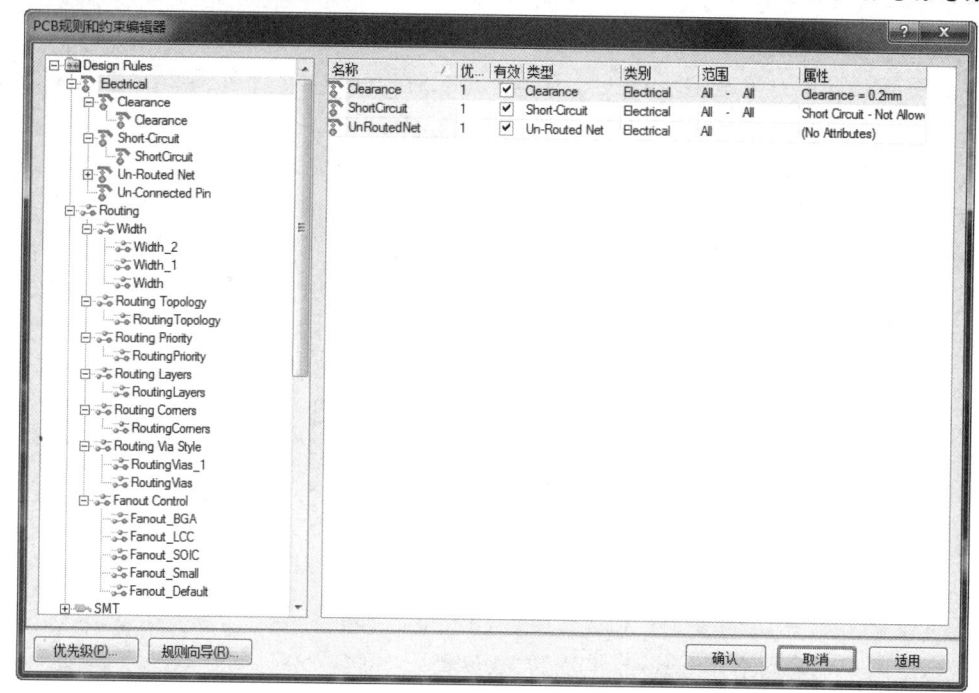

图 9.27　电气规则

单击图 9.27 中左边列表中的"Clearance"规则，出现一个名称为"Clearance"的子规则。单击该子规则，右边显示该子规则的设置选项，如图 9.28 所示。

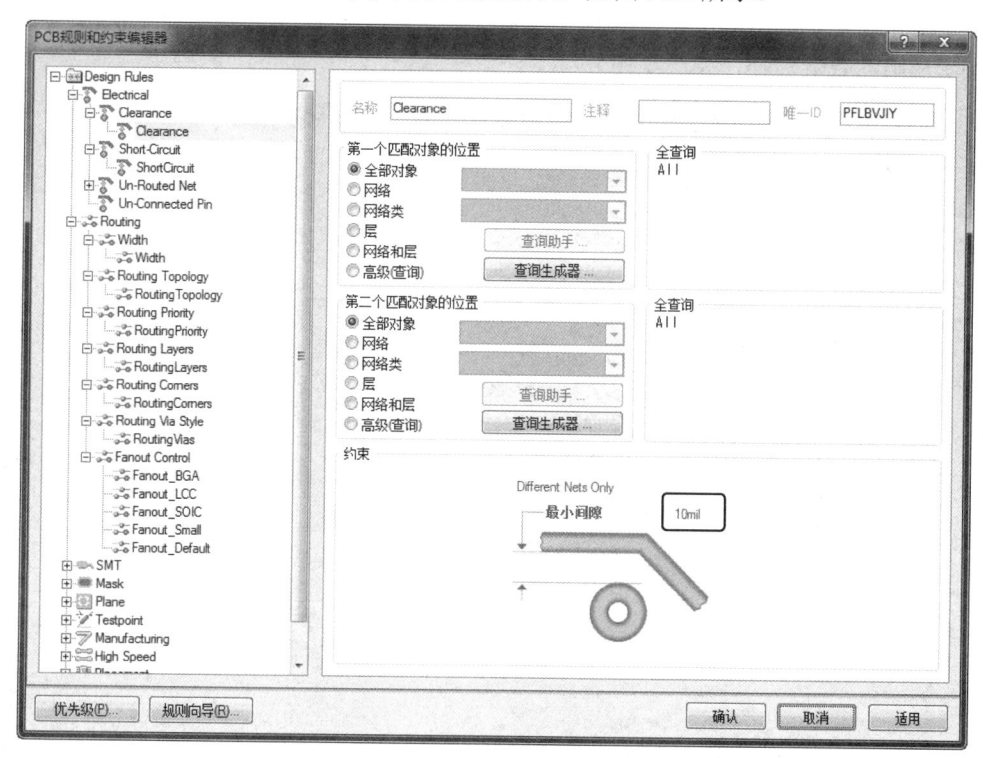

图 9.28　安全间距规则

在图9.28中，子规则名称、注释和唯一ID，一般可以取默认值。

安全距离的设置对象范围可以在"第一个匹配对象的位置"和"第二个匹配对象的位置"选项区中进行设置。

其中，"全部对象"包括所有的网络和工作层，系统默认为全部对象；"网络"选项是设置范围为某一个特定的网络，在其后的下拉列表框中可以选择适用的网络；"网络类"是设置范围为某一个特定的网络类，在其后的下拉列表框中可以选择适用的网络类；选中"层"该单选按钮后，在右侧的下拉列表框中可以选择相关的层作为设置范围；"网络和层"表示可以同时选择适用的网络和工作层；"高级（查询）"是一种更高级的设置方式，选中该单选按钮后，单击右侧的"查询生成器"按钮，会弹出一个对话框，可以在对话框中对需要设置的对象进行各种算术和逻辑运算，这里不再详述。

图9.28中右侧的"约束"选项区用来设置安全距离的具体数值，系统默认的安全距离为10 mil。单击该数值，可以根据实际需求对安全距离进行设置，一般安全距离设置为10～20 mil。在"约束"选项区中有一个下拉列表框，有三个选项可供选择，如图9.29所示。其中，Different Nets Only表示适用于不同网络，Same Net Only表示只用于同一网络，Any Net表示适用于任何网络。

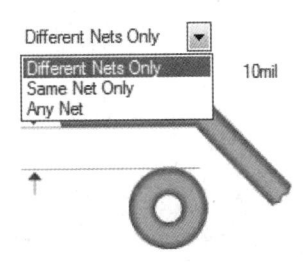

图9.29 三个约束选项

2）Short-Circuit（短路）规则

短路规则用于设置PCB上的导线或焊盘是否允许短路。单击图9.28中左侧列表中的"Short-Circuit"规则，出现一个名称为"ShortCircuit"的子规则，单击该子规则，右侧区域显示该子规则的设置选项，如图9.30所示。

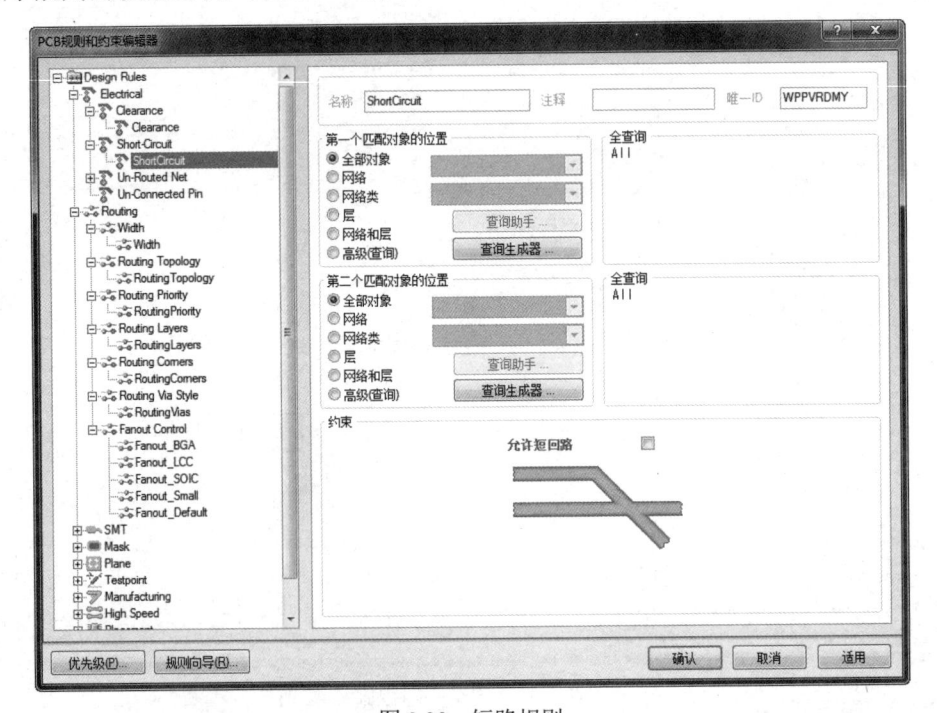

图9.30 短路规则

在实际的布线过程中，要避免不同的网络短路，清除"允许短回路"复选框，即不允许短路。但是在一些特殊的场合，如同一模数混合电路中的模拟地和数字地，在设计时两个地属于不同的网络，但是在设计完成后，必须将这两个地在某一点连接起来，这时就需要设置成允许短路。

3）Un-Routed Net（未布线网络）规则

未布线网络规则用于检查指定范围内的网络是否布线，对于未布线网络，使其仍然保持飞线状态。

一般情况下未布线网络规则采用默认设置，即适用于整个网络。

4）Un-Connected Pin（未连接引脚）规则

未连接引脚规则用于检查指定范围内的元器件封装引脚是否都连接到网络，对于没有连接的引脚，系统将高亮显示，提示未连接。

系统默认不使用该规则。

9.5.2 Routing（布线设计）规则

单击"Routing"，展开"Width""Routing Topology""Routing Priority""Routing Layers""Routing Corners""Routing Via Style""Fanout Control" 7 个子规则。

1）Width（导线宽度限制）规则

导线宽度限制规则用于设置布线时印制导线的宽度范围，是 PCB 布线最常用的规则，它包括最小宽度、最大宽度和优选尺寸等设置。如果在 PCB 布线过程中，布线宽度超出此范围，系统将认为是违规的。单击对话框中的"Width"子规则，可以对相关参数进行设置，如图 9.31 所示。

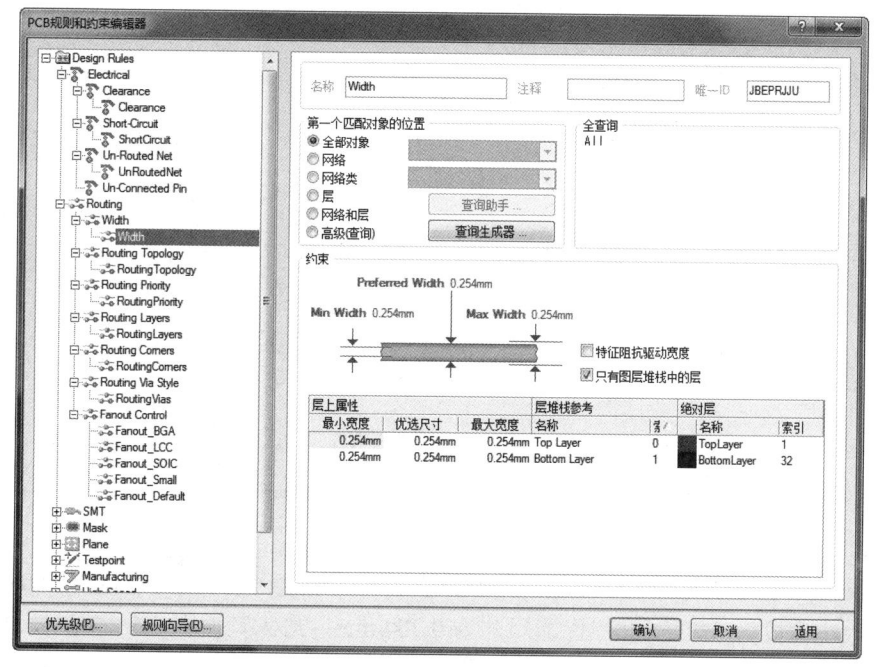

图 9.31 导线宽度限制规则

在"第一个匹配对象的位置"选项区中，可以设置规则适用的范围。"约束"选项区用于设置布线线宽的范围，对全部信号层有效，还可以设置 Top Layer（顶层）和 Bottom Layer（底层）导线的最小宽度、优选尺寸和最大宽度。

在实际的 PCB 设计中，通常会针对不同的网络设置不同的导线宽度限制规则，特别是地线的宽度，此时需要建立新的导线宽度限制规则。

下面以新增导线宽度为 30 mil 的"GND"网络和导线宽度为 20 mil 的"+VCC"网络规则为例来介绍新增导线宽度限制规则的方法。

右击"Width"子规则，系统将弹出一个快捷菜单，如图 9.32 所示。选择"新建规则"命令，系统将自动增加一个子规则"Width_1"，在"第一个匹配对象的位置"选项区中选中"网络"单选按钮，在其后的下拉列表框中选中"GND"，在"约束"选项区将"Min Width""Max Width""Preferred Width"均设置为 0.8 mm，此时 PCB 的所有布线层的导线宽度限制为 0.8 mm。设置完毕后单击"适用"按钮，下方的 Top Layer 与 Bottom Layer 的最小宽度、优选尺寸、最大宽度都变成了 0.8 mm，如图 9.33 所示。

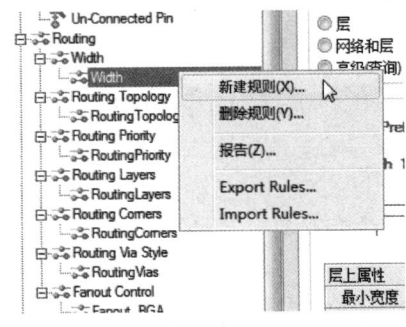

图 9.32 快捷菜单

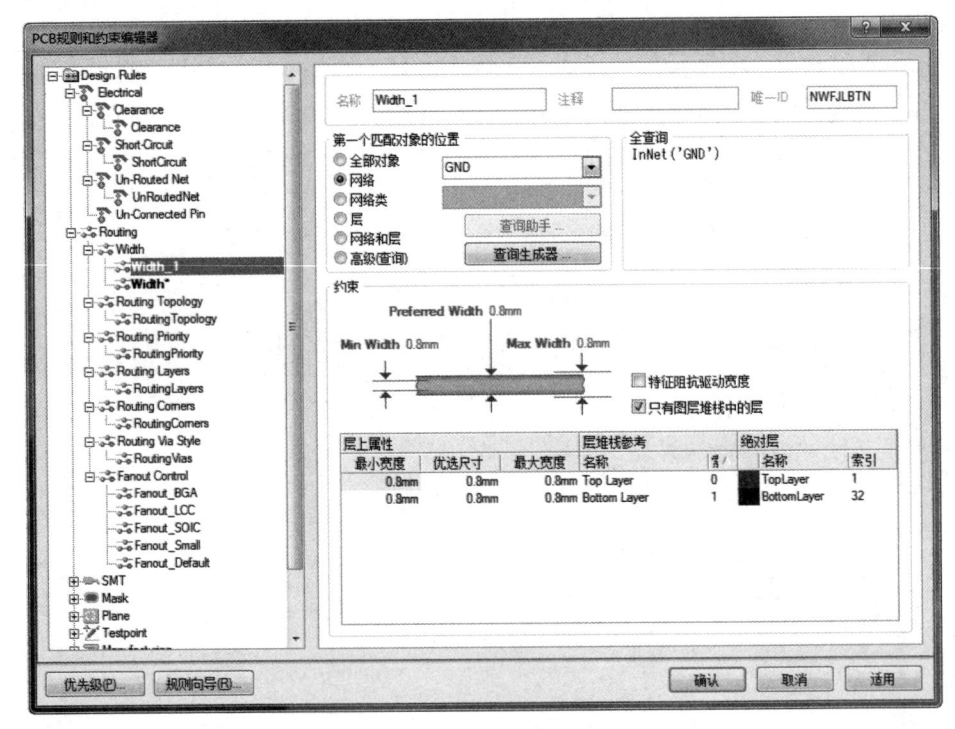

图 9.33 新建子规则设置

用相同的方法再创建一个子规则，将网络为"5 V"的所有对象均设置为 0.5 mm；其他信号线的最小宽度为 0.254 mm，优选尺寸为 0.254 mm，最大宽度为 0.5 mm。设置好的子规则如图 9.34 所示。

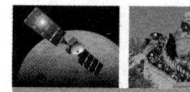

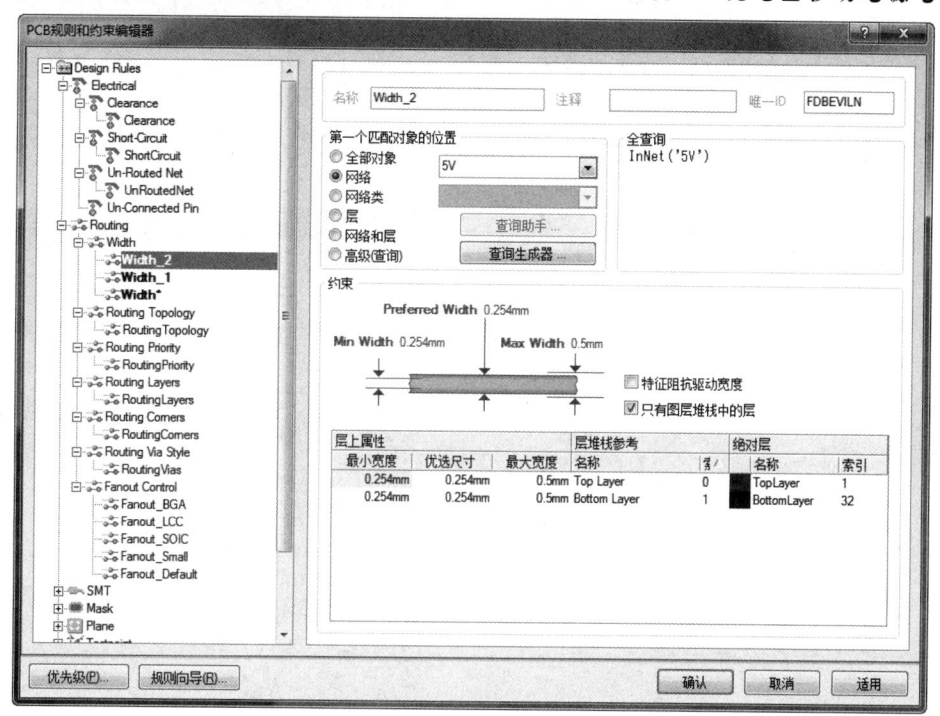

图 9.34 设置好的子规则

若要删除某个子规则，可右击需要删除的子规则，选择"删除规则"命令，即可将该子规则删除。

由于设置了不同网络的信号线适用不同的导线宽度限制规则，必须进行优先级的设定，以保证布线的正常进行。单击图 9.34 左下角的"优先级"按钮，弹出"编辑规则优先级"对话框，如图 9.35 所示。

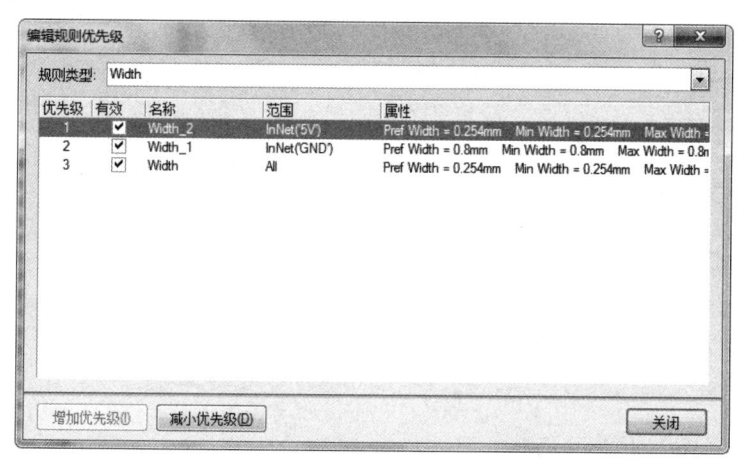

图 9.35 "编辑规则优先级"对话框

选中规则，单击"增加优先级"或"减小优先级"按钮，可以改变规则的优先级。图中优先级最高的是"5 V"网络的规则，其次是"GND"网络的规则，最低的是"All"网络的规则。

2）Routing Topology（网络拓扑结构）规则

网络拓扑结构规则主要设置自动布线时的拓扑结构，按照一定的拓扑算法，对布线结构做出某种限制。它决定了同一网络内各节点间的走线方式。在实际电路中，对不同信号网络可能需要采用不同的布线方式。网络拓扑结构规则如图 9.36 所示。

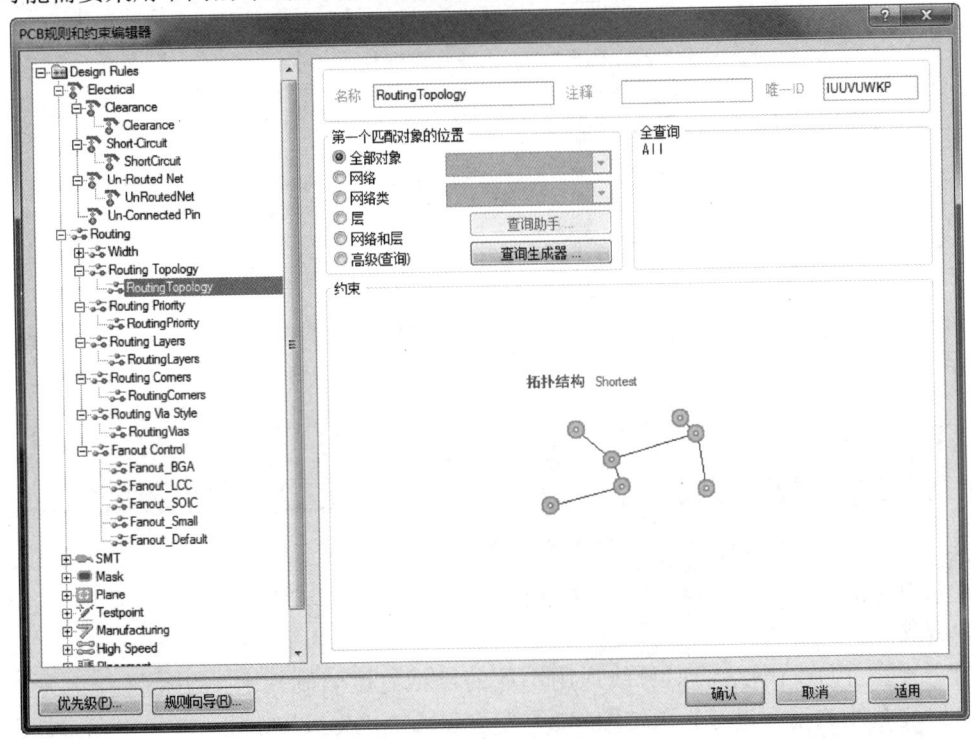

图 9.36　网络拓扑结构规则

在"第一个匹配对象的位置"选项区中可以设置规则适用的范围，在"约束"选项区中可以选择拓扑结构，7 种拓扑结构分别是 Shortest（网络总长度最短连接）、Horizontal（水平优先布线连接）、Vertical（垂直优先布线连接）、Daisy-Simple（简单链接连接）、Daisy-MidDriven（中间驱动链状连接）、Daisy-Balanced（平衡式链状连接）、Statrburst（星形扩散连接）。系统默认的拓扑结构为"Shortest"。

3）Routing Priority（布线优先级）规则

布线优先级规则用于设置某个对象的布线优先级。在"约束"选项区中设置布线的优先级，设置范围为 0～100，数字越大，优先级越高，在自动布线过程中，具有较高布线优先级的网络会被优先布线。系统默认设置全部对象的优先级为 0。

4）Routing Layers（布线层）规则

布线层规则主要用于规定自动布线时所使用的工作层，系统默认采用双面布线，即 Top Layer（顶层）和 Bottom Layer（底层），如图 9.37 所示。

如果设计的 PCB 为单面板，则只选中 Bottom Layer 作为布线层，这样所有的印制导线只能在底层进行布线。

项目 9　充电宝移动电源电路仿制

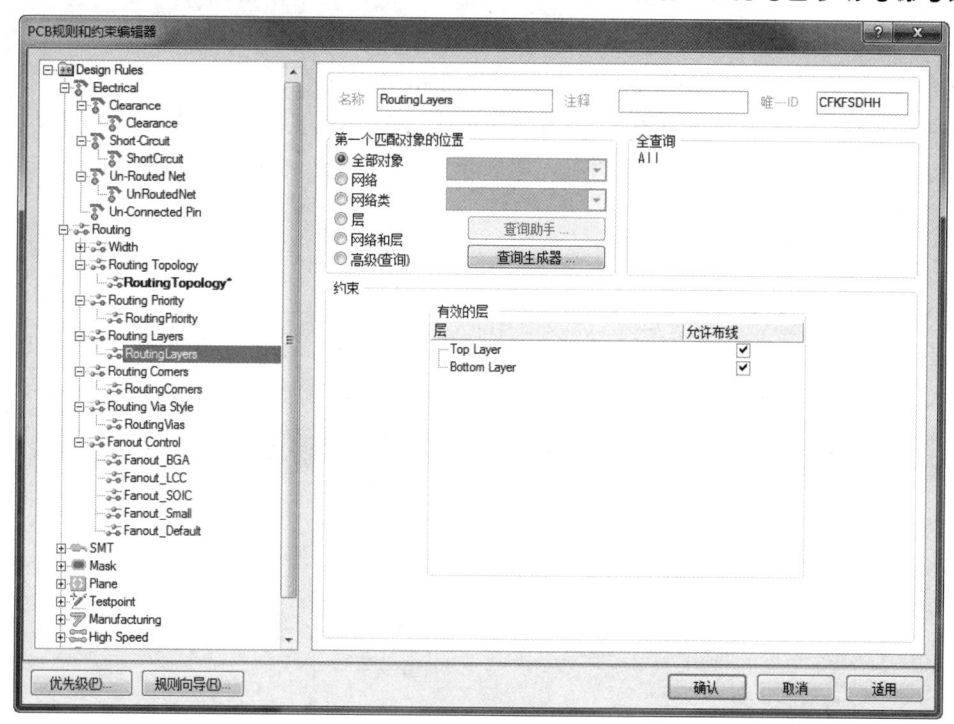

图 9.37　布线层规则

5）Routing Corners（布线转角）规则

布线转角规则主要是在自动布线时规定印制导线拐弯的方式，如图 9.38 所示。

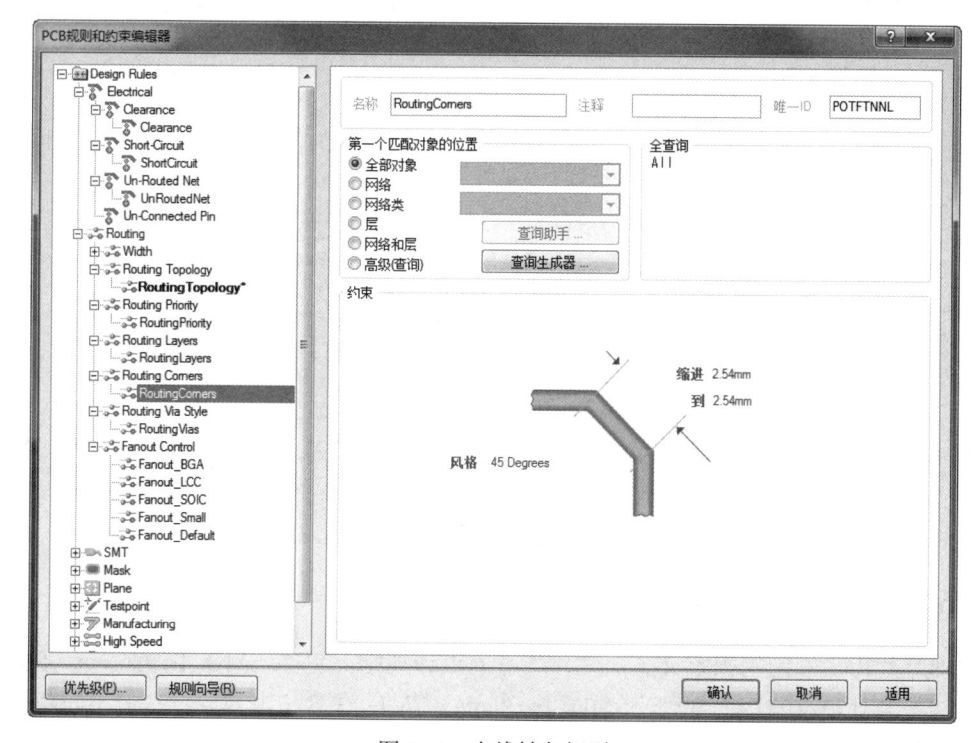

图 9.38　布线转角规则

"约束"选项区的"风格"选项用于选择导线拐弯的方式,在下拉列表框中可以选择 3 种拐弯方式:45°拐弯、90°拐弯和圆弧拐弯(Rounded)。

"缩进"选项用于设置导线最小拐角,如果是 90°拐弯,没有此选项;如果是 45°拐弯,表示拐角的高度;如果是圆弧拐弯,则表示圆弧的半径。"到"选项用于设置导线最大拐角。

默认情况下,规则适用于全部对象。

6) Routing Via Style(过孔类型)规则

过孔类型规则用于设置自动布线时所采用的过孔类型,在"约束"选项区可以对过孔直径和过孔孔径进行设置,每种尺寸都包含最小值、最大值和优选值,如图 9.39 所示。

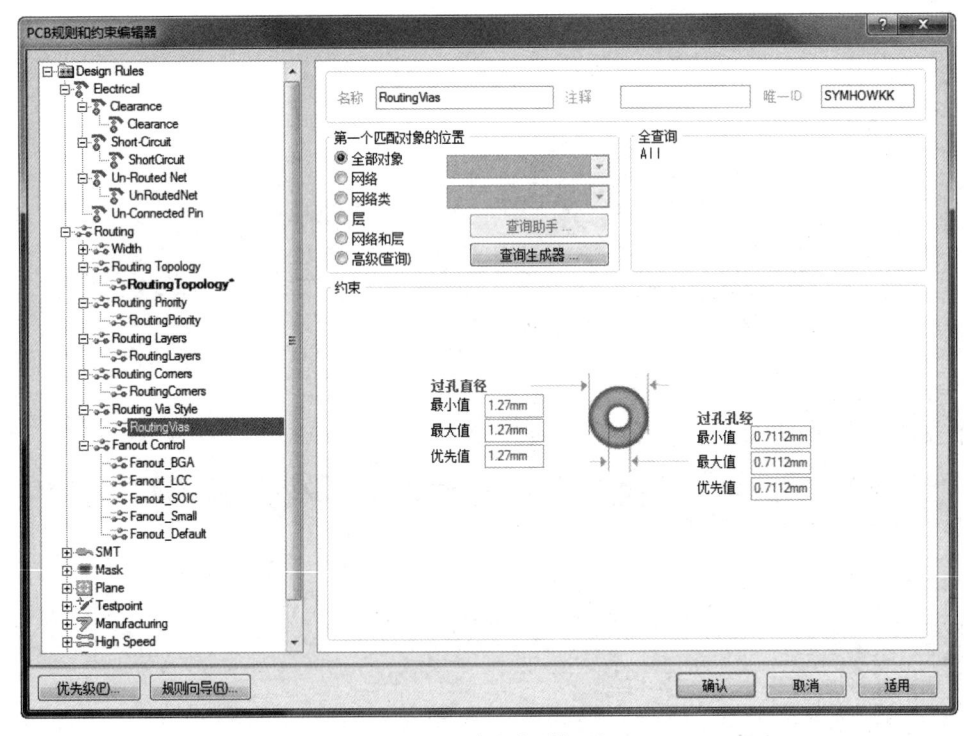

图 9.39　过孔类型规则

过孔在双面板及多层板中使用,设计单面板时无须设置过孔类型规则。

7) Fanout Control(布线扇出控制)规则

布线扇出控制规则用来设置 PCB 中使用的扇出输出形式,可以针对每个引脚、每个元器件或者整个 PCB 进行设置,当在一个空间较小的 PCB 上进行高密度布线时需要设置该规则。该规则涉及高密度布线及工作速度,通常保持默认设置。

9.5.3　SMT(表面贴片焊盘)规则

表面贴片焊盘规则用来定义表面贴片焊盘的设计规则,包括 SMD To Corner(SMD 焊盘与导线拐角处最小间距)规则、SMD To Plane(SMD 焊盘与电源层过孔最小间距)规则和 SMD Neck-Down(SMD 焊盘颈缩率)规则。

1）SMD To Corner（SMD 焊盘与导线拐角处最小间距）规则

SMD 焊盘与导线拐角处最小间距规则用来设定表面贴片元器件焊盘（SMD）和拐角处最小间距限制，默认设置为 0 mm。

2）SMD To Plane（SMD 焊盘与电源层过孔最小间距）规则

SMD 焊盘与电源层过孔最小间距规则用来设定表面贴片元器件焊盘和电源层过孔的最小间距，默认设置为 0 mm。

3）SMD Neck-Down（SMD 焊盘颈缩率）规则

SMD 焊盘颈缩率规则用来设置表面贴片元器件焊盘所连接的走线线宽与焊盘大小之间的最大比率，默认设置为 50%。

9.5.4 Mask（阻焊层）规则

阻焊层规则用于定义阻焊层和助焊层的收缩余量设计规则，包括 Solder Mask Expansion（阻焊层收缩量）规则和 Paste Mask Expansion（助焊层收缩量）规则。

1）Solder Mask Expansion（阻焊层收缩量）规则

阻焊层收缩量规则主要设置焊锡层和焊盘之间的间距，默认的扩展距离为 0.1016 mm（4 mil）。

2）Paste Mask Expansion（助焊层收缩量）规则

助焊层收缩量规则主要设置助焊层和焊盘之间的间距，默认的扩展距离为 0 mm。

9.5.5 Plane（电源层）规则

电源层规则用于定义电源层的设计规则，规定了大面积铜箔和信号线连接的规则，包括 Power Plane Connect Style（电源层连接类型）规则、Power Plane Clearance（电源层安全间距）规则和 Polygon Connect Style（焊盘和覆铜连接类型）规则。

1）Power Plane Connect Style（电源层连接类型）规则

电源层连接类型规则用于设定元器件引脚连接到电源层采用的焊盘类型，如图 9.40 所示，在"约束"选项区中可以选择连接方式，包括 Relief Connect（辐射连接）、Direct Connect（直接连接）和 No Connect（无连接）3 种方式。如果选择了 Relief Connect，还要对连接数、导线宽度、空隙间距和扩展距离进行设置。

2）Power Plane Clearance（电源层安全间距）规则

电源层安全间距规则用于设定通过电源层但不与其连接的焊盘以及过孔的边缘与电源层铜膜的最小间距，如图 9.41 所示，默认设置为 0.508 mm。

3）Polygon Connect Style（焊盘和覆铜连接类型）规则

焊盘和覆铜连接类型规则用来设置焊盘和覆铜的连接类型，如图 9.42 所示，与电源层连接类型规则一样，有 3 种连接类型，如果选择 Relief Connect 连接方式，还可以选择连接数和连接角度。

9.5.6 Testpoint（测试点）规则

测试点规则包括 Testpoint Style（测试点样式）规则和 Testpoint Usage（测试点使用）规则。

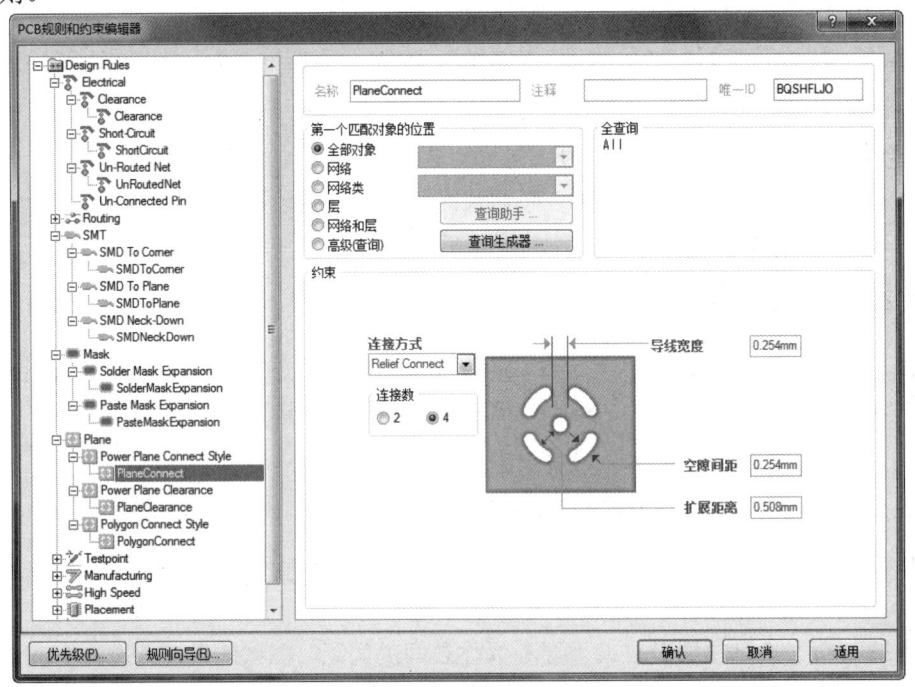

图 9.40 电源层连接类型规则

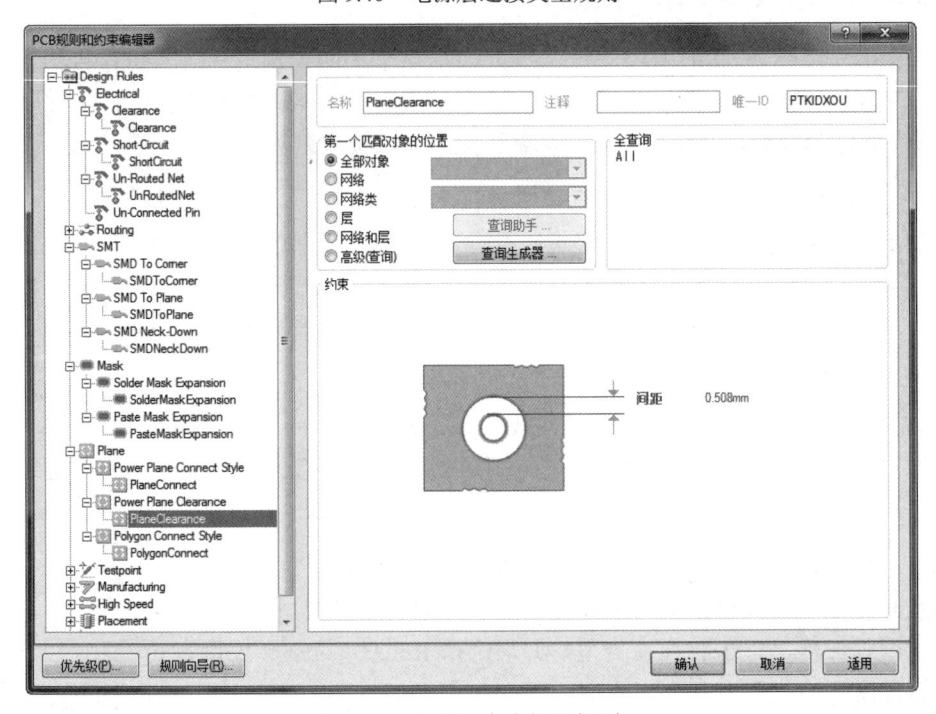

图 9.41 电源层安全间距规则

图 9.42 焊盘和覆铜连接类型规则

1）Testpoint Style（测试点样式）规则

测试点样式规则描述了测试点的形式及各种参数。为了方便调试，在 PCB 上引入了测试点。测试点通常连接到某一个网络上，与过孔类似，在调试过程中可以通过测试点引出 PCB 上的信号。

2）Testpoint Usage（测试点使用）规则

测试点使用规则用来设置测试点的使用规则。可以设置是否允许同一个网络上有多个测试点；每个目标网络都可以选择"必要的""无效的""不必介意"三种测试点状态。

9.5.7 Manufacturing（电路板制作）规则

电路板制作规则是制板工艺的相关规则，包括 Minimum Annular Ring（最小环孔限制）规则、Acute Angle（锐角限制）规则、Hole Size（孔径大小设计）规则和 Layer Pairs（板层对设计）规则。

1）Minimum Annular Ring（最小环孔限制）规则

最小环孔限制规则用于设定焊盘和过孔的环形铜膜的最小宽度，"约束"选项区的"最小环孔（x-y）"选项可以，设置焊盘或过孔的直径与其钻孔直径的差值，默认设置为 10 mil，可以根据制板商的工艺要求进行设置。

2）Acute Angle（锐角限制）规则

锐角限制规则用于设置铜膜线夹角的最小值，默认设置为 90°，通常情况下此项不应小于 90°。

3）Hole Size（孔径大小设计）规则

孔径大小设计规则用于设定通孔孔径的上下限，如图 9.43 所示，在"约束"选项区中，测量方法可以选择"Absolute"（绝对值形式），在下方可以输入孔径的最小值和最大值，默认情况下最小值为 0.0254 mm，最大值为 2.54 mm；也可以选择"Percent"（百分比形式），默认最小值为 20%，最大值为 80%。

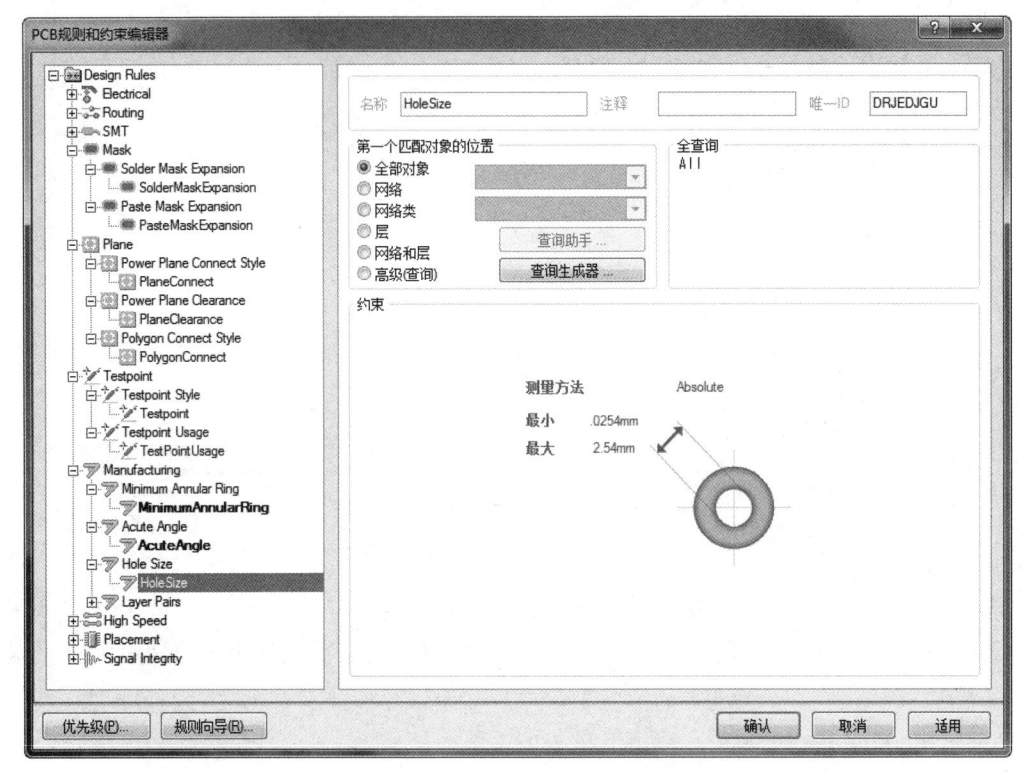

图 9.43　孔径大小设计规则

4）Layer Pairs（板层对设计）规则

板层对设计规则用于设定是否强制使用板层对的有关设置。板层对是指多层板中需要设定所有钻孔电气符号的起始层和终止层，这样的起始层和终止层就构成了板层对，在"约束"选项区中选中"执行板层对设置"复选框，就表示强制使用板层对。

9.5.8　High Speed（高频电路）规则

高频电路规则用于设置与高频电路有关的设计规则，包括 Parallel Segment（平行铜膜线间距限制）规则、Length（网络长度限制）规则、Matched Net Lengths（网络长度匹配）规则、Daisy Chain Stub Length（菊花状布线分支长度限制）规则、Vias Under SMD（SMD 焊盘下过孔限制）规则和 Maximum Via Count（最大过孔数限制）规则。

1）Parallel Segment（平行铜膜线间距限制）规则

平行铜膜线间距限制规则用来设定两段平行走线之间的最小间距和最大平行长度，主要是为了降低走线之间的串扰。

2）Length（网络长度限制）规则

网络长度限制规则定义了一个网络的最小长度和最大长度，可以在"约束"选项区中设置最小长度和最大长度。

3）Matched Net Lengths（网络长度匹配）规则

网络长度匹配规则用于将某个范围内网络的长度调整到大致相同，以减少各个网络之间的相互耦合，降低相互干扰的程度。设定该规则后，用这个规则检测电路时，将适用范围内的所有网络与范围内的最长网络进行比较，当长度差超出规定的误差容限时，系统将给出提示信息。

4）Daisy Chain Stub Length（菊花状布线分支长度限制）规则

菊花状布线分支长度限制规则用来设定菊花状布线分支的最大长度。

5）Vias Under SMD（SMD 焊盘下过孔限制）规则

SMD 焊盘下过孔限制规则用来限制自动布线时是否允许 SMD 焊盘下放置过孔，若允许，在"约束"选项区中选中"允许过孔在表面贴装器件下"复选框即可。

6）Maximum Via Count（最大过孔数限制）规则

最大过孔数限制规则用来设置设计中允许的最大过孔数目，默认设置为 1 000。

9.5.9 Placement（元器件布局）规则

元器件布局规则用于设置元器件布局时的一些设计规则，包括 Room Definition（Room 定义）规则、Component Clearance（元器件间距限制）规则、Component Orientations（元器件布局方向）规则、Permitted Layers（电路板工作层面设置）规则、Nets to Ignore（网络忽略）规则和 Height（高度）规则。

1）Room Definition（Room 定义）规则

Room 定义规则用来定义 Room 空间的各种属性，如图 9.44 所示，设置方法如下。

"Room 空间锁定"：选择是否锁定 Room 空间。

"元件锁定"：选择是否锁定元器件。

"定义"：单击"定义"按钮，光标变成十字形并回到 PCB 工作区中，移动光标并单击可以确定 Room 的范围和位置。

"x1""y1""x2""y2"：定义 Room 的两个顶点的坐标。

2）Component Clearance（元器件间距限制）规则

元器件间距限制规则用来设置自动布局时元器件的间距，在项目 8 中已经说明设置方法，此处不再叙述。

3）Component Orientations（元器件布局方向）规则

元器件布局方向规则用来设置元器件布局方向，有 0°、90°、180°、270°和全方位 5 个选项。

4）Permitted Layers（电路板工作层面设置）规则

电路板工作层面设置规则用来设置电路板的工作层面。

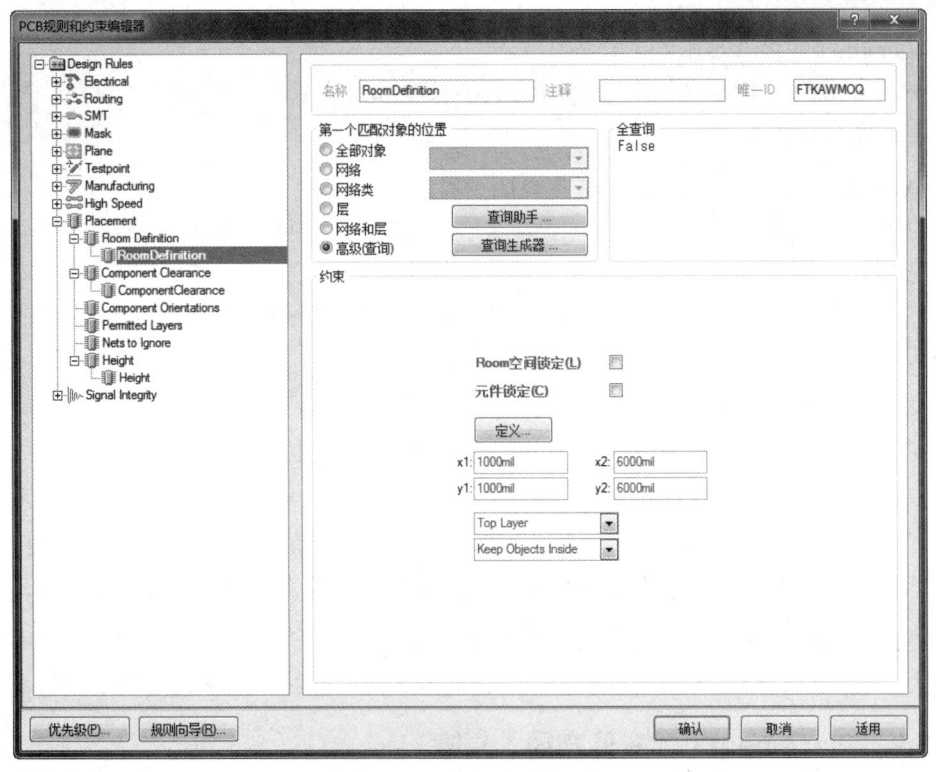

图 9.44 Room 定义规则

5) Nets to Ignore（网络忽略）规则

网络忽略规则用来设定在自动布局时哪些网络可以忽略，在加载了网络的 PCB 中才能设置。

6) Height（高度）规则

高度规则用来设定 PCB 上焊接元器件的封装高度，可以设置最大值、最小值和优选值。

9.5.10　Signal Integrity（信号完整性）规则

信号完整性规则用于信号完整性分析，如图 9.45 所示，包括以下 13 项。

（1）Signal Stimulus（激励信号）规则。

（2）Overshoot-Falling Edge（负超调量限制）规则。

（3）Overshoot-Rising Edge（正超调量限制）规则。

（4）Undershoot-Falling Edge（负下冲超调量限制）规则。

（5）Undershoot-Rising Edge（正下冲超调量限制）规则。

（6）Impedance（阻抗限制）规则。

（7）Signal Top Value（高电平信号）规则。

（8）Signal Base Value（低电平信号）规则。

（9）Flight Time-Rising Edge（上升飞行时间）规则。

（10）Flight Time-Falling Edge（下降飞行时间）规则。

（11）Slope-Rising Edge（上升沿时间）规则。

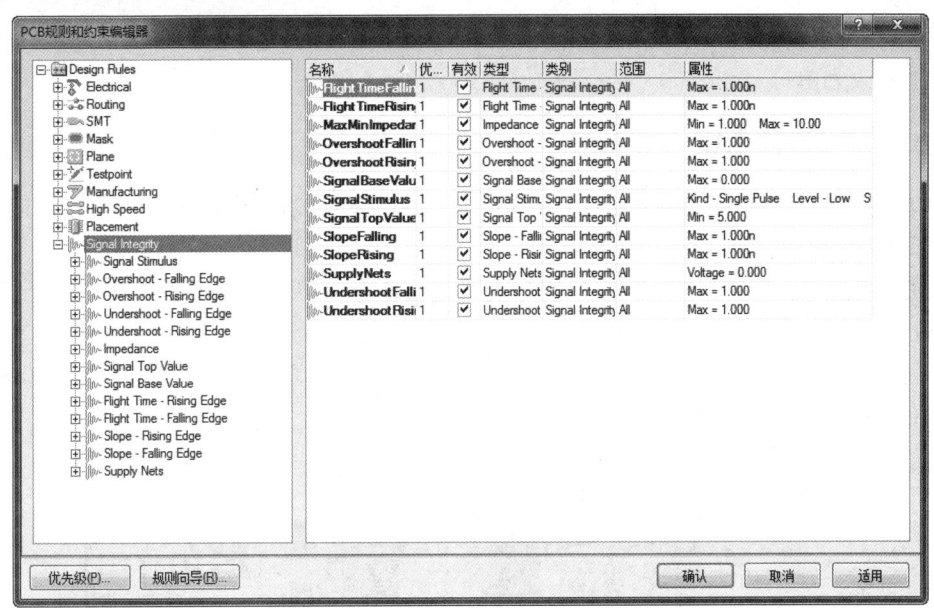

图 9.45　信号完整性规则

（12）Slope-Falling Edge（下降沿时间）规则。

（13）Supply Nets（电源网络）规则。

这部分内容此处不做详细介绍。

步骤21▶本例中，PCB 布线规则设置如下所述。

安全间距规则设置为 0.2 mm，适用于全部对象。

导线宽度限制规则：INPUT 和 GND 网络的线宽为 0.3～2 mm，优选线宽为 0.5 mm，其他线宽为 0.2～2 mm，优选线宽为 0.3 mm。

布线规则：双面布线。

过孔类型规则：地线过孔直径为 1.2 mm，孔径为 0.7 mm，其他过孔直径为 1～1.2 mm，优选值为 1 mm，孔径为 0.6 mm。

焊盘与覆铜连接方式设置为 Direct Connect。

在 SMT 规则中新建 SMD To Corner 规则，所有对象的 SMD 焊盘与拐角处的最小距离设置为 0.254 mm。

其他规则采用默认设置。

任务 9.6　元器件预布线

9.6.1　独立焊盘的网络设置

由于元器件 J1、J2、J3 中用于固定元器件的引脚没有对应的网络，在布线前，需要先将其网络设置为 GND，以实现外壳屏蔽功能。

步骤22▶双击 J1 的焊盘 6，在焊盘属性中将网络修改为 GND。用相同的方法，将 J1 的其他几个焊盘 6 和 J2、J3 的所有焊盘 0 的网络修改为 GND。

步骤 23▶ 双击放置在 PCB 左上角的独立焊盘，将其网络修改为 B-，将右上角的独立焊盘网络修改为 B+。

9.6.2 PCB 预布线

在 PCB 设计过程中，有时某些元器件之间的重要网络需要进行预布线，然后通过自动布线完成剩余的布线工作。

步骤 24▶ 执行菜单"放置"→"交互式布线"命令，将左上角的独立焊盘与元器件 Q5 的引脚 6 相连的网络 B-完成预布线连接，采用顶层布线，布线宽度为 0.3 mm。将右上角的独立焊盘与 R4、U2 相连的网络 B+完成预布线连接，采用底层布线，布线宽度为 0.3 mm。PCB 预布线的效果如图 9.46 所示。

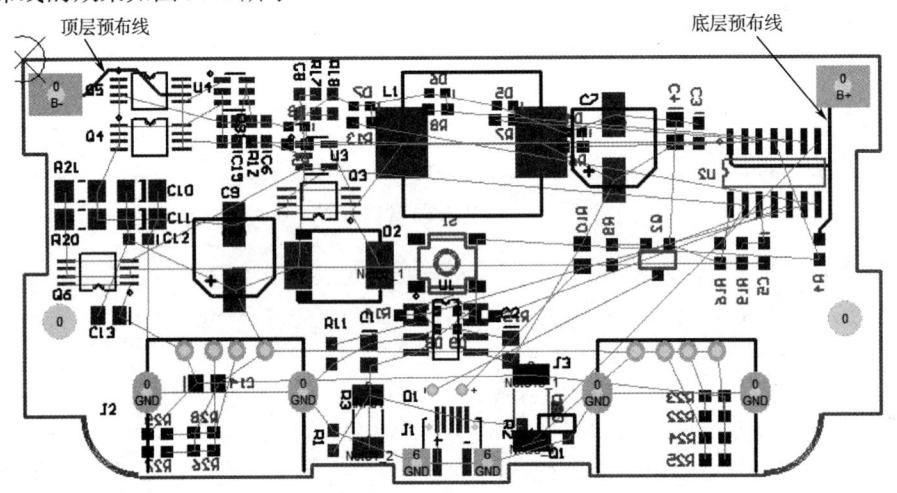

图 9.46 PCB 预布线的效果

9.6.3 预布线锁定

在图 9.46 中，部分网络已经进行了预布线，若要在后面的自动布线操作中保留这些预布线，需要将所有的预布线进行锁定。

步骤 25▶ 执行菜单"自动布线"→"设定"命令，弹出"Situs 布线策略"对话框，选中对话框下方的"锁定全部预布线"复选框，单击"确定"按钮。

任务 9.7　PCB 自动布线与手工调整

9.7.1 PCB 自动布线

在其他准备工作完成后，就可以利用 Protel DXP 2004 SP2 提供的自动布线功能进行自动布线了。PCB 设计中，"自动布线"菜单中有多种自动布线方式，如图 9.47 所示。

1）全部对象自动布线

执行菜单"自动布线"→"全部对象"命令后，系统将对 PCB 中的所有对象进行自动布线。

2）指定网络自动布线

执行菜单"自动布线"→"网络"命令后，系统将对选定的网络进行自动布线。

3）连接点自动布线

执行菜单"自动布线"→"连接"命令后，系统将对选定的两个连接点进行自动布线。

4）整个区域自动布线

执行菜单"自动布线"→"整个区域"命令后，系统将对选定的区域中的所有网络进行自动布线。

5）Room 空间自动布线

若在 PCB 中定义了 Room 空间，可以执行菜单"自动布线"→"Room 空间"命令，系统将对定义的 Room 空间进行自动布线。

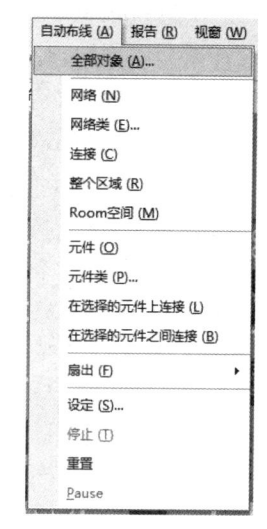

图 9.47 "自动布线"菜单中的自动布线方式

6）指定元器件自动布线

执行菜单"自动布线"→"元件"命令后，系统将对指定的元器件进行自动布线。

本例中，需要对整个 PCB 进行布线，所以布线方式为"全部对象"。

步骤 26▶ 执行菜单"自动布线"→"全部对象"命令，弹出"Situs 布线策略"对话框，如图 9.48 所示。

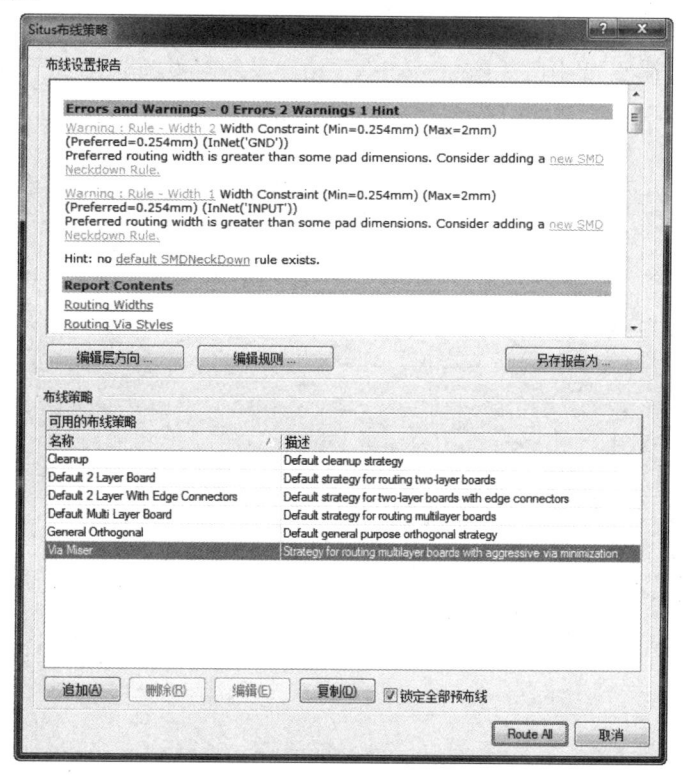

图 9.48 "Situs 布线策略"对话框

在图 9.48 中，"布线设置报告"选项区中显示的是当前已设置好的布线设计规则。若要查看相关设计规则，可以拖动右侧的滚动条进行查看。若要修改相关规则，可以单击"编辑规则"按钮，在弹出的"PCB 规则和约束编辑器"对话框中进行相关规则的修改。

步骤 27▶ 单击图 9.48 中的"编辑层方向"按钮，弹出"层方向"对话框，如图 9.49 所示。在对话框中可以设置布线层的走线方向。系统默认双面布线，顶层垂直走线，底层水平走线。

步骤 28▶ 单击图 9.49 中"当前设置"栏的"Automatic"，出现下拉列表框，可以选择布线层的走线方向，其含义见表 9.2。本例中，Top Layer 设置为 Vertical，Bottom Layer 设置为 Horizontal，如图 9.49 所示。设置完成后单击"确认"按钮返回"Situs 布线策略"对话框。

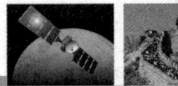

图 9.49 "层方向"对话框

表 9.2 布线层走线方向的含义

选 项	含 义	选 项	含 义
Not Used	不使用本层	45 Up	向上 45°方向布线
Horizontal	水平布线	45 Down	向下 45°方向布线
Vertical	垂直布线	Fan Out	发散方式布线
Any	任意方向布线	Automatic	自动设置
1～5O"Clock	1～5 点钟方向布线		

步骤 29▶ 单击图 9.48 中的"Route All"按钮，系统对整个 PCB 进行自动布线，同时弹出"Messages"窗口显示当前布线进程，如图 9.50 所示。自动布线完成后可以关闭该窗口。自动布线完成后的 PCB 如图 9.51 所示。

图 9.50 "Messages"窗口

项目 9　充电宝移动电源电路仿制

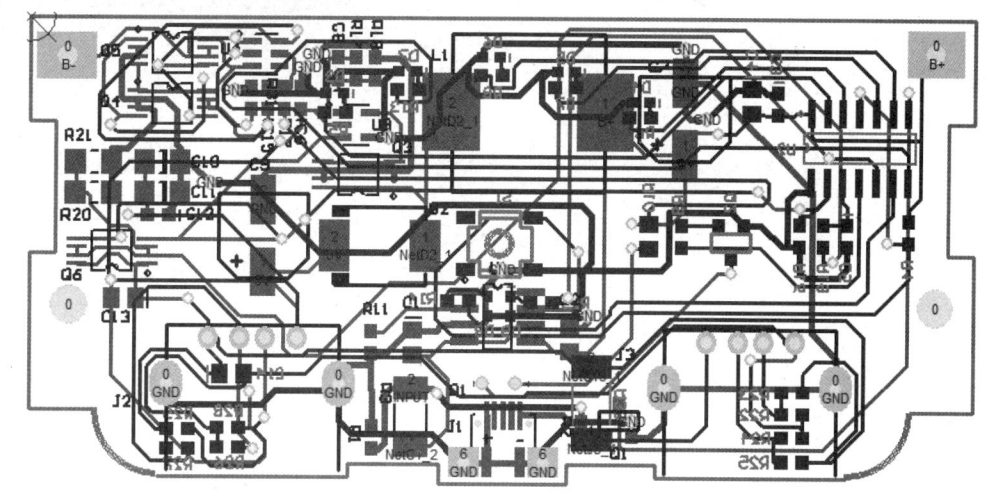

图 9.51　自动布线完成后的 PCB

需要注意的是，只要元器件封装布局位置有一点点变化，自动布线的效果就有可能不同。若自动布线效果不理想，可以适当修改布局后重新布线。

9.7.2　PCB 手工调整

一般来说，自动布线的效果不能完全满足需求。在自动布线完成后，有的走线不合理，甚至有的部分由于元器件位置过密无法完成布线。此时，需要对元器件封装位置和 PCB 的走线进行适当的调整，以满足设计需求。

本例中，有多处走线不合理，如图 9.52 所示的 R25 的连接。此时需要对其进行调整。

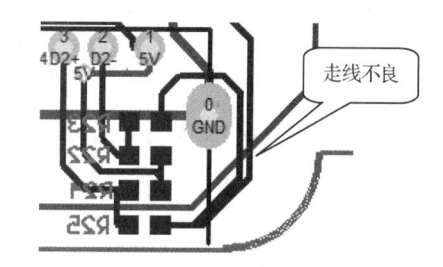

图 9.52　走线不合理

步骤 30▶ 选中走线不合理的导线，删除后进行手工布线。手工调整后的 PCB 如图 9.53 所示。

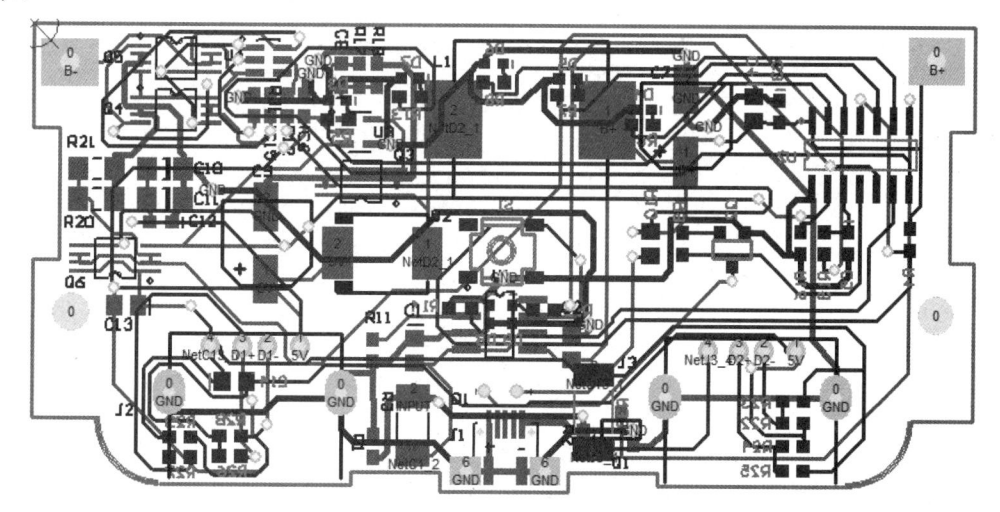

图 9.53　手工调整后的 PCB

185

任务 9.8 PCB 添加泪滴

PCB 添加泪滴是指在铜膜导线和焊盘或过孔交接的地方，为了增加连接的牢固性、增强 PCB 的强度，逐渐加大导线宽度。添加泪滴后，导线在接近焊盘或过孔时，宽度逐渐增大，形状就像一个泪滴。一般在导线比较细时可以添加泪滴。

步骤 31▶ 执行菜单"工具"→"泪滴焊盘"命令，弹出"泪滴选项"对话框，如图 9.54 所示。"一般"选项区用于设置泪滴使用的范围，有 5 个选项；"行为"选项区用于追加泪滴或删除泪滴；"泪滴方式"选项区用于设置泪滴的样式，可以选择"圆弧"或"导线"。本例中全部采用默认选项，单击"确认"按钮，系统将给 PCB 自动添加泪滴，添加泪滴后的 PCB 如图 9.55 所示。

图 9.54 "泪滴选项"对话框

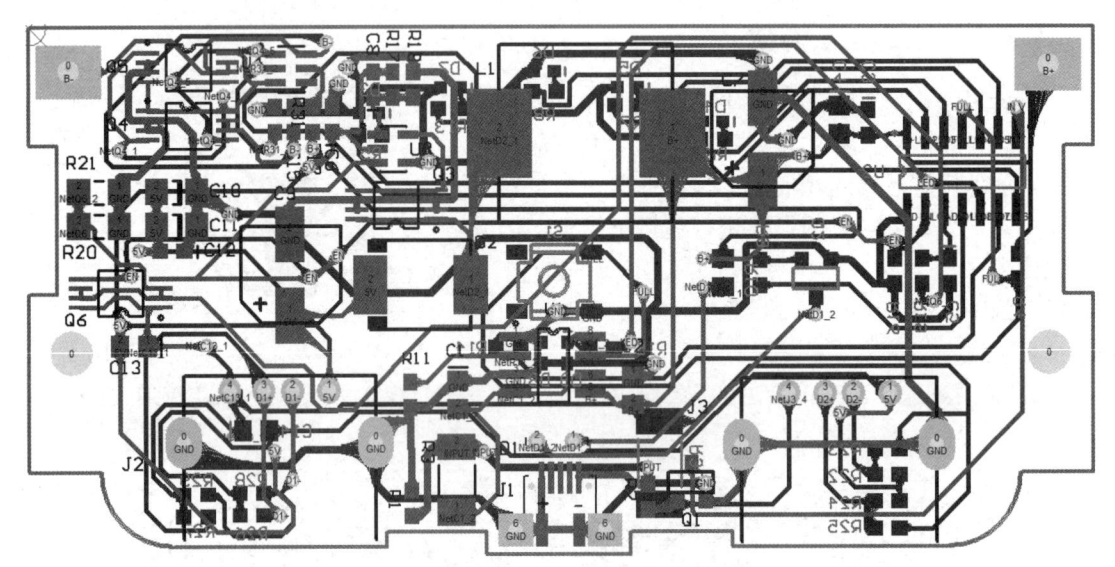

图 9.55 添加泪滴后的 PCB

PCB 布线结束后，为了提高 PCB 电路的抗干扰能力，需要对 PCB 进行双面接地覆铜。

步骤 32▶ 执行菜单"放置"→"覆铜"命令，弹出"覆铜参数设置"对话框。将连接网络设置为"GND"，连接方式设置为"Pour Over All Same Net Objects"，分别在 Top Layer（顶层）和 Bottom Layer（底层）进行覆铜。覆铜边缘沿 Keep-Out Layer 进行，有圆弧的位置按 Shift+空格键进行切换。

步骤 33▶ 执行菜单"设计"→"PCB 形状"→"重定义 PCB 形状"命令，边缘沿 Keep-Out Layer 进行裁剪，有圆弧的位置按 Shift+空格键进行切换。

至此，充电宝移动电源电路设计结束，最终的 PCB 如图 9.56 所示。

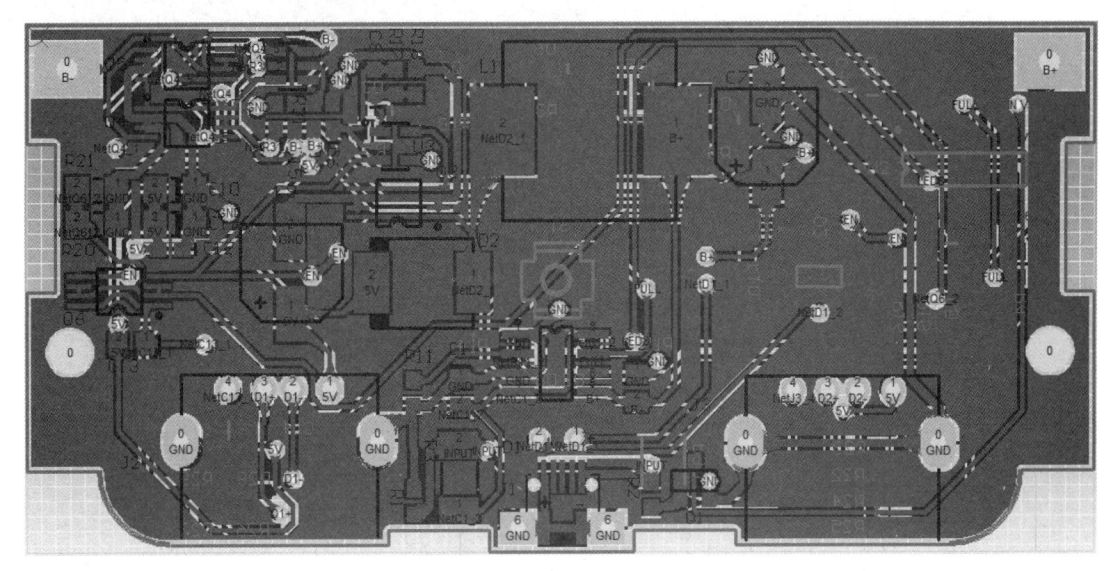

图 9.56 最终的 PCB

项目小结

本项目以充电宝移动电源 PCB 设计为例，详细介绍了常用 PCB 布线规则的设置、不规则 PCB 中元器件封装定位技巧和手动布局方法。通过本项目的学习，能让读者学会复杂 PCB 预布线方法、自动布线方法、手动调整技巧及 PCB 泪滴添加方法等知识，使读者熟练掌握不规则复杂电路的 PCB 设计方法技巧。

思考与练习

1. 简述 PCB 自动布线的基本流程。
2. 在 PCB 布线时，如何设置不同网络的线宽限制规则？
3. 在 PCB 设计中，如何设置 Electrical（电气规则）？
4. 在 PCB 设计中，如何设置 Routing（布线设计规则）？
5. 在 PCB 自动布线时为什么要保留预布线？如何保留预布线？
6. 在 PCB 设计完成后为什么要添加泪滴？如何添加？
7. 根据图 9.57 所示电路设计读卡器 PCB。

设计要求：采用矩形 PCB，电气轮廓为 40 mm×16 mm；PCB 设计采用双面板，封装采用两面放置，布局时注意 USB 接口和 LED 指示灯的放置位置并定位；晶振靠近 IC 引脚放置，采用对层屏蔽法，在顶层和底层放置接地覆铜进行屏蔽。布线宽度设置：电源网络线宽为 0.65 mm，地线网络线宽为 0.75 mm，其他网络线宽为 0.5 mm。

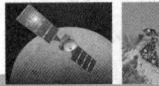

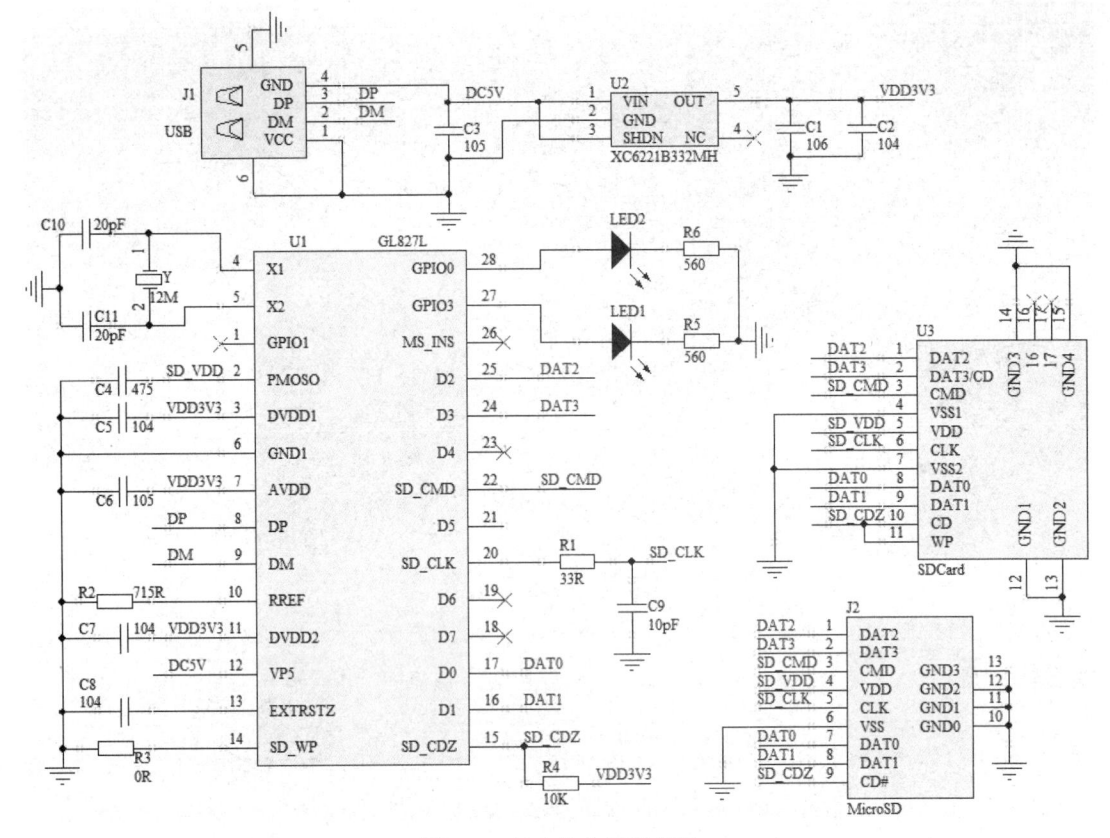

图 9.57 读卡器电路原理图

项目 10

功率放大器电路仿制

项目描述

功率放大器电路由电源电路,低音电路,左、右声道中、高音电路 3 部分组成。功率放大器电路原理图如图 10.1 所示。其中,电源电路采用桥式整流,经电容滤波后,得到+VCC 和-VSS 双电源输出,给 TAD2030 提供电源;MC7812 和 MC7912 两个稳压芯片提供±12 V 直流电压输出,给 NE5532 提供电源。

在该电路原理图中,采用 4 个 TAD2030A。其中,两个接成 BTL 电路用于低音,另外两个用于左、右声道中、高音。TAD2030A 是 SGS 公司生产的功率放大芯片,体积小巧。同时,TAD2030A 具有过热保护功能,能够承受输出的过载,甚至是长时间的过载。在该电路原理图中,左、右声道输出功率可达 2×15 W,静态电流小于 50 mA,可承受 3.5 A 的动态电流;左、右声道音调处理部分采用 TI 的 NE5532,提升了音质;低音部分采用 NE5532 作为低通滤波电路,后级采用 TAD2030 进行功率输出,低音输出功率可达 30 W,可驱动 4~8 Ω 的扬声器。

学习目标

- 进一步熟悉复杂 PCB 的绘制技巧。
- 掌握 PCB 自动布局与手工调整的方法。
- 掌握双面 PCB 手工布线的方法。
- 了解 PCB 的 3D 视图查看方法。
- 掌握 PCB 的设计规则检查方法。
- 掌握 PCB 的各种报表生成方法。

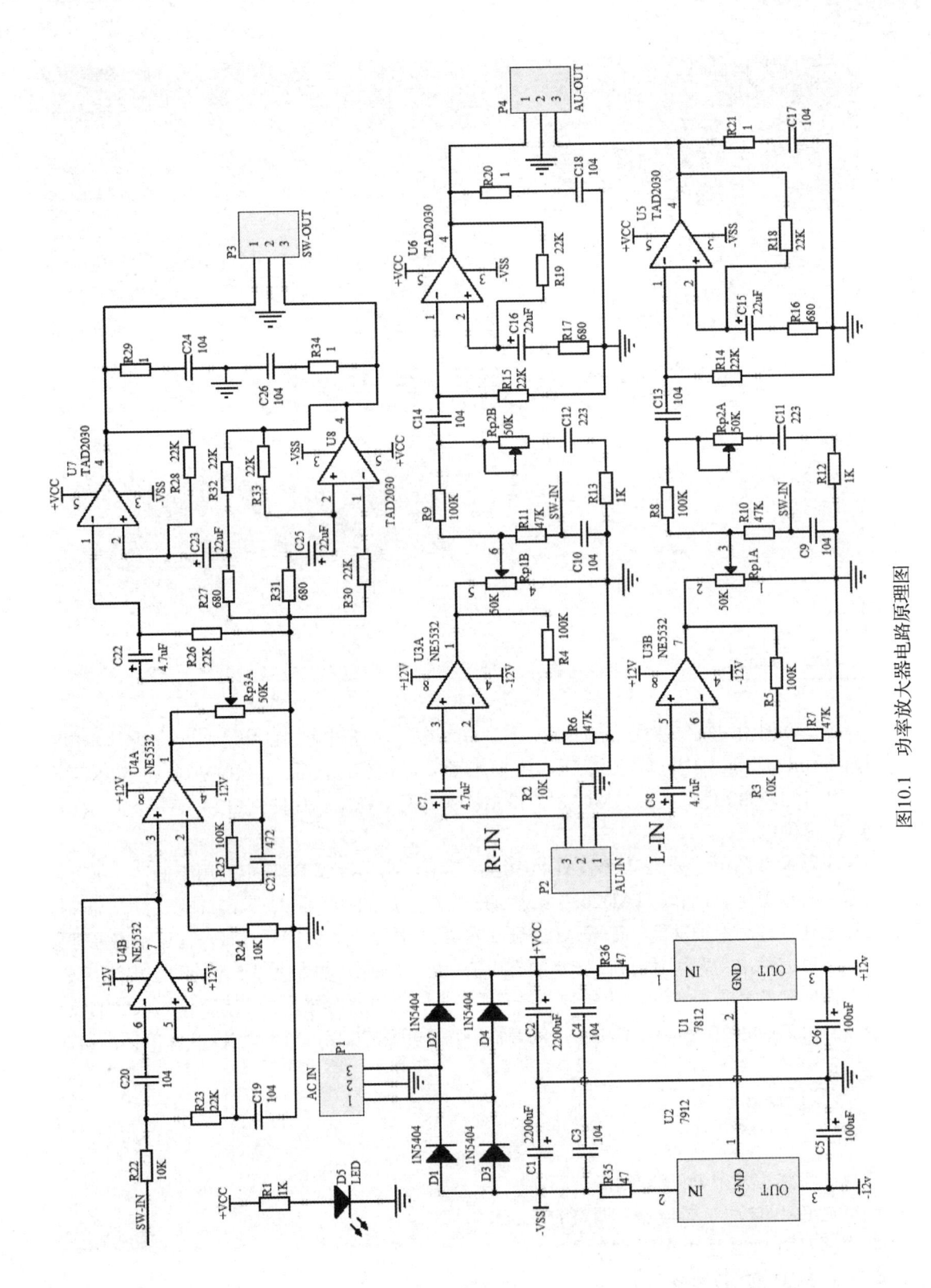

图10.1 功率放大器电路原理图

项目 10 功率放大器电路仿制

项目实施

任务 10.1 准备工作

在进行功率放大器电路设计之前，必须先设计元器件库中没有的元器件符号，并根据电路的实际情况为元器件重新定义封装。

10.1.1 绘制元器件符号

在原理图中，双电源部分采用的稳压芯片 MC7812 和 MC7912、功率放大芯片 TAD2030、运算放大芯片 NE5532 和双联电位器 Rp 等元器件在元器件库中没有，需要自行设计这些元器件符号。

（1）稳压芯片 MC7812 的元器件符号如图 10.2 所示。其中，引脚 1 为输入端；引脚 2 接地端；引脚 3 为输出端。

（2）稳压芯片 MC7912 的元器件符号如图 10.3 所示。其中，引脚 2 为输入端；引脚 1 为接地端；引脚 3 为输出端。需要注意的是，MC7912 与 MC7812 的引脚排列不同。

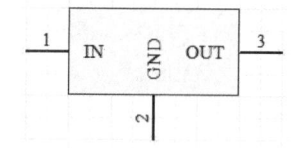

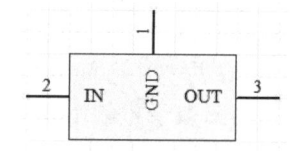

图 10.2 稳压芯片 MC7812 的元器件符号　　图 10.3 稳压芯片 MC7912 的元器件符号

（3）双联电位器 Rp 是在同一个封装中有两个联动调节的电位器，其结构如图 10.4 所示，子元器件 A 和子元器件 B 的元器件符号如图 10.5 所示。其中，子元器件 A 的中间滑动端引脚标识符为 3；子元器件 B 的中间滑动端引脚标识符为 6。

（4）TAD2030 为功率放大芯片，常用于各种中功率音响设备中，其符号如图 10.6 所示。

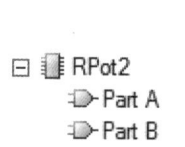

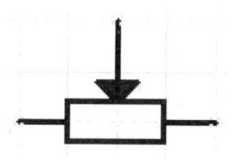

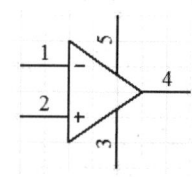

图 10.4 双联电位器的结构　图 10.5 双联电位器子元器件的元器件符号　图 10.6 TAD2030 的元器件符号

（5）NE5532 是一款高性能低噪声双运算放大器集成电路，即其内部含有两个功能相同的运算放大器，其结构如图 10.7 所示。NE5532 的元器件符号如图 10.8 所示。

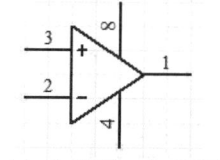

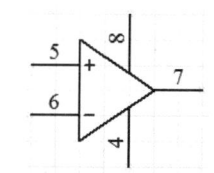

（a）子元器件 A 的元器件　　（b）子元器件 B 的元器件

图 10.7 NE5532 的结构　　　　图 10.8 NE5532 的元器件符号

10.1.2 元器件封装设计

功率放大器电路中所使用的元器件封装在系统自带的元器件库中找不到，必须自行设计。

（1）电解电容 C1、C2 封装如图 10.9 所示。其封装名称为 RB.3/.64。其中，封装的焊盘直径为 70 mil，焊盘中心间距为 300 mil，外框轮廓的半径为 320 mil，焊盘 2 所在的半圆用横线标注（表示电容负极）。

（2）LED 指示灯 D5 封装如图 10.10 所示。其封装名称为 LED-4。其中，封装的焊盘直径为 60 mil，焊盘中心间距为 120 mil，外框轮廓的半径为 90 mil，引脚 1 为二极管正极。

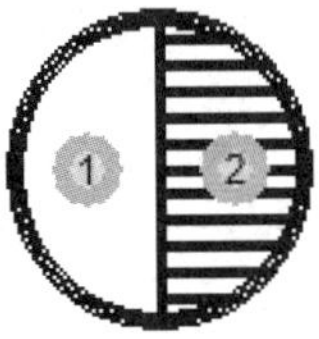

图 10.9　电解电容封装 　　　　图 10.10　LED 封装

（3）C3、C4 等所有无极电容封装如图 10.11 所示，其封装名称为 RAD-0.15。其中，封装的焊盘直径为 50 mil，焊盘左右中心间距为 150 mil，外框轮廓的尺寸为 310 mil×100 mil。

（4）电解电容 C5、C6 的封装如图 10.12 所示，其封装名称为 RB.3/.6。其中，封装的焊盘直径为 1.5 mm，焊盘中心间距为 3 mm，外框轮廓的半径为 3 mm。

（5）C7、C8 等其余电解电容的封装。封装名称为 RB.3/.5，如图 10.13 所示。其中封装的焊盘直径为 1.5 mm，焊盘中心间距为 3 mm，外框轮廓的半径为 2.5 mm。

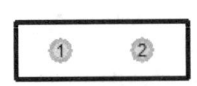

图 10.11　无极电容封装 RAD-0.15 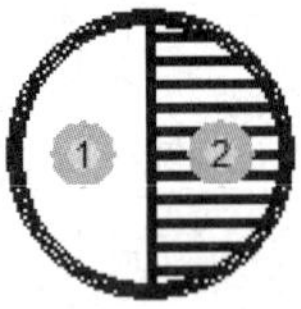　　图 10.12　电解电容封装 RB.3/.6 　　图 10.13　电解电容封装 RB.3/.5

（6）功率放大集成芯片 TAD2030 的封装。封装名称为 GF2030，如图 10.14 所示。其中封装的焊盘直径为 1.8 mm，所有焊盘的左右中心间距为 4 mm，上下两排焊盘的垂直间距为 4 mm，外框轮廓的尺寸为 11 mm×8 mm。

（7）双联电位器 Rp1、Rp2 和 Rp3 的封装。封装名称为 SLR，如图 10.15 所示。其中封装的焊盘直径为 3 mm，焊盘左右中心间距为 5 mm，上下中心间距为 5 mm，外框轮廓的尺寸为 16 mm×8 mm。

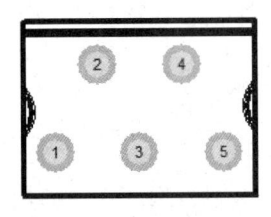

图 10.14　TAD2030 封装 GF2030 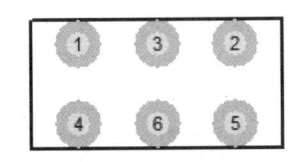　　图 10.15　双联电位器封装 SLR

项目 10　功率放大器电路仿制

（8）P1、P2 等所有插头的封装。封装名称为 JP，如图 10.16 所示。其中封装的焊盘直径为 3 mm，焊盘左右中心间距为 5 mm，外框轮廓的尺寸为 15 mm×7.5 mm。

（9）三端稳压集成芯片 7812 和 7912 的封装。封装名称为 TO-220-1，如图 10.17 所示。其中封装的焊盘直径为 1.8 mm，焊盘左右中心间距为 2.5 mm，外框轮廓中，上部矩形尺寸为 10 mm×1 mm，下部梯形的尺寸中，上边为 10 mm，下边为 9 mm，梯形的垂直高度为 4 mm。

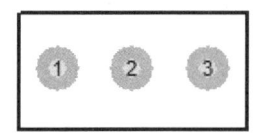

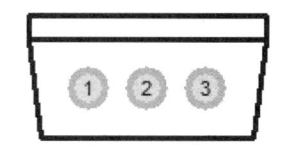

图 10.16　插头的封装 JP　　　图 10.17　稳压芯片 7812、7912 的封装 TO-220-1

任务 10.2　功率放大器电路原理图设计

步骤 1▶ 新建项目文件。启动 Protel DXP 2004 SP2，执行菜单"文件"→"创建"→"项目"→"PCB 项目"命令，将新建的项目文件选择合适的路径另存为"功率放大器电路.PrjPcb"。

步骤 2▶ 新建原理图文件。执行菜单"文件"→"创建"→"原理图"命令，将新建的原理图文件选择合适的路径另存为"功率放大器电路.SchDoc"。

步骤 3▶ 原理图设计。根据图 10.1 所示电路绘制功率放大器电路原理图。电路中各元器件的参数和封装信息见表 10.1。原理图设计完成后，需要对其进行编译检查，如果有错误则修改错误，最后保存原理图。

表 10.1　功率放大器电路中各元器件的参数和封装信息

元器件类别	元器件标号	元器件库中的名称	封 装 名 称	封装所在元器件库
金属膜电阻	R1～R36	Res2	AXIAL-0.4	Miscellaneous Devices.IntLib
双联电位器	Rp1～Rp3	RPOT2（自制）	SLR（自制）	自制
无极电容	C3～C4、C10～C14、C17～C21、C24、C26	Cap	RAD-0.15（自制）	自制
电解电容	C1、C2	Cap Pol2	RB.3/.64（自制）	自制
电解电容	C5、C6	Cap Pol2	RB.3/.6（自制）	自制
电解电容	C7～C8、C15～C16、C22～C23、C25	Cap Pol2	RB.3/.5（自制）	自制
发光二极管	D5	LED0	LED-4（自制）	自制
整流二极管	D1～D4	Diode 1N4007	DIO10.2-7X2.7	Miscellaneous Devices.IntLib
三端稳压芯片	U1	MC7912（自制）	TO-220-1（自制）	自制
三端稳压芯片	U2	MC7812（自制）	TO-220-1（自制）	自制
运算放大芯片	U3、U4	NE5532（自制）	DIP8	Dallas Logic Delay Line.IntLib
功率放大芯片	U5、U6、U7、U8	TAD2030（自制）	GF2030（自制）	自制
接线端子	P1～P4	Header 3H	JP（自制）	自制

任务 10.3　PCB 文件的创建与封装导入

步骤 4▶新建 PCB 文件。执行菜单"文件"→"创建"→"PCB 文件"命令，将新建的 PCB 文件选择合适的路径另存为"功率放大器电路.PcbDoc"。

系统默认的单位为英制单位，本项目设计过程中使用的是英制单位，所以不需要切换单位。

步骤 5▶执行菜单"设计"→"PCB 选择项"命令，弹出"PCB 选择项"对话框。将对话框中"捕获网格"的"X""Y"设置为 20 mil，"元件网格"的"X""Y"设置为 20 mil，"可视网格"的"网格 1"设置为 20 mil，"网格 2"设置为 100 mil。

步骤 6▶执行菜单"设计"→"PCB 层次颜色"命令，弹出"板层和颜色"对话框，选中"系统颜色"的"Visible Grid1"后的复选框，然后单击"确认"按钮。

步骤 7▶执行菜单"工具"→"优先设定"命令，弹出"优先设定"对话框，选中左侧的"Display"项，在右侧"表示"选项区中选中"原点标记"复选框，然后单击"确认"按钮，此时界面显示坐标原点。

步骤 8▶执行菜单"编辑"→"原点"→"设定"命令，在左下方的位置设定原点。

步骤 9▶选择 Keep-out layer（禁止布线层）为当前工作层。执行菜单"放置"→"直线"命令，从坐标原点开始绘制一个 5 000 mil×3 200 mil 的方框。

步骤 10▶放置螺钉孔。在 PCB 设计中，需要采用放置焊盘的方式制作螺钉孔。在合适的位置放置 4 个焊盘，焊盘的"X-尺寸""Y-尺寸""孔径"均设置为 120 mil，"标识符"均设置为 0，放置好螺钉孔的 PCB 如图 10.18 所示。

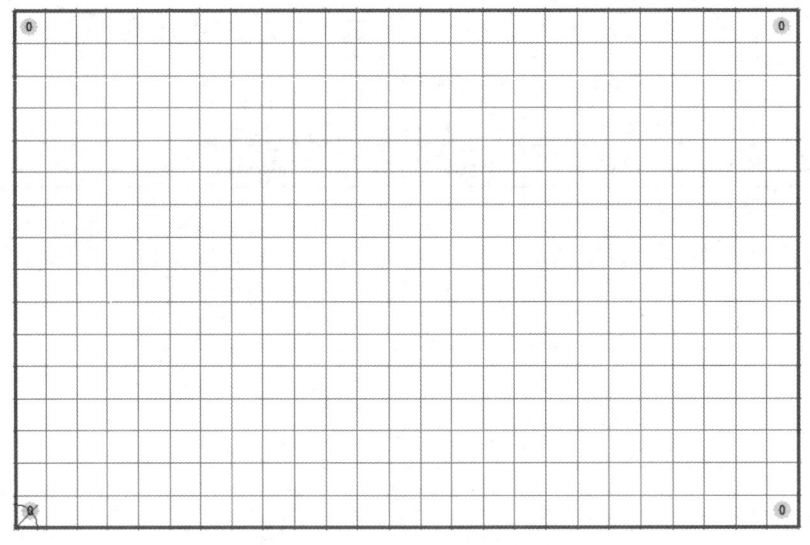

图 10.18　放置好螺钉孔的 PCB

步骤 11▶在原理图界面中，执行菜单"设计"→"Update PCB Document 功率放大器电路.PcbDoc"命令，弹出"工程变化订单（ECO）"对话框，显示本次更新的对象和内容，单击"使变化生效"按钮，系统将自动检测即将加载到 PCB 库编辑器中的文件"功率放大器

电路.PcbDoc"中的网络和元器件封装是否正确。如果网络和元器件封装正确，在"状态"栏的"检查"栏内显示"√"，不正确的显示"×"，根据实际情况查看更新的信息是否正确，如果不正确则返回修改；全部正确则单击"执行变化"按钮，系统将元器件封装和网络添加至"功率放大器电路.PcbDoc"的 PCB 库编辑器中，单击"关闭"按钮，系统将自动加载元器件和网络。加载完成的 PCB 如图 10.19 所示。

图 10.19　加载完成的 PCB

任务 10.4　PCB 自动布局与手工调整

加载元器件封装后，元器件封装排列在电气边界之外，此时需要将这些封装放置在合适的位置上对其进行布局。在进行布局时，可以根据需要将自动布局与手工调整结合起来使用。

10.4.1　PCB 自动布局

步骤 12▶执行菜单"工具"→"放置元件"→"自动布局"命令，弹出"自动布局"对话框，如图 10.20 所示。对话框中有两个单选按钮，分别为"分组布局"和"统计式布局"单选按钮。

（1）分组布局：根据连接关系将元器件封装分组，然后按照几何关系放置元器件封装。该方式一般在封装较少的电路中使用，选中"快速元件布局"复选框可以提高元器件封装的布局速度。

（2）统计式布局：根据统计算法放置元器件封装，使元器件封装之间的连线长度最短，该方式一般在元器件封装较多的电路中使用。在图 10.20 中，若选中"自动布局"对话框中的"统计式布局"单选按钮，如图 10.21 所示，可以设置电源网络、接地网络和网格尺寸等参数。设置完成后，单击"确认"按钮，系统就开始自动布局了。

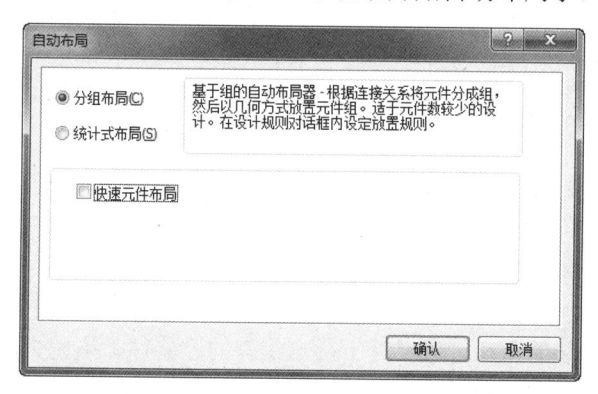

图 10.20　"自动布局"对话框

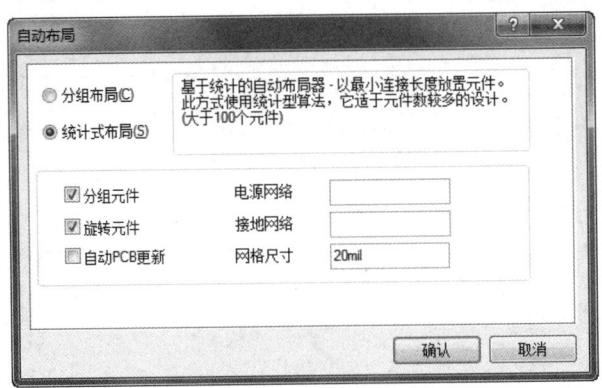

图 10.21　统计式布局

步骤 13▶ 本例采用分组布局，在图 10.20 中选中"快速元件布局"复选框，单击"确认"按钮后系统开始自动布局。自动布局完成后，各元器件封装之间存在网络飞线，说明各网络节点间的连接关系。需要注意的是，飞线不是实际的连线，需要在布线时用印制导线来绘制代替飞线。

步骤 14▶ 布局结束后，执行菜单"编辑"→"删除"命令，删除网状的 Room 空间。自动布局完成后的效果如图 10.22 所示。

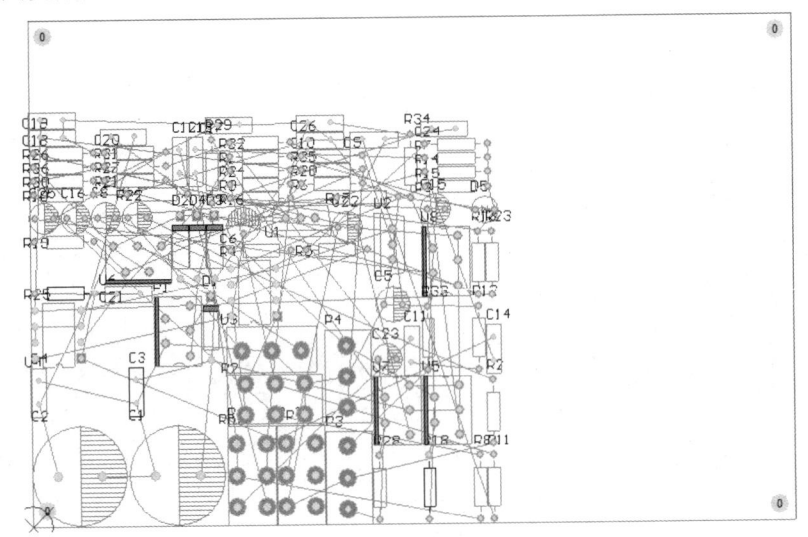

图 10.22　自动布局完成后的效果

10.4.2　PCB 手工调整

PCB 手工调整主要是通过移动、旋转等方法合理地调整元器件封装的位置，减少网络飞线的交叉。但是需要注意的是，在手工调整的时候，一般情况下不能对封装进行翻转，翻转后该封装将与原封装形成镜像，无法完成安装。

步骤 15▶ 调整元器件封装。执行菜单"编辑"→"移动"→"元件"命令或者单击封装，可以实现元器件封装的移动，对于处于锁定状态的元器件必须先去除锁定状态才能移动。在元器件封装的移动过程中，同时调整标识符文本，手工调整后的 PCB 如图 10.23 所示。

项目 10　功率放大器电路仿制

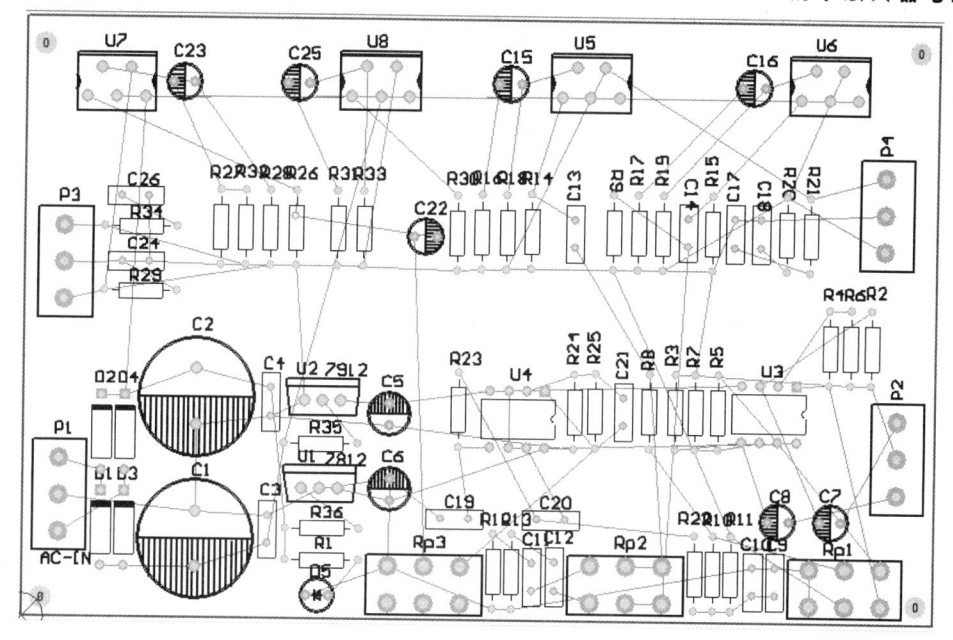

图 10.23　手工调整后的 PCB

调整好各封装位置后，由于标识符文本的宽度和高度比较大，部分标识符文本重叠在一起，需要进行标识符文本的属性修改。

步骤 16▶使用全局修改功能对标识符文本属性进行修改，将"Text Height"和"Text Width"参数分别修改为 30 mil 和 4 mil。修改标识符文本后的 PCB 如图 10.24 所示。

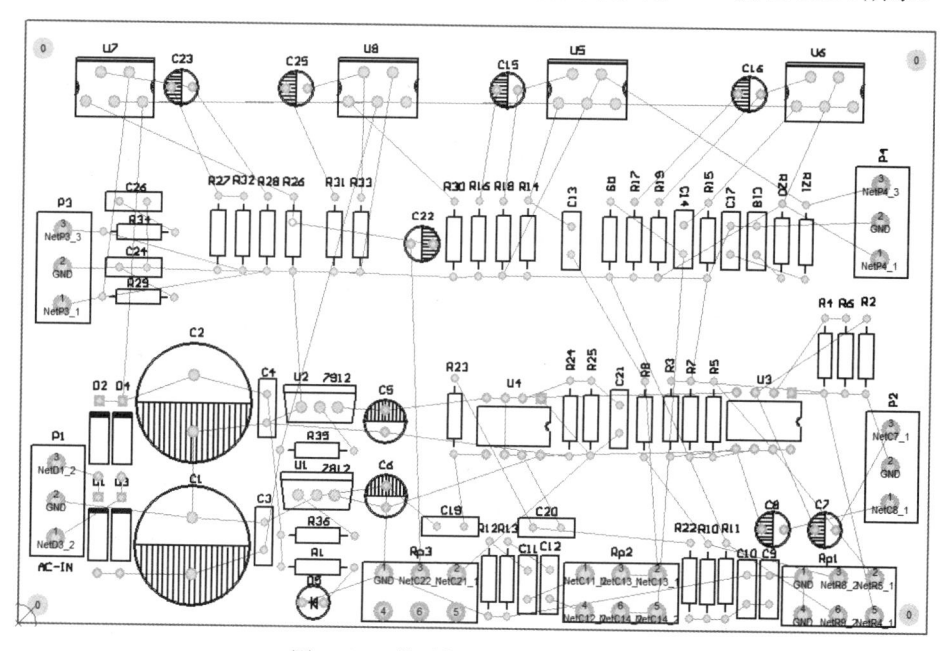

图 10.24　修改标识符文本后的 PCB

步骤 17▶执行菜单"设计"→"PCB 形状"→"重新定义 PCB 形状"命令，根据电气边框重新定义与电气边框相同的 PCB 形状。

任务 10.5 PCB 的手工布线与 3D 显示

10.5.1 PCB 的手工布线

在 PCB 布线之前，需要对布线规则进行设置。

步骤 18▶ 执行菜单"设计"→"规则"命令，弹出"PCB 规则和约束编辑器"对话框，在对话框中对 PCB 布线规则进行设置。本例中布线规则设置如下。

安全间距规则设置为 30 mil，适用于全部对象。

导线宽度限制规则：Top Layer（顶层）和 Bottom Layer（底层）均设置最小宽度为 30 mil，优选宽度为 30 mil，最大宽度为 80 mil。

布线规则：双面布线。

焊盘与覆铜连接方式设置为 Direct Connect。

其他规则采用默认设置。

步骤 19▶ 将当前工作层切换至 Top Layer（顶层），在顶层进行 PCB 手工布线。在顶层，需要将网络 NetP3_1、NetP3_3、NetP4_3 等的大电流连接导线布线宽度设置为 80 mil，其余布线宽度设置为 30 mil。

在布线时，所有网络为 GND 的部分可以暂时不布线，在后期 PCB 整体覆铜时设置接地即可。顶层布线完成后的 PCB 如图 10.25 所示。

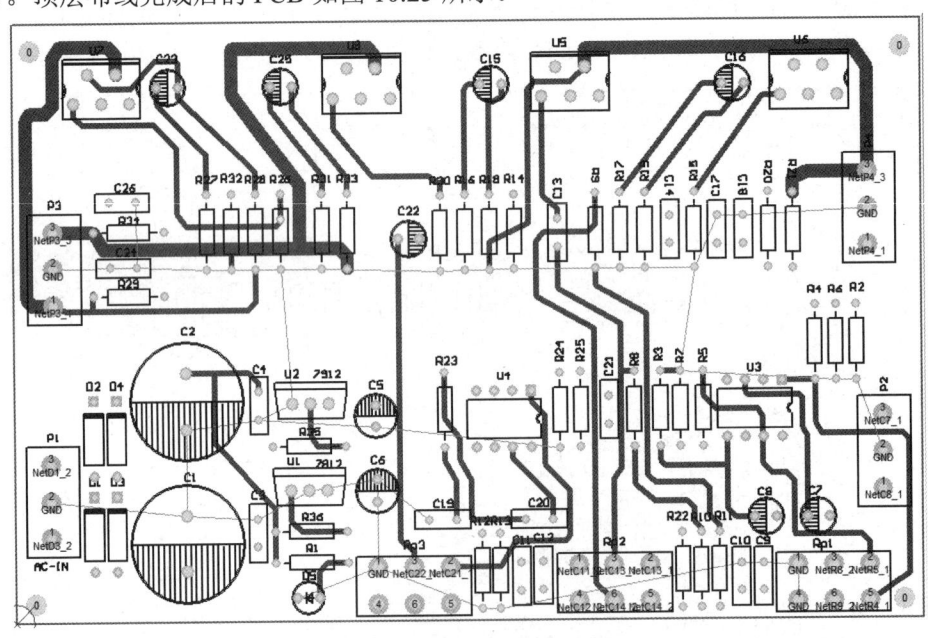

图 10.25 顶层布线完成后的 PCB

步骤 20▶ 执行菜单"设计"→"PCB 层次颜色"命令，在弹出的"板层和颜色"对话框中，将 Top Layer（顶层）和 Top Overlay（顶层丝印层）关闭，在 Bottom Layer（底层）布线时方便观察。

步骤 21▶ 将当前工作层切换至 Bottom Layer（底层），在底层进行手工布线。需要将网

络+VCC、-VSS、+12 V、-12 V、NetD1_2、NetD3_2 等的大电流连接导线布线宽度设置为 80 mil，其余布线宽度设置为 30 mil。底层布线完成后的 PCB 如图 10.26 所示。

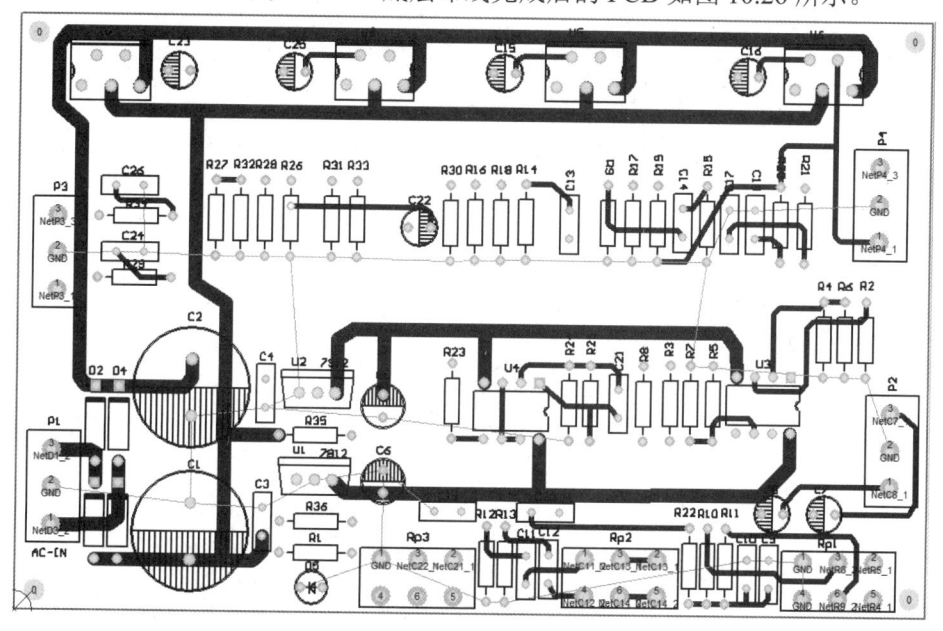

图 10.26 底层布线完成后的 PCB

步骤 22▶执行菜单"设计"→"PCB 层次颜色"命令，在弹出的"板层和颜色"对话框中，将 Top Layer（顶层）和 Top Overlay（顶层丝印层）打开，此时 PCB 如图 10.27 所示。

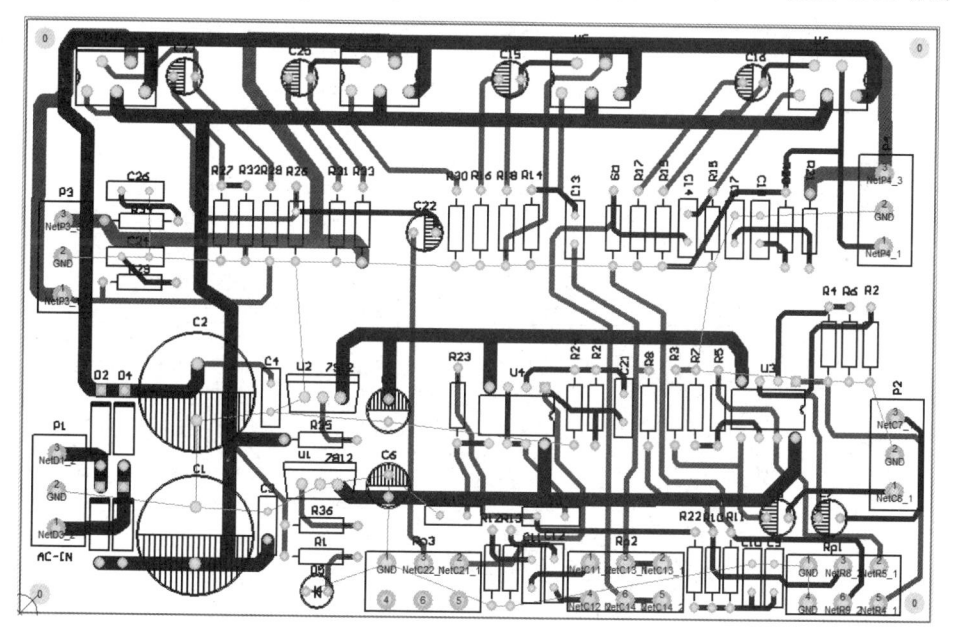

图 10.27 显示顶层和底层的 PCB

步骤 23▶执行菜单"放置"→"覆铜"命令，在 PCB 的 Top Layer（顶层）和 Bottom Layer（底层）分别进行整体覆铜，覆铜网络连接至 GND。

需要注意的是，在覆铜完成后，需要对 PCB 的 Top Layer（顶层）和 Bottom Layer（底层）进行检查，看是否有未完成布线的飞线。布局不合理时，需要接地的网络无法与覆铜进行连接，此时需要对布线进行微调。

10.5.2　PCB 的 3D 显示

PCB 完成布线后，可以采用系统的 3D 视图功能，查看 PCB 的布局和布线是否合理。

步骤 24▶ 执行菜单"查看"→"显示三维 PCB"命令，弹出一个后缀为".PCB3D"的 3D 视图文件。功率放大器电路 3D 视图如图 10.28 所示。

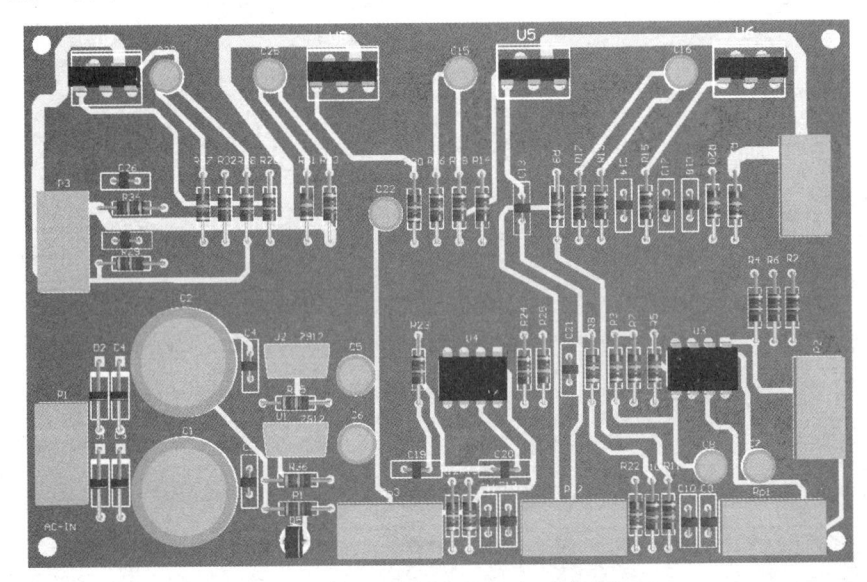

图 10.28　功率放大器电路 3D 视图

至此，功率放大器电路 PCB 设计完成，如图 10.29 所示。

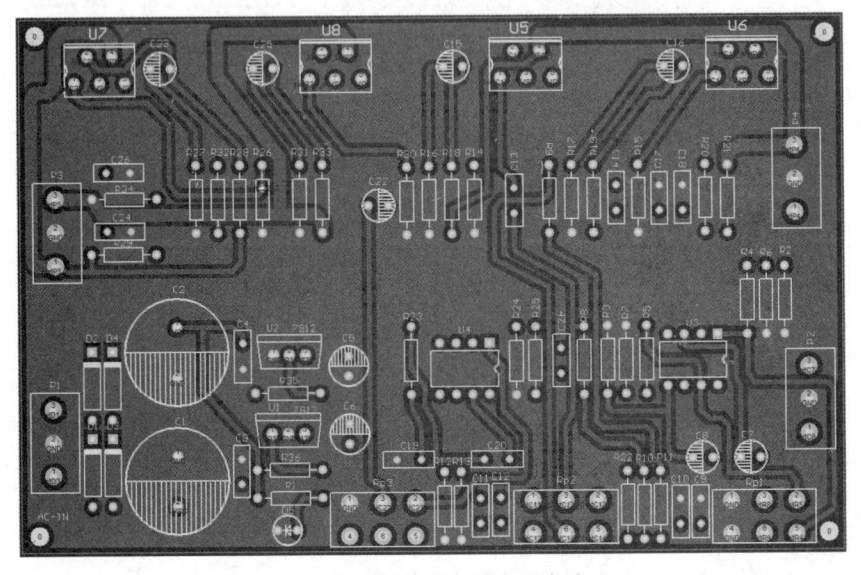

图 10.29　完成后的功率放大器电路 PCB

项目 10　功率放大器电路仿制

任务 10.6　设计规则检查

布线完成后，为了保证设计工作的正确性，如元器件的布局、布线等是否符合所定义的设计规则，需要对整个 PCB 进行 DRC（Design Rule Check，设计规则检查），从而确定 PCB 是否存在不合理的地方，同时也需要确定所制定的规则是否符合 PCB 生成工艺的要求，一般检查有以下 7 个方面。

（1）线与线、线与元器件焊盘、线与通孔、元器件焊盘与通孔、通孔与通孔之间距离是否合理，是否满足生产要求。

（2）电源线与地线的宽度是否合适，电源与地线之间是否紧耦合，在 PCB 设计过程中是否有空间加宽地线。

（3）对于关键的信号线是否采取了最佳措施，如长度最短、加保护线、输入线与输出线是否分开等。

（4）模拟电路与数字电路是否有各自独立的地线。

（5）在 PCB 上绘制的图形、标注是否会造成信号短路。

（6）PCB 是否有工艺线，阻焊是否合适，是否符合生产工艺要求，字符标志是否压在元器件的焊盘上，影响 PCB 上元器件安装质量。

（7）多层 PCB 的电源地层的外框是否缩小，如电源地层铜箔露出板外容易造成短路。

设计规则检查分为在线自动检查和手工检查两种方式，下面就分别对两种检查方式的使用和设置进行讲述。

10.6.1　在线自动检查

Protel DXP 2004 SP2 支持在线自动检查，在 PCB 设计过程中按照设计规则中设置的规则自动进行检查。如有错误，则高亮显示，软件默认的高亮显示颜色为鲜绿色。

步骤 25▶执行菜单"工具"→"优先设定"命令，在弹出的"优先设定"对话框的左侧选中"General"项，在右侧的"编辑选项"选项区中选中"在线 DRC"复选框，如图 10.30 所示，单击"确认"按钮。

步骤 26▶执行菜单"设计"→"PCB 层次颜色"命令，弹出"板层和颜色"对话框，选中"系统颜色"栏的"DRC Error Markers"后的复选框，然后单击"确认"按钮。

设置完成后，系统将对 PCB 进行自动检查，若有错误，则高亮显示。

10.6.2　手工检查

步骤 27▶执行菜单"工具"→"设计规则检查"命令，弹出"设计规则检查器"对话框，如图 10.31 所示。

对话框的左侧为检查规则项目列表，右侧为项目的具体内容。

左侧分为"Report Options"和"Rules To Check"两项内容。Report Options 为报告内容设置，若选中该项，右侧将显示 DRC 报告的内容。Rules To Check 为检查规则设置，若选中该项，右侧显示检查的规则，这些规则在设置布线规则时已经设置过。有"在线"和"批处理"两种检查方式。若选择"在线"检查方式，系统将进行实时检查，在放置和移动对象时，系统自动根据规则进行检查，一旦发现违规内容，系统将违规内容高亮显示。

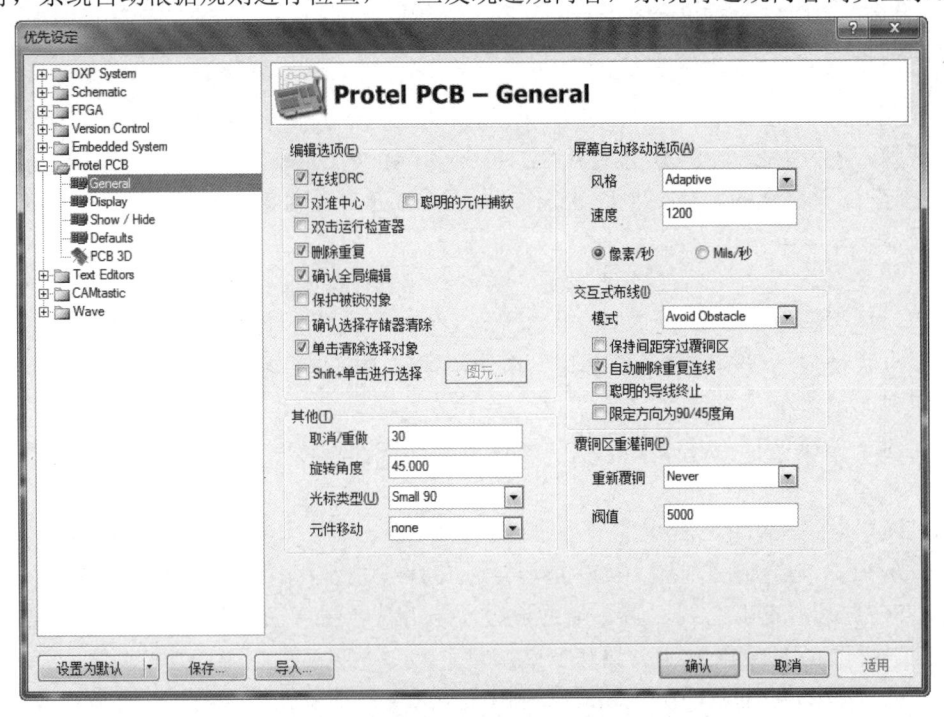

图 10.30 在线自动检查设置

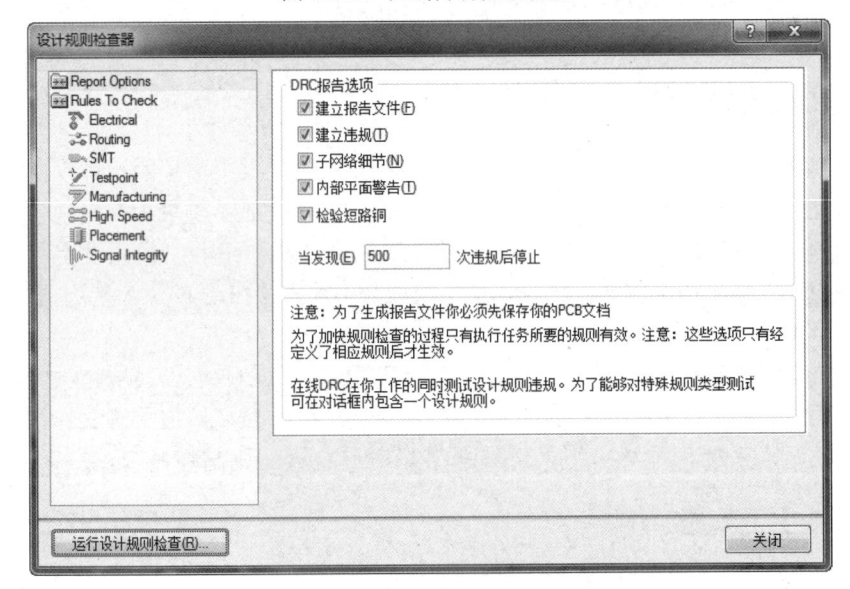

图 10.31 "设计规则检查器"对话框

步骤 28▶ 本例中所有设置均采用默认设置，单击对话框下方的"运行设计规则检查"按钮，系统将弹出"Message"窗口。若 PCB 有违反规则的情况，该窗口将显示错误信息，同时在 PCB 上高亮显示违规的对象，并产生一个扩展名为".DRC"的报告文件，设计中可以根据违规信息对 PCB 进行修改。

本项目设计的功率放大器电路的设计规则检查报告如下。

```
Protel Design System Design Rule Check
PCB File   : \教材\电路设计\功率放大电路设计.PcbDoc
Date       : 2017/11/25
Time       : 20:39:19
Processing Rule : Hole Size Constraint (Min=1 mil) (Max=100 mil) (All)
    Violation         Pad Free-0(108.268 mil,98.426 mil)  Multi-Layer  Actual Hole Size = 118.11 mil
    Violation         Pad Free-0(4900 mil,100 mil)  Multi-Layer  Actual Hole Size = 118.11 mil
    Violation         Pad Free-0(4890 mil,3050 mil)  Multi-Layer  Actual Hole Size = 118.11 mil
    Violation         Pad Free-0(98.426 mil,3051.182 mil)  Multi-Layer  Actual Hole Size = 118.11 mil
    Rule Violations :4
    Processing Rule : Height Constraint (Min=0 mil) (Max=1000 mil) (Prefered=500 mil) (All)
    Rule Violations :0

    Processing Rule : Width Constraint (Min=10 mil) (Max=80 mil) (Preferred=10 mil) (All)
    Rule Violations :0

    Processing Rule : Clearance Constraint (Gap=27 mil) (All),(All)
    Rule Violations :0

    Processing Rule : Broken-Net Constraint ( (All) )
    Rule Violations :0

    Processing Rule : Short-Circuit Constraint (Allowed=No) (All),(All)
    Rule Violations :0

    Violations Detected : 4
    Time Elapsed        : 00:00:00
```

从本例的设计规则检查报告中发现，PCB 存在 4 处违规情况，即 PCB 中放置的作为螺钉孔的 4 个焊盘。该违规信息对整个 PCB 不构成影响，可以忽略。

任务 10.7 各种报表的生成

Protel DXP 2004 SP2 的 PCB 设计系统提供了生成各种报表的功能，可以为用户提供有关设计内容的详细资料，主要是 PCB 信息、引脚信息、元器件、布线信息及网络表状态等报表。另外，在完成 PCB 的设计之后，还可以打印输出各种常用报表，以方便用户对文档的管理。

10.7.1 生成 PCB 信息报表

PCB 信息报表的作用是为用户提供一个 PCB 的完整信息，包括 PCB 的尺寸，PCB 上的焊点、过孔的数量，以及 PCB 上的元器件标号等信息。

步骤 29▶执行菜单"报告"→"PCB 信息"命令，弹出"PCB 信息"对话框，如图 10.32 所示。

"PCB 信息"对话框的"一般"选项卡显示了 PCB 的一般信息，包括 PCB 的尺寸、PCB 上各种图元的数量、DRC 违规的数量等。对话框的"元件"选项卡显示当前 PCB 上元器件的数量、序号，以及元器件所在层等信息，如图 10.33 所示。对话框的"网络"选项卡显示当前 PCB 的网络信息，如图 10.34 所示。"网络"选项卡中的"电源/地"按钮用来查看 PCB 内部电源/接地层信息。由于本项目没有设置内部电源/接地层，故不用设置。

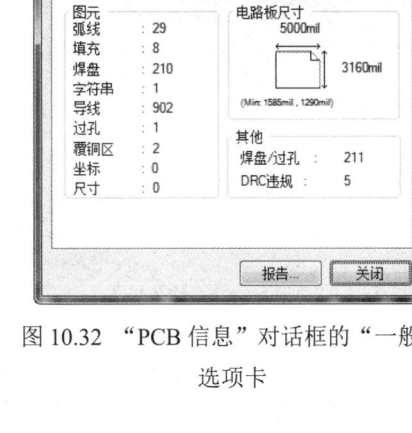

图 10.32 "PCB 信息"对话框的"一般"选项卡

图 10.33 "PCB 信息"对话框的"元件"选项卡

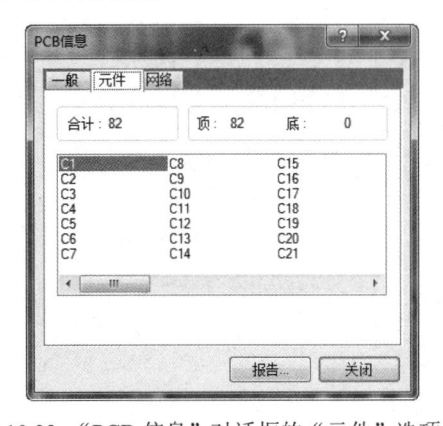

图 10.34 "PCB 信息"对话框的"网络"选项卡

10.7.2 生成元器件报表

在 PCB 设计结束后，可以方便地生成 PCB 的元器件报表。

步骤 30▶执行菜单"报告"→"Bill of Materials"命令，弹出元器件报表对话框，如图 10.35 所示。单击图中的"输出"按钮，弹出如图 10.36 所示的工程导出报告对话框，可以将元器件报表导出、保存。

步骤 31▶执行菜单"报告"→"Simple BOM"命令，系统自动生成"功率放大器.BOM"和"功率放大器.CSV"两个物料清单文件。

10.7.3 生成网络表状态报表

设计人员可以通过生成 PCB 的网络表状态报表了解 PCB 的网络状态。

步骤 32▶执行菜单"报告"→"网络表状态"命令，系统自动生成一个名为"功率放大器设计.REP"的网络表状态报表文件，如图 10.37 所示。

项目 10　功率放大器电路仿制

图 10.35　元器件报表对话框

图 10.36　工程导出报告对话框

205

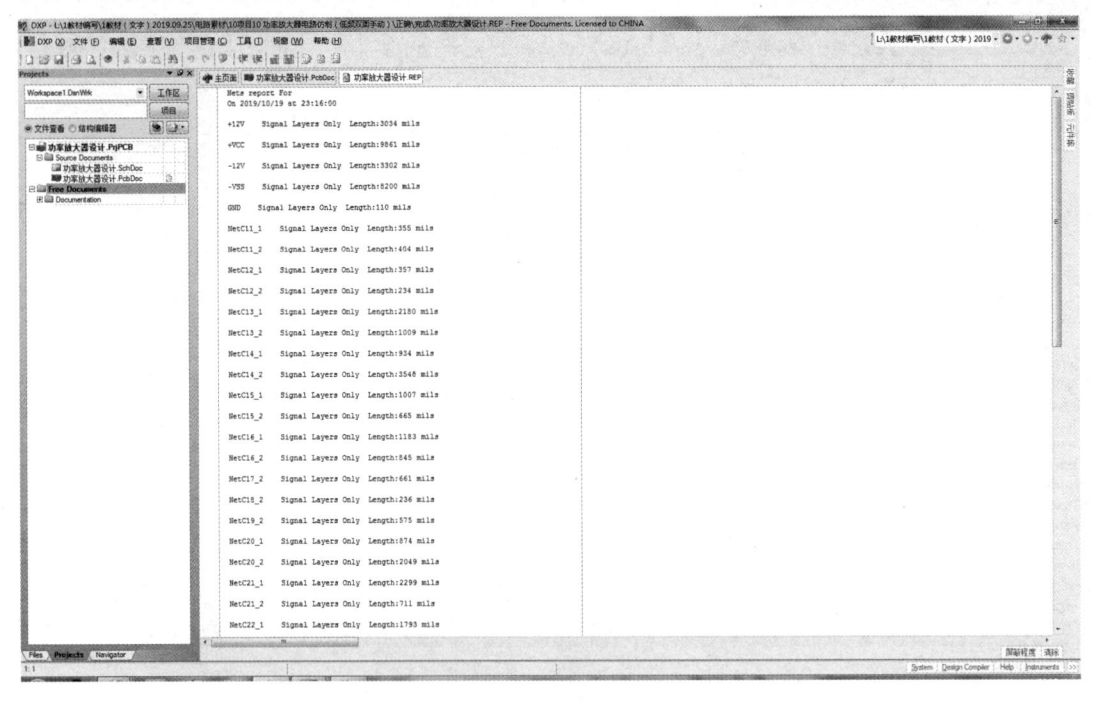

图 10.37 网络表状态报表文件

10.7.4 生成 NC 钻孔报表

步骤 33▶ 在 PCB 编辑界面，执行菜单"文件"→"输出制造文件"→"NC Drill Setup"命令，弹出如图 10.38 所示的"NC 钻孔设定"对话框。单击"确认"按钮后，弹出"输入钻孔数据"对话框，如图 10.39 所示。单击"确认"按钮关闭对话框，系统自动生成一个名为"CAMtastic1.Cam"的数控钻孔文件，如图 10.40 所示。保存该文件，即可用于后期 PCB 制作时的数控机床钻孔。

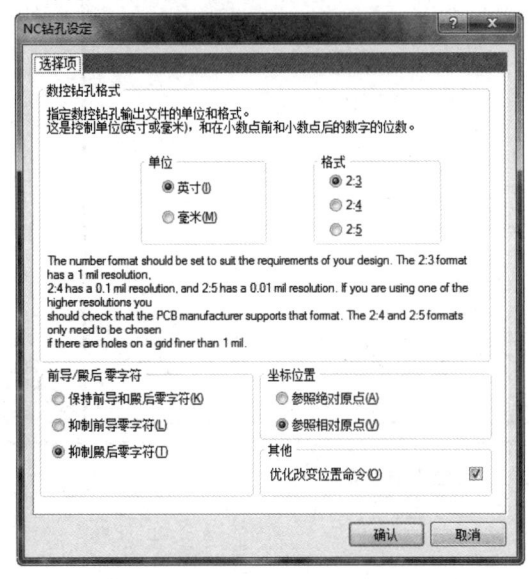

图 10.38 "NC 钻孔设定"对话框    图 10.39 "输入钻孔数据"对话框

项目 10　功率放大器电路仿制

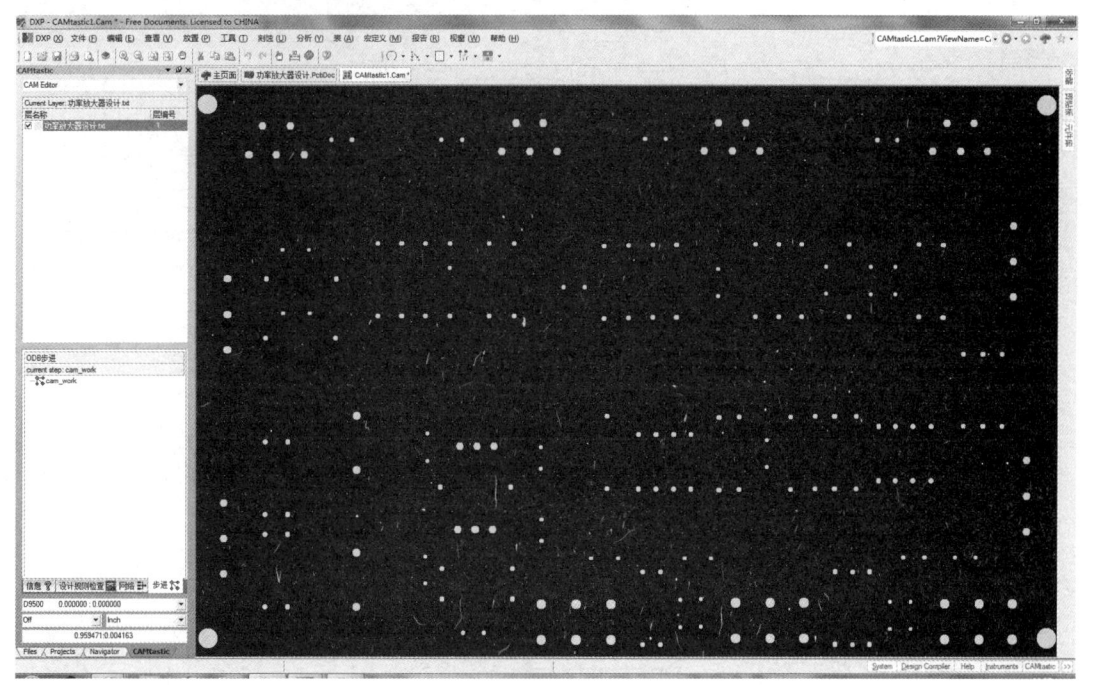

图 10.40　数控钻孔文件

项目小结

本项目以功率放大器电路设计为例，详细介绍了双面板电路手工布线方法、常用的设计规则检查方法、PCB 的 3D 视图查看方法和 PCB 的各种报表生成方法，进一步熟悉了复杂 PCB 电路的绘制规则和技巧，使读者能熟练地绘制常见的 PCB 电路。

思考与练习

1. 如何进行 PCB 自动布局？
2. 双面板手工布线时，如何不显示 Top Layer（顶层）和 Top Overlay（顶层丝印层）？
3. PCB 的设计规则检查有哪几种方法？
4. 如何查看 PCB 的 3D 视图？
5. 如何生成网络表状态报表和 NC 钻孔报表？
6. 根据图 10.41 所示电路设计 PCB。

设计要求：采用矩形 PCB 设计，电气轮廓为 120 mm×100 mm；PCB 设计采用双面板，顶层封装放置，布局时注意强电与弱电部分进行隔离，在丝印层上绘制隔离区。变压器 T1 不放置封装，只预留 3 个焊盘进行电路连接，焊盘直径为 4 mm，孔径为 2 mm。所有接插件均放置在 PCB 的边沿，输入接口在 PCB 左边，输出接口在右边。布线宽度设置：电源网络线宽为 1.5 mm，地线网络线宽为 2 mm，其他网络线宽为 1.2 mm。最小间距规则设置为 1 mm。在顶层和底层放置接地覆铜。

207

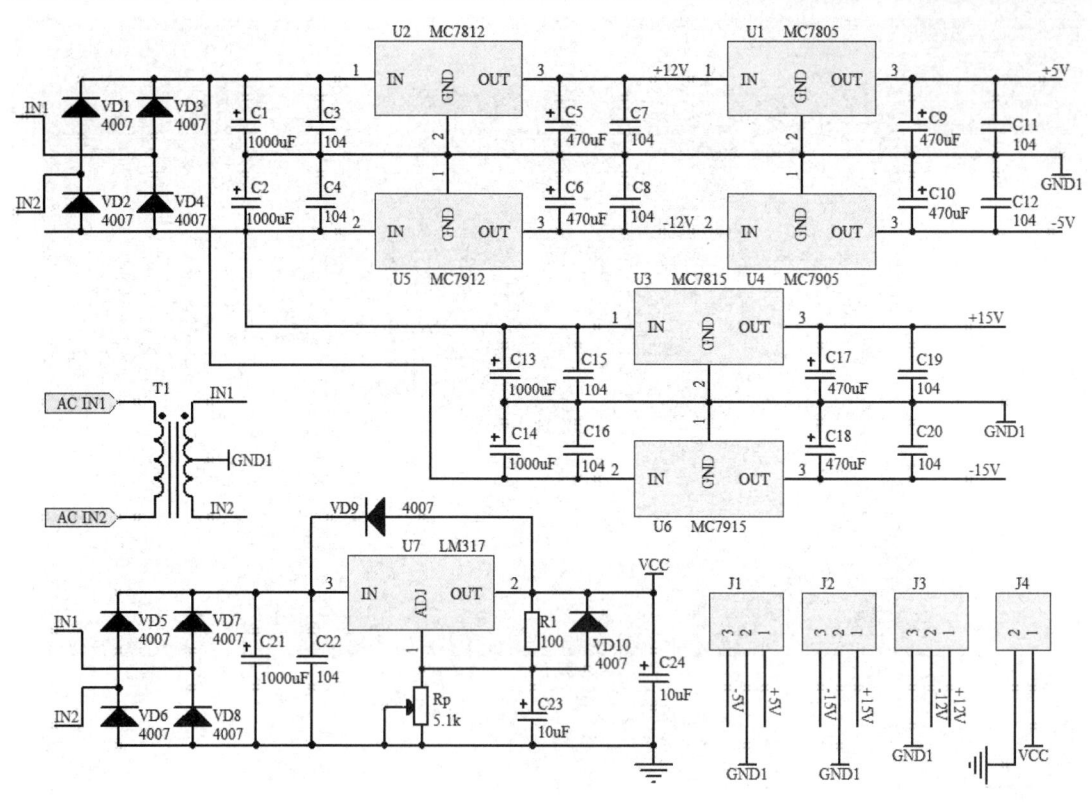

图 10.41　电源电路原理图

参 考 文 献

[1] 陈兆梅. Protel DXP 2004 SP2 印制电路板设计实用教程[M]. 3 版. 北京：机械工业出版社，2015.

[2] 陈必群. 电子产品印制电路板设计与制作[M]. 大连：大连理工大学出版社，2014.

[3] 赵志刚，吴海彬. Protel DXP 实用教程[M]. 北京：清华大学出版社，北京交通大学出版社 2012.

[4] 郭勇. 电路板设计与制作——Protel DXP 2004 SP2 应用教程[M]. 北京：机械工业出版社，2012.

[5] 薛楠. Protel DXP 2004 原理图与 PCB 设计实用教程[M]. 北京：机械工业出版社，2012.

[6] 杨亭，等. 电子 CAD 职业技能鉴定教程（Protel DXP 2004 SP2）[M]. 广州：广东人民出版社，2014.

[7] 曾春，张庚. Protel DXP 2004 电路设计与应用[M]. 北京：机械工业出版社，2013.

[8] 李与核. Protel DXP 2004 SP2 实用教程[M]. 北京：清华大学出版社，2012.

[9] 高锐. 印制电路板的设计与制作[M]. 北京：机械工业出版社，2012.